AI·양자
특이점

한정환·정승욱 편저

쇼팽의 서재

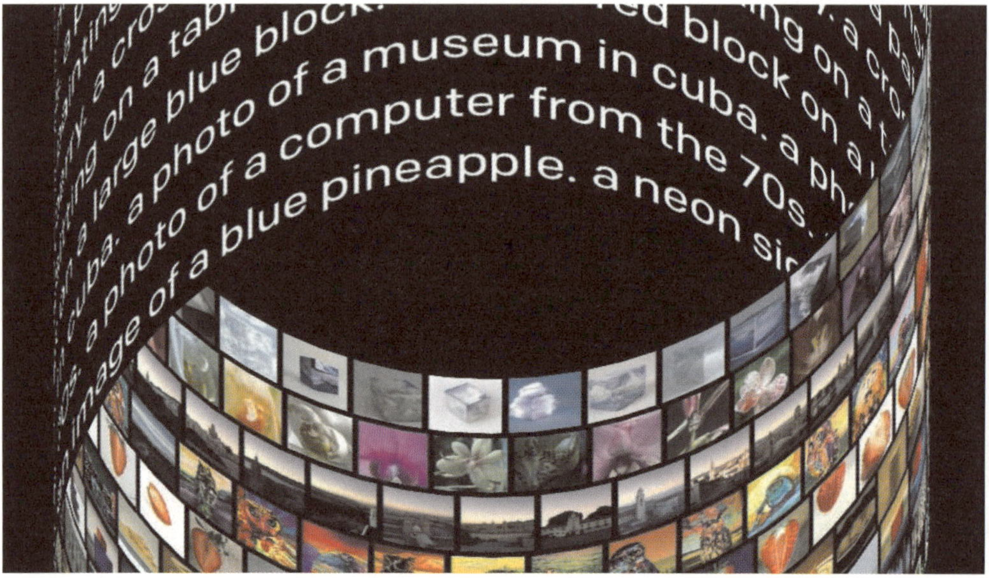

인공지능이 자연어(사람의 말)를 이미지로 생성하는 AI 시스템 '달리(DALL·E)2'가 공개됐다./2024년 4월 Open AI 공개

들어가면서

미래학자이자 최고 실력을 인정 받는 AI 연구자인 레이 커즈와일(MIT 교수)이 2024년 6월 출간한 저서를 보다 쉽게 해설하고 설명을 보완한 책이다. 일반 독자에게는 어려운 용어가 많아 우리말로 최대한 쉽게 해설했고, 서울의 중견 언론인 정승욱 교수가 심혈을 기울여 편집하고 윤문 작업을 했다. 뇌질환 전문의인 본인이 이 책을 쓴 이유는 인공지능AI이 인간 뇌를 닮아 사람과 비슷하게 생각할 가능성을 보였기 때문이다.

몇 년 후 2030년대에는 인간 뇌와 유사한 일반인공지능AGI이 출현할 것이다. 따라서 인간 뇌를 제대로 알아야 우리 의지대로 고성능 AGI를 만들고 우리 생활에 적극 활용할 수 있다.[1]

---

1 구글은 2022년 4월 AI 언어 모델인 'PaLM'을 공개했다. 이 AI는 놀랍게도 사람의 농담을 이해한다. 이전까지 은유와 상징을 통한 유머는 고차원적 사고가 가능한 인간의 고유 특성이었지만 이젠 아니다. 예컨대, AI에 "나는 4월 6일 가족을 만나러 가려 했다. 마침 어머니는 그날이 새 아빠의 시 낭송 공연이 있는 날이라고 했다. 그래서 나는 7일 비행기를 탔다"고 말하면, AI는 "새 아빠 공연을 보기 싫어 계획을 변경한 것이구나"라고 해석한다. 미 샌프란시스코의 인공지능연구소 Open AI도 사람이 글로 어떤 모양을 묘사하면, 이를 실제 이미지로 생성하는 '달리(DALL-E) 2'를 공개했다. '말을 탄 우주인'이라고 입력하면 자동으로 우주인과 말을 합성해 새로운 그림을 창작한다. 기존 AI는 개발자가 수많은 정보를 학습시키며 성능을 강화했지만, 이제는 AI가 주어진 정보를 기반으로 상상하고 결과물을 도출하는 수준에 이른 것이다. 실리콘밸리에서는 "AI가 이해력과 상상력을 갖게 됐다"고 평가한다. 2024년 8월 7일 영국 임페리얼칼리지런던 병원에서는 로봇이 환자에게 옷을 갈아입히는 데 성공했다. 사람이 옷을 갈아입는 행동은 수십 개의 동작이 결합한 정교한 움직임이다. 로봇이 옷걸이에 걸린 옷을 인

레이 커즈와일은 20년전 인류 최초로 2005년 저서 '싱귤래리티가 가까워졌다'에서 분명히 제시했다. 그는 인간 뇌와 AI가 시너지를 내면서 새 인류 문화를 만들어 나가는 시점을 '싱귤래리티'라고 정의한다.

앞으로 AI 기술은 기하급수적으로 발전하면서 세상을 이끌 것이다. 고성능 컴퓨팅 비용이 더욱 저렴해지고, 인간 생물학이 더 잘 이해되고, 나노 수준의 엔지니어링이 가능해질 것이다. 특히 AI 능력이 진보하고 정보 접근성이 원활해지고 사람의 지능은 AI와 긴밀하게 통합해 새로운 세상을 열 것이다. 이 사건이 바로 레이 커즈와일이 말하는 싱귤래리티, 즉 '특이점'이다. 이 대목에서 AI 시대 회자되는 두려움이 앞선다. 즉 AI가 인간 능력을 압도하면서 세상을 어지럽게 만든다는 두려움이다. 그러나, 이는 순전히 사람 하기에 달렸다는 점을 지적하고자 한다.

특이점이라는 용어는 수학과 물리학에서 차용한 것이다. 수학에서는 0으로 나눌 때 함수에서 정의되지 않은 지점을 의미하며, 물리학에서는 블랙홀의 중심에서 무한히 밀집된 지점을 가리킨다. 일반적인 물리 법칙이 무너지는 곳이 블랙홀이다. 하지만, AI에서 사용하는 이 용어는 은유적으로 사용한다는 점을 기억할 필요가 있다.

식하고, 이를 집어 들고, 옷을 펴서 팔을 소매에 집어넣는 작업을 구현하려면 고도의 카메라 인식 기술과 실시간 정보 처리 능력 등이 있어야 한다. AI와 로봇이 실생활에 핵심적으로 쓰이려면 더 많은 시간이 필요하다는 회의론이 있지만, 미래는 생각보다 빨리 다가오고 있다. AI 두뇌를 달고 인간의 형상을 한 로봇이 사람과 시답지 않은 농담을 하는 시대가 멀지 않았다. 미래학자 레이 커즈와일은 2045년 인간과 인공지능과 협업이 가능한 '특이점(singularity)'이 올 것으로 본다. 지금 열 살 아이가 장성했을 땐 AI를 빼놓고 삶을 살 순 없을 것이다. 그런 시대를 대비해 무엇을 준비해야 할까.

특이점이란?

AI 기술이 가져올 특이점에 대한 레이 커즈와일의 예측은 이렇다.

변화의 속도가 무한대의 기하급수적인 성장을 의미하지 않는다. 물리적 특이점도 마찬가지다. 블랙홀에는 중력이 있다. 빛 자체도 가둘 만큼 강력하지만, 양자 역학에서는 질량을 설명할 수단이 없다. 특이점을 은유적으로 사용하는 이유는 AI의 진보를 현재 인간의 지능 수준으로는 따라갈 수 없기 때문이다.

하지만, 전환이 일어나면 인간 기술은 충분히 빠르게 인지 능력을 향상시킬 것이다. 커즈와일의 예측에 따르면 2045년경 특이점이 올 것이다. 이러한 변화를 예측할 수 있지만, 아직 현실에서 체감하지 못하고 있다. 많은 비평가들은 2005년 첫 책 출간 당시 커즈와일의 타임라인이 지나치게 낙관적이라고 지적했거나, 또는 심지어 특이점은 불가능하다고 주장했다.

하지만, 그 이후로 놀라운 변화가 이어졌다. 기술의 진보는 의심의 눈초리를 무시하고 계속 가속화되었다. 불과 20년 전만 해도 소셜 미디어와 스마트폰은 거의 존재하지 않았지만, 지금은 하루 종일 사용한다.

이제 전 세계 인구의 대다수를 연결하고, 고성능 알고리즘 혁신과 빅데이터의 등장으로 AI는 날개를 달았다. 전문가들조차 예상하지 못했던 놀라운 혁신이 벌어지고 있다. 바둑과 같은 게임을 마스터하는 것부터 자동차 운전까지, 에세이 작성, 변호사 시험 합격, 암 진단에 이르기까지...

현재 강력하고 유연한 언어 모델 중 하나인 챗GPT4.o이나 Gemini를 사용하면서 인간과 기계 사이의 장벽을 낮추고 있지만, 아직 초기 수준이다. 독자 여러분이 이 글을 읽을 때쯤이면 수천만 명의 사람들이 이미 이러한 기능을 경험하고 있을 것이다.

한편, 인간 게놈 염기서열을 분석하는 데 드는 비용은 99.997%까지 떨어졌고(거의 무료라는 의미), 신경망은 시뮬레이션을 통해 주요 의학 발견의 문을 열기 시작했다. 심지어 마침내 컴퓨터를 인간 뇌에 직접 연결할 수 있게 될 것이다.

이러한 모든 발전의 근간에는 '가속 수익률의 법칙'이 존재한다.

컴퓨팅과 같은 정보 기술은 매번 발전할 때마다 기하급수적으로 저렴해진다. 이 때문에 컴퓨터가 발전할 때마다 다음 단계를 더 쉽게 설계할 수 있다. 그 결과, 지금 1달러로 인플레이션을 감안하더라도 약 11,200배의 컴퓨팅 성능을 구입할 수 있다.(도표 참조)

1939~2023년 컴퓨팅의 가격 대비 성능의 변화

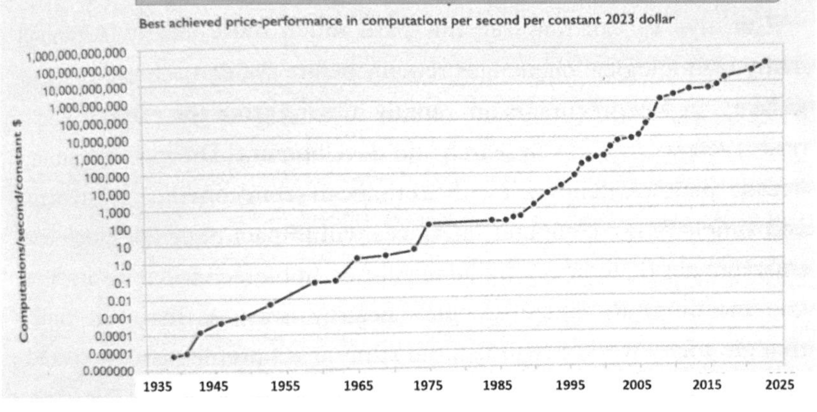

출처 = Ray Kurzweil 'The Singularity Is Nearer'(뉴욕, 2024.6)

무어의 법칙은 유명하다. 트랜지스터는 꾸준히 줄고 있으며, 컴퓨터는 점점 더 강력해지고 있다. 하지만, 이는 '가속 수익률의 법칙'의 한 표현일 뿐이다. 트랜지스터가 발명되기 훨씬 전부터 이미 사실이었으며, 트랜지스터가 물리적 한계에 도달한 후에도 계속될 것이다.

이러한 추세는 현대 세계를 지배하고 있다. 2020년대 초반부터 정보 기술은 급격하게 기하급수적 곡선의 가파른 부분에 진입했으며 혁신의 속도는 전례 없는 속도로 사회에 영향을 미치고 있다. 싱귤래리티를 향한 인류의 행진은 단거리 전력 질주처럼 이어지고 있다.

아직 많은 기술적 과제가 남아 있지만, 다행히도 인류는 이 길을 훨씬 더 명확하게 볼 수 있게 되었다. AI 선구자들은 이론의 영역에서 실제 개발로 활력있게 이동하고 있다.

앞으로 10년 안에 사람들은 인간처럼 보이는 AI와 상호 교감할 것이다. 그리고 간단한 뇌-컴퓨터 인터페이스BCI는 오늘날 스마트폰처럼 일상 생활에 영향을 미칠 것이다. 특히 생명공학 분야의 AI 혁명은 질병을 치료하고 사람들의 건강한 수명을 의미 있게 연장할 것이다.

동시에 많은 근로자들이 경제적 혼란을 겪게 될 것이며, 인류는 새로운 기술의 우발적 또는 고의적 오용으로 인한 위험에 직면할 것이다. 2030년대에는 스스로 개선되는 AI와, 성숙해지는 나노 기술로 인해 인간과 기계의 창조물은 그 어느 때보다 하나로 통합될 것이며, 더 큰 가능성과 위험을 동시에 안겨줄 것이다. 만약 우리가 과학적, 윤리적, 사회적, 정치적 도전에 잘 대응한다면 2045년까지 우리는 지구의 삶을 더 나은 방향으로 이끌어 갈 것이다.

필자는 먼저 싱귤래리티가 실제로 어떻게 일어날 것인지 살펴볼 것이다.

혁신의 가장 명백한 단점 중 하나는 다양한 형태의 자동화로 인한 실업이다. 이러한 폐해는 현실이지만, 장기적인 낙관론에 대한 충분한 이유가 있다. 그리고 궁극적으로 우리가 AI와 경쟁하지 않는 이유도 살펴볼 것이다.

신체 노화를 저지하다

다음 장벽인 생물학의 취약성을 극복하는 데 초점을 맞출 것이다. 먼저 우리 몸의 노화를 극복하고, 이어 제한된 인간 두뇌를 증강하고 특이점을 맞이할 것이다. 이러한 혁신은 우리를 위험에 빠뜨릴 수도 있다. 혁신적인 새로운 생명공학, 나노기술, AI의 혁신적인 새로운 시스템은 파괴적인 대재앙과 같은 실존적 재앙으로 이어질 수 있다. 또는 자기 복제 기계의 연쇄 반응과 같은 재앙을 초래할 수도 있다.

하지만, 곧 설명하겠지만 이러한 위협을 해소하는 방법에는 유망한 접근 방식이 있다. 지금 역사상 가장 흥미진진하고 중요한 시기에 있다. 단언할 수 있는 것은 특이점 이후의 삶을 이해하고 예측한다면, AI에 대한 인류의 접근은 보다 안전하고 풍요로운 인간 생활을 영위하는데 성공을 거둘 것이다.

글 순서 CONTENTS

01

서론

레이 커즈와일은 IT 시대를 열어 젖힌 빌 게이츠가 인정하는 이 시대 최고 AI 전문가이다. 그는 의식의 토대를 정보라고 설명한다. 인간 뇌가 정보를 처리하는 과정에서 의식이 발생한다고 한다. 종교적 견해와는 무관하게 그 나름의 설명이다. 뇌는 전기적, 화학적 신호를 통해 정보를 전달하고 처리하는 뉴런의 방대한 네트워크로 간주한다. 이는 환경으로부터 입력을 받아 처리하고, 기억하고, 결정을 내리는 뇌의 정보 관리 방식이다.

커즈와일에 따르면 이러한 복잡하고 지속적인 정보 처리가 의식을 발생시킨다는 것이다. 우리의 경험, 생각, 자기 인식의 풍부함과 깊이는 모두 이러한 정보 처리의 산물이다. 의식이란 정보가 처리되고 조직되는 방식의 산물이라는 것이다.

그러면 인간 지능의 진화는 어떻게 이뤄지는가, 지능의 진화는 여러 과정의 간접적인 순서를 통해 이루어진다.(그림 참조)

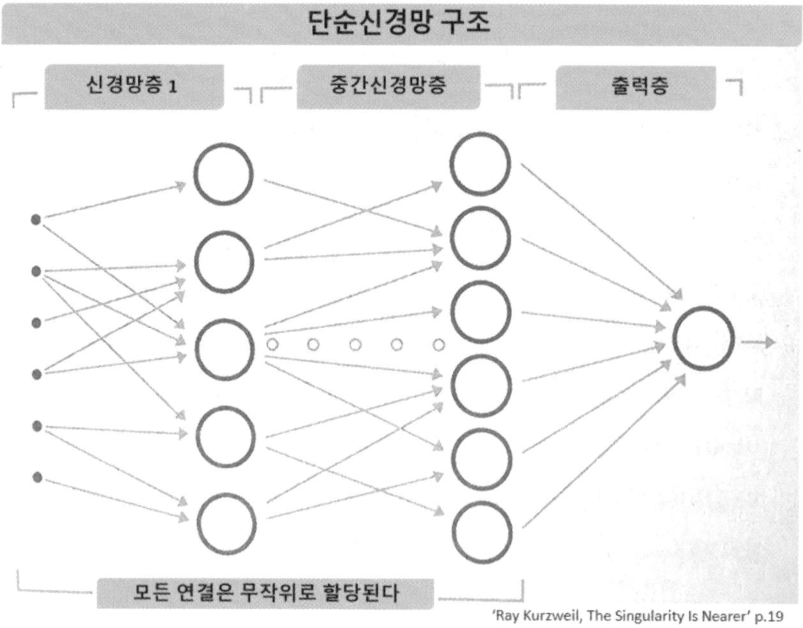

'Ray Kurzweil, The Singularity Is Nearer' p.19

첫 번째 시대는 물리 법칙과 화학이 탄생한 시기이다. 우주 시작 이후 빅뱅이 발생해 수많은 천체가 생성되고 있다. 이어 수십만 년 후, 전자는 양성자와 중성자의 핵 주위를 돌면서 원자를 형성한다. 수십억 년 후, 원자는 분자를 형성한다. 분자란 정교한 정보를 나타낼 수 있는 존재이다. 탄소는 원자핵을 4개 결합할 수 있다. 그래서 탄소는 유용한 빌딩 블록이다. 다른 분자의 원자핵은 하나, 둘 또는 세 개의 결합을 형성하는 것과는 구별된다. 우주는 매우 정밀하게 균형을 이루고 있다. 그래야 진화가 펼쳐질 수 있는 수준의 질서가 허용되기 때문이다.[2]

두 번째 시대는 이후 수십억 년이 지나 생명 탄생의 시기이다. 즉 비로소 생명이 시작되었다. 분자 하나로 전체 유기체를 정의할 수 있을 만큼 복잡해졌다. 분자는 각각 고유한 DNA를 가진 생명체가 존

2 양성자와 중성자는 원자 핵을 구성하는 기본 입자이다. 양성자는 양전하를 띤 입자(이온)이며, 양성자 숫자로 화학 원소의 정체를 결정한다. 탄소 원자는 항상 6개의 양성자를 갖는다. 중성자는 중성 입자로 전하를 띠지 않지만, 양전하를 띤 양성자 간 반발력을 상쇄하여 핵을 안정화시킨다. 양성자와 중성자는 자연의 네 가지 기본 힘 중 하나인 강한 핵력에 의해 핵을 구성한다. 탄소 원자의 고유한 특성은 양성자, 중성자, 전자의 배열에서 비롯된다. 탄소 원자는 핵에 6개의 양성자를 가지고 있으며, 이것이 탄소 원자를 정의한다. 이밖에도 탄소 원자 내 중성자의 수도 다양하여 탄소 동위원소가 달라질 수 있다(예: 중성자 6개가 있는 탄소-12, 중성자 8개가 있는 탄소-14). 핵을 둘러싸고 있는 6개의 전자는 궤도를 돌고 있다. 탄소의 가장 주목할 만한 특징은 4개의 공유 결합을 형성하는 능력이다. 탄소가 외부 껍질에 4개의 전자를 가지고 있어 다른 원자와 공유하여 안정적인 결합을 형성한다. 이러한 다양한 결합 덕분에 탄소는 이산화탄소(CO_2)와 같은 단순한 화합물부터 DNA 등 복잡한 화합물에 이르기까지 방대한 분자를 형성할 수 있다. 탄소는 4개의 결합을 형성하는 능력 덕분에 유기화학의 근간이 된다. 원자핵에서 양성자와 중성자를 하나로 묶는 강한 핵력과 전자의 행동을 지배하는 전자기력 등 우주의 정확한 힘과 조건의 균형 덕분에 탄소가 존재할 수 있다. 이러한 힘은 탄소 원자가 결합하여 분자를 형성하고 궁극적으로 생명에 필요한 복잡한 화학 작용을 가능하게 한다. 이러한 원자는 생물학적 진화와 기타 정교한 과정을 주도하는 분자 구조를 형성한다.

재, 진화하고 발전하는 토대이다.

세 번째 시대는 각각 DNA를 가진 생명체가 스스로 정보를 처리하도록 뇌를 형성하는 시기이다. 두뇌는 스스로 진화할 수 있으며, 수백만 년에 걸쳐 더욱 복잡한 두뇌가 형성되었다.

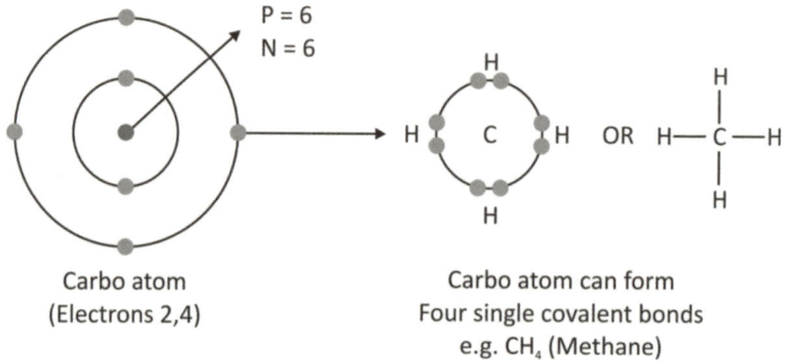

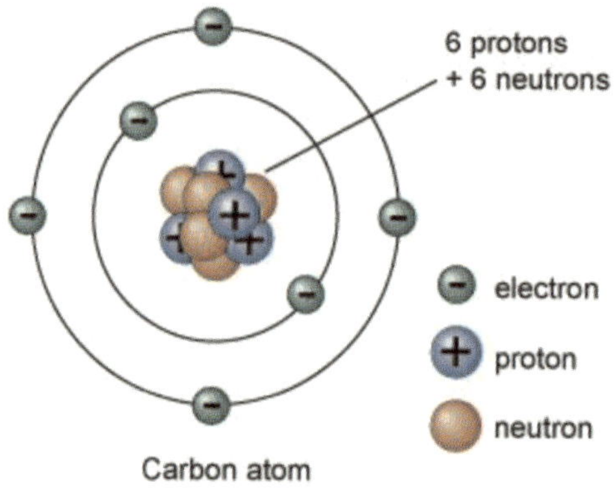

네 번째 시대는 더욱 높은 수준의 인지 능력을 갖고 행동을 하는 존재가 만들어졌는데 바로 인간 탄생의 시기이다. 인간은 인지 능력을 활용해 고대 문자부터 첨단 USB에 이르기까지 정보를 저장하고

조작할 수 있게 되었다. 정보 처리 기술의 발달로 인해 사람은 정보 패턴을 인지하고, 기억하고, 평가하도록 두뇌 능력이 강화되었다. 레이 커즈와일은 이에 대해 뇌의 경우 10만 년마다 약 1입방인치의 뇌 물질이 추가되는 반면, 디지털 컴퓨팅은 약 16개월마다 가격 대비 성능이 대략 배로 향상되고 있다고 설명한다.

다섯 번째 시대에는 생물학적 인간과 디지털 기술의 직접적인 결합의 시기다. 바로 뇌-컴퓨터 인터페이스 시대(BCI)이다. 인간 신경망의 처리 속도는 초당 수백 사이클의 수준이다. 반면, 디지털 기술은 초당 수십억 사이클의 속도로 진행된다. 이런 디지털 기술의 발달을 뇌에 적용하면, 뇌의 능력을 수백 배 이상 증강시킬 수 있다. 즉 신피질에 더 많은 층을 쌓을 수 있다. 이를테면 나노기술로 인해 사람은 두뇌와 클라우드의 가상 뉴런 층과 연결할 수 있다. 이러한 방식으로 AI와 결합하여 수백만 배의 컴퓨팅 파워로 우리 자신을 증강시킬 수 있다. 수백만 배의 연산 능력을 갖추게 될 것이다.

물론 아직은 이론에 불과하다. 레이 커즈와일은 조만간 닥칠 것이

인류 기술의 6단계 진화

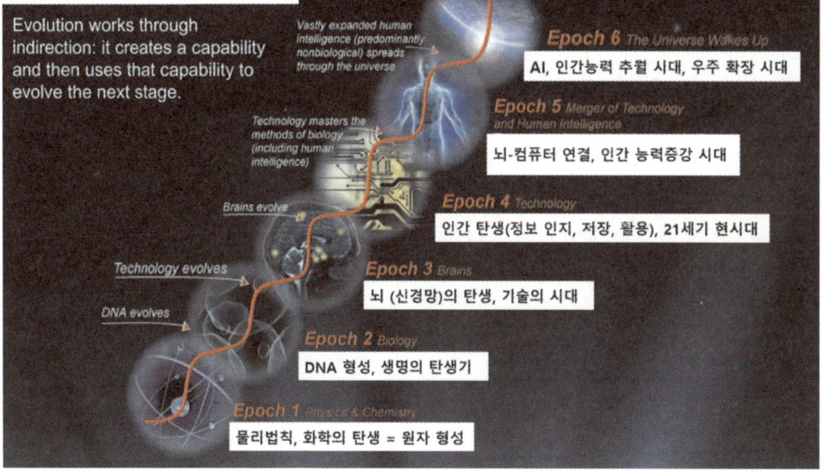

라고 자신하지만, 인간 뇌에 반도체 칩을 심는다는 것은 심리적으로도 기술적으로도 쉽지 않다. 그럼에도 BCI 기술이 상용화 되는 시점에서는 사람의 지능과 의식을 저 멀리까지 확장할 것이다. 우주로 인간 능력을 확장하고 훨씬 더 복잡하고 추상적인 인식을 할 수 있다.

여섯 번째에는 컴퓨트로늄 시대에 접어든다. 바로 인공지능이 인간과 유사한 문자로 의사소통 하는 시대이다. 이를 튜링 테스트[3]라고 부른다. 레이 커즈와일은 그 시기를 2029년으로 예상하고 있다(일반인공지능AGI 출현 시기). 튜링 테스트란 AI가 인간과 같은 언어를 구사하고 인간과 유사한 추론을 한다는 의미이다. 제미니Gemini와 챗GPT4.o 같은 AI시스템은 기초적 튜링 테스트이다. 챗GPT는 AGI, 즉 일반지능으로 가는 길에 한 걸음 더 다가서는 진보이다. 그렇다면 수억배 이상 연산능력을 가진 AI는 대부분의 영역에서 인간 능력을 넘어설 것이다.

인류는 이제 제4 단계 진화에 접어들었다, 이미 일부 작업에서 AI는 이해할 만한 수준을 뛰어넘는 결과를 만들어내고 있다. 튜링 테스트에서 AI가 아직 마스터하지 못한 부분에 대해서는 빠르게 발전하고 있다. 그 속도는 더욱 빨라질 것이다.

제5 단계는 2029년으로 예상된다. 튜링테스트를 통과하면 다섯 번째 진화 단계에 도달한다. 2030년대의 핵심 역량은 인간 사고력의

---

3 튜링 테스트는 1950년 영국의 수학자이자 컴퓨터 과학자인 앨런 튜링이 도입한 개념. AI와 같은 기계가 인간처럼 생각하고 의사소통할 수 있는지 여부를 판단하는 방법. 기계와 사람이 텍스트로 대화할 때 어느 쪽이 기계이고 어느 쪽이 사람인지 확실하게 구분할 수 없다면 기계가 튜링 테스트를 통과한 것이다. 기본 개념은 기계가 인간과 구별할 수 없는 지능적인 행동을 하는 능력을 측정하는 것. 이 테스트를 통과했다는 것은 AI가 인간과 같은 대화와 추론이 가능하다는 것을 의미한다. 인간이 할 수 있는 모든 지적 작업을 수행할 수 있는 인공일반지능(AGI)을 개발하는 중요한 이정표이다.

2013 4G 통신망 완성
2015 3D 프린팅 상용화
2017 중국 세계 최초 1km 높이 빌딩 선보여
2018 유비쿼터스 인터넷 노드 연결 완성
2020 영국 인터넷 유저, 50억 스마트 미터 도달
2021 지구 온도 섭씨 1도 상승, 세계 통신망 완성
2025 철도망 정비 고속화 진전
2026 무선 전력 공급 기술 상용화 시작
2028 전자 인쇄 상용화
2029 소매시장 자동화 진전, 지능형 광고 등장
2030. 전기차 충전 시설 완비 , 하이브리드 AI 확산
2033 홀로그래픽 상용화
2034 자율운행 자동차 일반화
2039 완전 몰입 가상현실 실현, 미국 폭염 일상화
2040 해안지역에 청정에너지 섬 형성되기 시작
세계 인구 85억명 도달
2041 지구 온도 섭씨 2도 상승
2042. 하늘 호텔 출현(스카이크루즈 유행)
세계 식량 물부족 심각
2040 로봇 일반화 재택 근무 일상화
2050 더 작고 더 빠른 수소 자동차 일반화
2051 세계인구 90억명으로 정점 도달

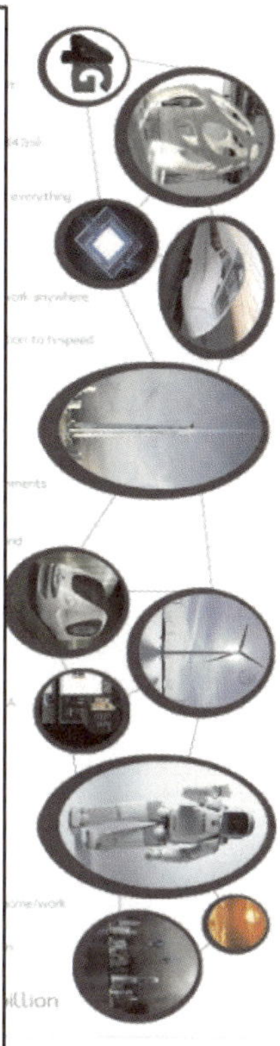

확장이다. 뇌 신피질의 상부 범위를 클라우드에 연결하여 생각의 범위를 무한대로 확장하는 길이다. 이렇게 되면 AI는 경쟁자가 아니라 인간의 연장선이 될 것이다. 그러면 인간 뇌의 인지 능력은 비생물학적 부분(디지털 기술)을 통해 수천 배 확산할 것이다. 이러한 발전이 기하급수적으로 진행될 것이다. 2045년에는 생각의 범위, 즉 사고 능력은 수백만 배 이상 확장될 것이다. 특이점이란 이런 유형이다. 인간은 엄청난 속도와 변화의 폭을 맞게 될 것이다.

02

지능의 재창조

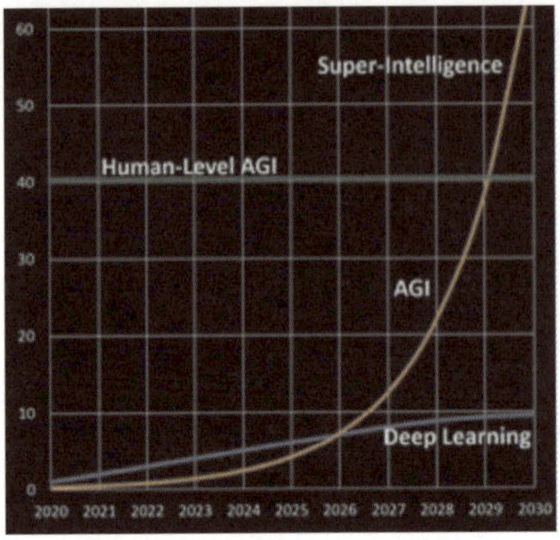

지능의 재창조, 즉 지능의 재탄생이란 무엇인가. 2020년대 인간은 진화의 마지막 단계에 접어들었다. 이어 자연이 부여한 지능을 더욱 강력한 디지털 기반 위에 재창조하고 그것과 융합하는 단계에 들어갈 것이다. 생각하고 학습하며 문제를 해결하는 인간 본연의 능력을 향상하고 새로운 문명으로 확장하는 것을 의미한다. 이는 딥러닝이 현재 인간 뇌 신피질의 능력을 재창조한다는 의미다.

2020년대에 들어와 인류는 더욱 중요해지는 시점에 있다. 수백만 년에 걸쳐 진화해 온 인간의 타고난 지능을 AI 등 강력한 디지털 도구와 결합하는 시대에 접어들었다. 인간의 뇌(특히 고차원적 사고를 담당하는 뇌의 일부인 신피질)의 작동 방식을 모방하는 AI의 일종인 딥러닝은 이 과정에서 핵심 역할을 할 것이다.

AI가 인간 지능에 얼마나 근접해 있는지 가늠하기 위해서는 이미지 인식, 언어 이해, 의사 결정 등을 어느 정도 수행하는지 살펴봐야 한다. AI가 이런 작업을 인간만큼 또는 인간보다 더 잘 수행할 수 있다면 그 지점이 바로 앞에서 설명한 특이점이다.

튜링이 제안한 '생각하는 기계'

1950년 영국의 저명한 수학자 앨런 튜링(1912-1954)은 유서깊은 철학 잡지 '마인드'에 특별한 논문을 발표했다. '컴퓨팅 기계와 지능'

이라는 제목의 논문이다.[4] 논문에서 튜링은 도발적이면서도 획기적 질문 하나를 던졌다. '기계도 생각할 수 있는가?' 였다. 당시로선 파격적인 괴짜 질문이었다.

훗날 입증되었지만, 이 논문은 AI 발전의 획기적인 이정표로 극찬받았다. 논문에서 튜링은 기계가 생각할 수 있는지 직접적으로 묻는 대신, '모방 게임'(튜링 테스트라고 알려짐)을 제안한다. 주인공인 한 사람이 다른 두 사람(한 사람은 사람이고 다른 한 사람은 사람인 척하는 기계)과 텍스트로 대화를 나누는 게임을 상상한다. 주인공은 어느 쪽이 기계이고 어느 쪽이 사람인지 확실하게 구분하지 못하면 기계가 테스트를 통과한 것으로 간주했다.

이 개념이 왜 중요한가? 이 아이디어는 AI 진보의 이론적 토대를 마련했다는 점에서 혁명적이다. 튜링 논문의 핵심은 기계가 인간 만큼 지능적일 수 있다는 것이다. 이 논문으로 인해 문제 해결, 학습, 언어 이해 등을 기계도 할 수 있다는 가설을 세웠으며, 이를 토대로 AI 개발 시대를 열어 젖힌다. 튜링은 철학적 수준의 상상력을 과학적 아이디어로 이끌어냈다. 다시 말해 인간적 사고가 필요한 작업을, 기계가 동일하게 수행할 수 있는지를 묻는 과학적 초점으로 옮겼다.

---

4 1876년 스코틀랜드 철학자 알렉산더 베인이 옥스퍼드대학교에서 창간한 '마인드'는 영미 철학사에 중요한 족적을 남긴 논문들을 출간해왔다. 튜링은 1950년 10월호에 Computing Machine and Intelligence"을 발표한다. 논문에서 튜링은 '인공지능'이라는 표현을 사용하지 않았지만, 기계가 인간과 다른 종류의 지능을 보여줄 가능성에 주목했다. 그러면서 일종의 지능 확인 검사를 제안한다. 훗날 튜링 검사로 알려지게 된 이 검사와 더불어 튜링은 기계 지능에 대한 철학적 논의의 기초를 제시한다. 튜링의 논문은 캠브리지대학에서 연구한 수학기초론과, 2차 세계대전 중 비밀 참여한 독일군 암호해독 과정에서 얻은 '구성성 compositionality'에 대한 통찰, 그리고 1948년부터 맨체스터대에서 연구한 '생각하는 기계' 개념 등을 결합한 업적이었다. 튜링은 오늘날 AI라는 정보 처리 기계 시대를 열었던 선구자다.

1956년 수학 교수 존 매카시(1927~2011)는 뉴햄프셔 주 하노버에 있는 다트머스 대학에서 연구자 10명이 모이는 2개월 간의 연구와 워크숍을 열었다. 다트머스대학 워크숍은 훗날 AI 성지로 널리 알려지게 되었다.

튜링의 아이디어를 연장한 존 매카시는 학습, 추론, 문제 해결 등 인간 지능의 핵심을 기계가 이해하고 복제할 수 있다고 믿었다. 워크숍에는 수학, 컴퓨터 과학, 심리학, 신경과학 등 다양한 분야의 전문가들이 참여했다.

다트머스 컨퍼런스의 주요 목표는 다음과 같다.

1. **언어 처리** : 기계가 인간의 언어를 이해하고 활용하는 방법을 연구
2. **추상화 및 개념** : 기계가 인간 사고의 핵심인 추상적인 아이디어와 개념을 형성하고 조작할 수 있도록 지원
3. **문제 해결** : 인간만이 처리 가능한 복잡한 문제를 기계가 해결하는 기술의 개발
4. **자기 개선** : 인간처럼 경험을 통해 학습하면서 기계 스스로 능력을 향상시키는 방법을 연구

존 매카시는 이 과정에서 '인공지능'이라는 용어를 만들어냈다. 생각하는 기계에 대해 아직 완전한 명칭이나 용어는 출현하지 않았다. 하지만, 인공지능이란 말 속에는 이전에는 인간의 전유물로 여겨졌던 사고를 기계가 수행할 수 있다는 아이디어를 담고 있다. 컨퍼런스로 인해 연구자들은 향후 수십년간 AI 연구를 이끌어갈 기초적인 아이디어를 얻었고, AI는 핵심 과학기술 분야로 자리매김 한다.

다트머스 컨퍼런스에서 태동한 아이디어는 이후 게임과 음성 인식

부터 자동차 운전, 의료 진단에 이르기까지 다양한 작업을 수행하는 AI 시스템의 탄생으로 이어졌다. 오늘날 연구자는 수 백만명으로 늘었고, 향후 더욱 늘어날 것이다.[5]

그간 인간과 자연어 대화할 수 있다는 일반인공지능AGI의 출현에 대한 예측은 가까운 미래(2029년)부터 수십 년 후(2040~2050년대) 또는 그 이상까지 다양하다.

우선 낙관적 예측을 소개한다. 가장 잘 알려지고 유명한 레이 커즈와일의 예측이다.

그는 2029년이면 AI가 튜링테스트를 통과하여 대화와 추론에서 인간과 구별할 수 없을 것이라고 내다본다. 커즈와일의 예측은 컴퓨팅 파워의 기하급수적인 성장과 AI 알고리즘의 발전에 기반한다.

그러나, 인간과 컴퓨터를 구별하는 시기에 대해 세계 최고의 예측 웹사이트로 평가받는 메타큘러스Metaculous 컨센서스조차 2040~2050년대 사이를 맴돌았다. 메타큘러스의 보수적인 예측은 자연어 이해 및 처리, 상식적 추론, 감성 지능 등 인간과 유사한 지능을 복제하는 데 따르는 복잡한 과제를 고려한 데 따른 것이다. 일부 전문가들은 2060년까지 내다보는 측도 있다. 그러나, 메타큘러스는 최근 지난 몇 년 동안 AI 진보 속도를 반영하여 AGI 탄생 시점을 2029년으로 조정했다.

그렇다면 2029년 무렵이면 그림이나 사진 등 이미지를 설명하는

---

5 장 프랑수아 가녜, 그레이스 키저, 요안 만타 3인이 작성한 '2019 글로벌 AI 인재보고서'에 따르면 중국의 거대 기술 기업 텐센트에는 2017년에 이미 AI 전문가 약 22,400명이 있는 것으로 집계되었다. 스탠포드 '인간중심인공지능연구소'에는 4,000여명의 AI 연구자들이 있으며, 2021년에 496,000건 이상의 논문과 141,000건의 특허를 출원했다. 2022년 전 세계 기업들의 AI에 대한 투자는 1,890억 달러로 지난 10년 동안 13배 증가했다.

능력 또는 창작력에서 AGI가 과연 인간과 유사한 능력을 발휘할까.[6]

지난 몇 년 동안 특히 자연어 처리, 머신러닝, 로보틱스 등의 분야에서 AI는 괄목할만한 발전을 이뤘다. 이를테면 OpenAI의 GPT-4.o 상용화, Google의 DeepMind 등은 AGI 탄생 예상 시기를 앞당기는 성과물이었다. 이를테면 2023년 12월 구글 클라우드 A3는 초당 약 26,000,000,000,000,000회(26셉틸리언)의 연산을 수행했다. 현재 1달러는 GPS 개발 당시보다 약 1.6조 배의 컴퓨팅 성능을 구현할 수 있다.[7] 1959년 기술로는 수만 년 걸릴 문제를 일반 컴퓨팅 하드웨어에서는 단 몇 분이면 해결하고도 남는다. 전문가들조차도 AI 엄청난 혁신에 놀라워하고 있다. 대부분의 예상보다 더 빨리 다가오고 있다. 도약이 임박했다는 경고도 없이 갑작스런 진보가 이뤄지고 있다.

인공지능의 기하급수적 진보

그렇다면 갑작스러운 혁신이 일어나는 배경은 무엇인가. 적당한 답변은 태동기 당시 이론적 문제에서 발견할 수 있다. 앞에서 언급한 다트머스 워크숍에서 기조 발표했던 마빈 민스키(1927~2016)와 프랭크 로젠블랫 Frank Rosenblatt(1928~197)의 설명을 소개한다.

6 인지 과학 전문가 토마소 포지오Tomaso Poggio는 "이미지를 설명하는 능력은 지적으로 가장 어려운 일 중 하나이며 기계가 할 수 있는 어려운 일 중 하나"라고 했다.

7 Ray Kurzweil, The Singularity Is Nearer: When We Merge with AI, New York, Viking, 2024.p.15

민스키는 AI 문제 해결의 자동화된 솔루션을 만드는 데 있어서 상징적 접근법symbolic approach과 연결주의적 접근법Connectionist Approach 두 가지 기법을 제시한다.

먼저 상징적 접근법이다. 미로에서 최단 경로 찾기를 컴퓨터에게 가르친다고 가정해보자. 상징적 접근 방식은 컴퓨터가 따라야 할 일련의 명시적인 규칙이나 지침을 만들어 입력하는 방식이다. 즉 미로의 각 지점에서 컴퓨터가 결정을 내리도록 단계별 규칙을 지시한다.

규칙 1 막다른 골목에 도달하면 이전 교차로로 돌아가서 다른 경로를 시도하라

규칙 2 출구를 찾으면 멈추고 미로를 풀었다고 선언하라

규칙 3 선택할 수 있는 경로가 여러 개 있다면 출구에 더 가까운 경로를 선택하라

이에 따라 컴퓨터는 미리 정한 규칙에 따라 미로를 탐색한다

특히 1959년 RAND Corporation이 만든 일반문제해결(GPS, General Problem Solver) 방식은 상징적 접근 방식의 대표적 사례이다. 광범위한 문제를 작은 단위로 쪼개어 답을 찾도록 설계된 컴퓨터 프로그램이다.[8] 마치 인간이 논리학를 통해 특정 지침을 따라 문제를 해결하는 방식과 유사하다. 인간이 다양한 옵션을 논리적으로 고려하고 정답에 도달할 때까지 규칙을 적용하여 문제를 해결하는 방식이다.

그러나, 상징적 접근 방식에는 한계가 있다. 구체적 규칙 기반 작업에는 효과적이지만 패턴 인식, 자연어 이해, 경험으로부터의 학습

8 Herbert A. Simon, J. C. Shaw, Allen Newell 3인이 공동개발

등 복잡하고 덜 구조화된 문제의 솔루션을 찾기는 어렵다.

연결주의 접근 방식은 상징적 접근법의 한계를 보완한 기법이다. 이는 인간의 두뇌 작동 방식, 즉 패턴 인식에서 영감을 얻었다. 미리 정해 놓은 규칙에 의존하는 대신, 뇌의 뉴런과 유사한 상호 연결 네트워크를 사용하여 데이터로부터 학습하고 패턴을 인식한다. 이러한 접근 방식은 딥러닝과 인공 신경망의 기초가 되었다.

프랭크 로젠블랫이 고안한 연결주의 접근법connectionist approach은 인간의 뇌가 작동하는 방식을 모방했다. 규칙을 알려주지 않고 대신, 예시를 통해 학습한다. 예를 들어 미로를 풀도록 하려면 규칙을 알려주지 않고, 대신 미로의 다양한 예와 미로를 푸는 방법을 보여준다. 즉 컴퓨터 모델에게 미로를 탐색하는 패턴과 전략을 학습시킨다.

최근 상징적 접근법(symbolic, rule-based logic, 규칙 기반 논리)과 연결주의 접근법(신경망)을 통합하는 하이브리드 방식이 이런 부류이다. 예를 들어, 일부 AI 시스템은 규칙 기반 논리(상징적 AI)와 딥러닝(연결주의 AI)을 결합한다. 다시 말해 신경망(연결주의적 접근 방식)과 상징적 추론 프레임워크를 결합한 하이브리드 AI 시스템의 개발이다.

MIT 연구진이 개발한 신경 상징 개념학습기(NSCL, Neuro-Symbolic Concept Learner)를 보면 이해할 수 있다. 먼저 신경망을 사용하여 이미지에서 이러한 물체를 인식한 다음, 논리적 규칙을 적용하여 관계를 결정하면 질문에 답할 수 있다. 일종의 하이브리드 모델이다. 상징적 방식과 연결주의 접근법의 강점을 접목한 모델이다.

NSCL 시스템은 먼저 딥러닝 모델, 일반적으로 컨볼루션 신경망(CNN)을 사용하여 이미지를 분석한다. CNN은 물체와 물체의 속성(색상 및 모양 등)과 물체 간의 공간적 관계를 인식하도록 훈련되어 있다. 감지된 객체와 그 속성은 상징적 표현으로 인코딩 된다. 이미지가 분석되고 사물이 기호로 표현되면, AI 시스템은 이러한 표현에 대해 추론하는 형식이다.

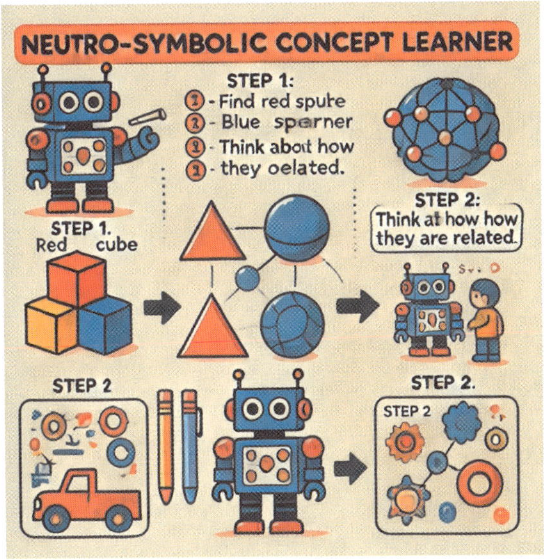

STEP 1 : 로봇이 물체를 식별하고 이름을 지정한다(붉은색 물체, 푸른 구체 등)
STEP 2 : 로봇이 물체들이 어떻게 연관되어 있는지 생각한다(붉은 물체는 푸른 구체 왼쪽에 있다)

제조 공장에서 사물을 탐색하고 조작하는 로봇을 상상해 보자. NSCL을 탑재한 로봇은 최적의 작업을 수행할 수 있다. 교육 현장에서도 NSCL 기반의 AI 시스템은 활용도가 높다. 문제를 시각적으로 해석하고 해결책을 위한 단계별 추론을 제공함으로써 학생들의 학습을 도울 수 있다.

예를 들어, 수학에 어려움을 겪는 어린이에게 기하학적 도형의 공간적 배열을 이해하거나 수학의 단어 문제를 시각적으로 분석하여 해결하는 데 도움을 줄 수 있다.

의료 영상 분야에서 NSCL 시스템은 MRI나 엑스레이와 같은 스캔을 분석하여 이상을 식별한 다음, 논리적 추론을 적용할 수 있다.

정리하면 최근 AI의 폭발적인 진보와 성능 개선은 이미 정의된 규칙에만 의존하지 않고, 패턴을 학습하고 적응하는 연결주의적 접근법을 채용했기에 가능했다. 강력한 컴퓨팅(계산 능력), 방대한 데이터, 개선된 알고리즘의 결합으로 인해 연결주의 접근법이 AI의 일취월장 도약을 가능하도록 했다.

규칙 기반 시스템(복잡성 한계)의 극복

1980년대 이전 흔히 '기호 AI'라고 불리는 규칙 기반 시스템은 미리 정의된 "if- then" 규칙 집합에 의존하여 의사 결정을 내린다. 이 접근 방식은 복잡성이 증가함에 따라 상당한 어려움에 직면한다.

규칙의 기하급수적 증가 : 문제 영역이 커지면 필요한 규칙의 수가 기하급수적으로 증가한다. 예를 들어, 간단한 의사 결정을 처리하는 데는 몇 개의 규칙만 필요하지만, 더 복잡한 시나리오에서는 수천 개 또는 수백만 개의 규칙이 필요하다. 규칙이 많을수록 규칙들이 예상치 못한 방식으로 상호 작용할 수도 있다. 하나의 규칙을 변경하면 하위 많은 규칙을 변경해야 함으로 인해 시스템이 취약해진다. 규칙 기반 시스템은 본질적으로 경직되어 있어 유연성이 떨어진다. 예측 가능한 환경에서는 잘 작동하지만 프로그래밍되어 있지 않은 상황에서는 성능이 떨어진다. 즉 미묘한 차이와 예외적 상황에서는 판별력이 떨어진다. 복잡한 시스템에서는 작은 오류가 연쇄적으로 발생하여 잘못된 의사 결정이나 시스템 장애로 이어질 수 있다.

이러한 규칙 기반 시스템의 한계를 해결하기 위해 AI 연구자들은 연결주의적 접근법, 즉 인간 뇌(신경망)를 모방한 패턴, 관계 인식 접근법을 개발했다. 대량의 데이터로부터 학습해 공통 분모, 즉 일정한 패턴과 관계를 자동으로 추출하도록 프로그래밍했다. 그러면 보이지 않는 새로운 상황에 적용할 수 있다. 이러한 접근 방식을 통해 강력하고 다재다능한 AI 시스템을 개발해냈다. 이로써 규칙 기반 시스템의 복잡성의 한계는 극복되었다. AI가 일취월장할 수 있는 토대가 만들어진 것이다.

마이신MYCIN AI 프로그램을 보면 연결주의 접근법을 보다 쉽게 이해할 수 있다.

마이신은 1970년대 중반 스탠포드 대학교에서 에드워드 쇼틀리프가 개발한 시스템이다. 이는 균혈증이나 수막염 등 세균 감염을 진단하고 적절한 항생제 치료법을 추천하는 데 도움을 주기 위해 고안되었다. 이런 AI 시스템은 의학 분야에서 AI를 가장 먼저 적용한 사례로 평가된다.

먼저 마이신에는 미리 정의된 규칙 세트가 입력된다. if-then '만약-그렇다면' 문장으로 시작하는 약 450개의 규칙으로 구성되었다. 테스트 결과, 인간 의사와 동등하거나 때로는 더 나은 성능을 보였다. 하지만, 마이신의 접근 방식은 주로 규칙 기반이었기 때문에 곧바로 한계를 보였다. 규칙의 수가 증가할수록 시스템은 더욱 복잡해지고 난이도 높은 질문에는 답변 도출이 어려워졌다. 이러한 한계를 극복하기 위해 이후 AI 시스템은 규칙 기반 로직 이외에 하이브리드 접근 방식을 도입했다. 연결주의 접근법(신경망)이 결합된 하이브리드 시스템은 규칙 기반 로직과 머신러닝의 결합이었다. 보다 유연하고 적응적인 의사결정을 내릴 수 있다.

1980년대 후반에 이러한 전문가 시스템은 확률 모델을 활용했고, 여러 증거를 조합하여 결론을 내릴 수 있었다. 하나의 'IF-THEN' 규칙만으로는 충분하지 않지만, 수천 개의 규칙을 조합하면 신뢰할 만한 결정을 내릴 수 있었다. 그림에 나온 것처럼 일정한 패턴 유형 습관이라는 새로운 지식이 생성되는 방식이다.

하지만, 수백만 가지의 작은 아이디어는 어느 한 곳에 명확하게 기록되어 있지 않다. 이러한 아이디어는 인간의 행동과 추론의 근간이 되는 일종의 '가정'이다. 하지만, 하이브리드 방식 역시 상징적인 규칙(종래 지식의 융합)으로 표현하기 때문에 복잡성의 한계에 직면할 수밖에 없다.

다시 말해 연결주의 AI는 정답을 뱉어낼 수는 있지만 어떻게 정답을 찾았는지 설명할 수 없는 '블랙박스'가 되기 쉽다. 이는 중대한 의학 수술, 사회적 파장이 큰 법집행, 역병, 전쟁 리스크 같은 중대한 결정에는 큰 문제가 될 수 있다. 많은 AI 전문가들이 보다 투명한, 또는 기계적 해석이 가능한 AI를 개발하기 위해 노력하고 있는 이유이다.

규칙 기반 AI(상징적 AI)의 문제점

위 텍스트를 종합해 설명하면 이렇다. 1980년대 이전에는 상징적

AI가 미리 정의된 '만약-그렇다면' 규칙에 의존하여 의사 결정을 내렸다. 구조화된 작업에는 효과적이었지만, 복잡한 영역에서는 수천 또는 수백만 개의 규칙이 필요하다. 이러한 한계를 극복하기 위해 연구자들은 뇌를 모방하는 연결주의적 AI를 탐구했다. 규칙 기반 시스템과 달리 신경망은 다음과 같은 특징을 가지고 있다.

사전 프로그래밍된 규칙을 따르는 대신 데이터로부터 학습한다
패턴과 관계를 자율적으로 식별하여 적응력을 높인다
지식을 일반화하여 보이지 않는 상황도 처리할 수 있다

딥러닝을 포함한 하이브리드 AI 시스템은 상징적 AI(규칙)와 신경망을 결합한 솔루션으로 등장했다. 상징적 AI는 잘 정의되고 구조화된 문제를 처리한다. 신경망은 패턴 인식이 필요한 복잡하고 모호한 작업을 처리한다. 이러한 융합은 AI 적응성을 향상시켜 의학, 금융, 자율 시스템과 같은 분야에서 혁신을 일으켰다. 가장 첫 번째 성과는 앞에서도 설명했지만, MYCIN이었다. 그러나, 의학 지식이 확장됨에 따라 MYCIN의 한계가 분명해졌다. 이후 AI 시스템은 이러한 한계를 극복하기 위해 기계 학습을 통합했다. 확률적 AI와 기계 학습이 부상하면서 다음과 같은 이점을 얻을 수 있었다.

엄격한 규칙에 의존하는 대신 여러 증거를 결합할 수 있다
결론에 신뢰도 점수를 부여하여 정확도를 향상시킨다
엄격한 규칙 기반 시스템보다 불확실성을 더 잘 처리한다

이러한 전환은 의학, 금융, 보안과 같은 분야에서 보다 신뢰할 수 있는 의사 결정으로 이어졌다.

최근 AI의 발전은 '블랙 박스' 문제 해결을 꼽을 수 있다. 최근 AI, 특히 딥러닝의 주요 과제 중 하나는 해석 가능성의 부족이다. 상징적 AI와는 달리, 신경망은 종종 블랙박스처럼 작동한다. 즉 정확한 결과를 제공하지만 어떻게 도출되었는지 설명할 수 없었다. 암 등 중대 질병 의료 진단, 법 집행, 군사적 결정 등은 중요한 결정에 해당한다.

다시 말해 의사 결정의 투명성을 높이기 위해 연구자들은 설명 가능한 인공지능(XAI) 방법을 개발했다.

이를 테면 AI 결정에 영향을 미치는 각 특징에 중요도 값을 할당하는 식이다. IBM은 최근 AI의 투명성을 향상시키기 위해 기호적 추론과 심층 학습을 통합했다. 지식 그래프를 사용하여 정보를 논리적으로 구조화했다. 즉 인간이 이해할 수 있는 방식으로 AI가 추론하도록 하는 식이다. 이에 대한 사례로는 구글 딥마인드의 알파폴드(2021)를 들 수 있다. 단백질 접힘 구조를 높은 정확도로 분석한다. 또 특정 분자가 상호작용하는 이유를 설명하도록 해서 신약 개발을 촉진하는 식이다. IBM '왓슨 포 온콜로지'도 그 사례이다. 의사가 의료적 결정을 내리기 전에 대상자에게 AI 추천을 이해할 수 있도록 한다.

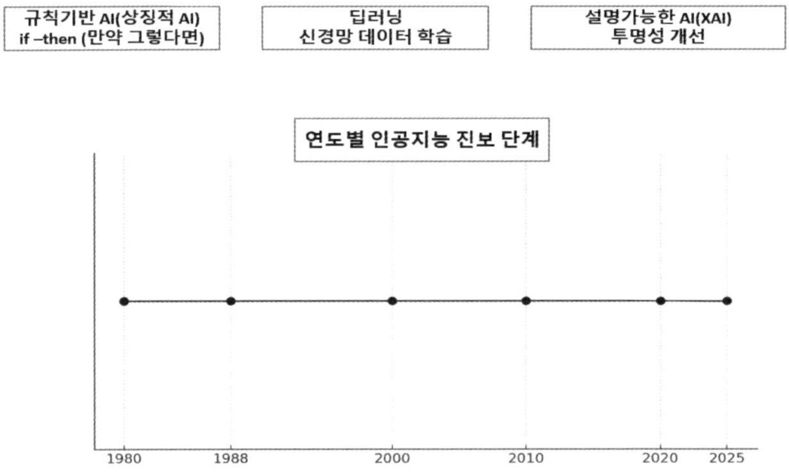

연결주의와 신경망

인간의 두뇌에는 약 860억 개의 뉴런이 있으며, 각 뉴런은 수천 개의 다른 뉴런과 연결되어 있다. 뉴런은 전기 신호로 통신(의사소통)하고 경험에 따라 그 강약을 조절한다. 이 과정을 시냅스 가소성 synaptic plasticity이라고 하며, 학습의 생물학적 기초이다.

시냅스 가소성 : 뉴런 사이의 연결을 강화하거나 약화시켜 스스로를 변화시키고 재구성하는 뇌의 능력이다. 자주 걸으면 숲 속의 길이 더 뚜렷해지는 것처럼, 시냅스 가소성은 사용을 멈추면 사라진다. 시냅스는 두 개의 뉴런이 만나는 곳이다.

시냅스 가소성의 작동 방식 : 인간 뇌에는 대략 860억개 뉴런이 있다. 각 뉴런은 수천 억개의 다른 뉴런과 전기 신호로 소통한다. 새로운 것을 배우거나 무언가를 자주 연습하면, 특정 시냅스가 더 강해진다. 연습을 멈추면, 시냅스는 약해진다.

간단한 사례 : 사람이 피아노 곡을 배우고 있다. 처음에 뉴런은 아직 강한 연결을 가지고 있지 않다. 매일 연습을 하면, 신경 경로가 더욱 강해지고 명확해진다. 손가락이 더 잘 기억하고, 연주하기가 더 쉬워진다. 오랫동안 연습을 중단하면 연결이 약해지고 연주하는 방법을 잊어버릴 수 있다. 이러한 신경 경로의 강화와 약화를 시냅스 가소성이라고 불리며, 이것이 우리 뇌가 학습하고 기억하는 방식이다.

연결주의와 인공 신경망(ANN) : ANN은 이런 뇌 신경망에서 영감을 받은 컴퓨터 시스템이다.

ANN은 엄격한 규칙을 따르지 않고, 수신된 데이터를 기반으로 인공 신경의 연결 강도를 조정하여 학습한다. 다시 말해 인간이 학습하는 방식과 매우 유사하다.

연결주의는 AI에 인공 신경망(ANN 인간 뇌 구조와 기능을 모방한)을 도입한 접근 방식이다. 미리 정의된 상징적 규칙에 의존하는 대신, 대량의 데이터에서 패턴과 관계를 학습한다. 인간 뇌 속 뉴런은 방대한 네트워크로 연결되어 있다. 인간 뇌의 학습은 경험을 바탕으로 연결의 강도를 조절함으로써 이뤄진다. 마찬가지로 인공 신경망(ANN)을 탑재한 AI는 데이터를 처리할 때 연결의 가중치를 조정하여 패턴을 인식하고 예측한다.

뉴런과 시냅스 → 인공 뉴런과 가중치

인간 뇌에서 뉴런은 시냅스로 통신하며, 경험에 따라 연결을 강화하거나 약화시킨다.

도널드 헉비 학습 → 역 전파

ANN에서 역 전파란 오류 수정을 기반으로 연결의 가중치를 조정한다. 네트워크가 잘못된 예측을 하면, 시간이 지남에 따라 정확도를 높이기 위해 가중치를 수정한다.

특히 순차적이고 단계적인 방식으로 정보를 처리하는 규칙 기반 AI와는 달리, ANN은 뇌와 같이 여러 정보를 동시에 처리한다.

ANN의 주요 속성은 다음과 같다.

경험으로부터 배우기 – 수동으로 코딩된 논리에 의존하는 규칙 기반 시스템과 달리, 신경망은 훈련 데이터를 사용하여 가중치를 조정한다.

패턴 인식 – 신경망은 명시적인 프로그래밍 없이 숨겨진 패턴(음성,

이미지)을 인식하는 데 탁월하다.

일반화 – 훈련이 완료되면 ANN은 새로운 데이터에 학습한 지식을 적용할 수 있다. 기호 AI와 연결주의의 결합에도 불구 ANN은 약점이 있다. 즉 어떻게 결정이 내려졌는지 설명하기 어렵다.

논리 및 추론과의 투쟁 – 패턴을 인식하는 데는 뛰어나지만, 신경망은 공식적인 추론 능력이 부족했다.

이를 해결하는 과정에서 나온 것이 하이브리드 AI 개발이다. IBM의 '신경기호AI'(2020)는 이 결과물이다.

미국 IBM 인공지능 연구실에서 '신경기호 AI'서버를 조작하고 있다.

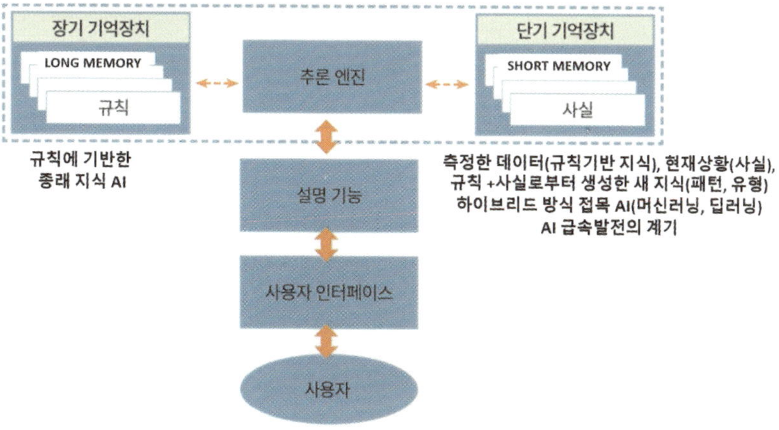

인공 신경망 ANN 알고리즘의 기본 개요

거듭 설명하자면 ANN은 인간 두뇌의 구조와 기능에서 영감을 받은 기계 학습 모델이다.

인간 두뇌는 여러 층으로 구성된 상호 연결된 노드로 구성된다. 이러한 계층에는 일반적으로 입력 계층, 하나 이상의 숨겨진 계층 및 출력 계층이 포함된다. 각 뉴런은 입력을 받고, 활성화 함수를 통해 처리하고, 출력값을 다음 계층으로 전달한다. 이를 시각화 하면 다음과 같다.

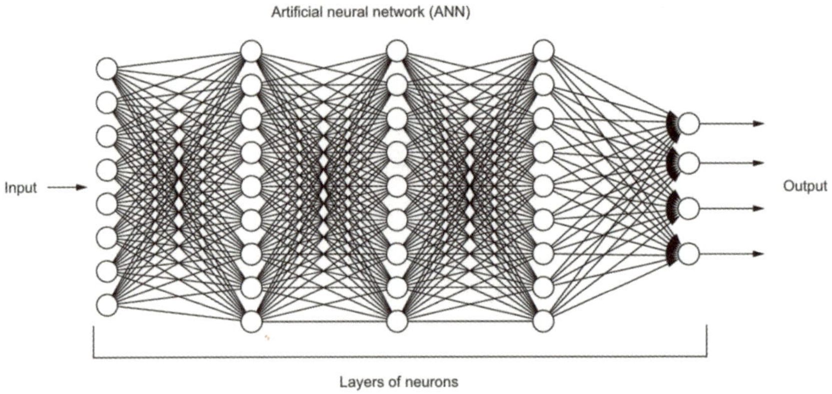

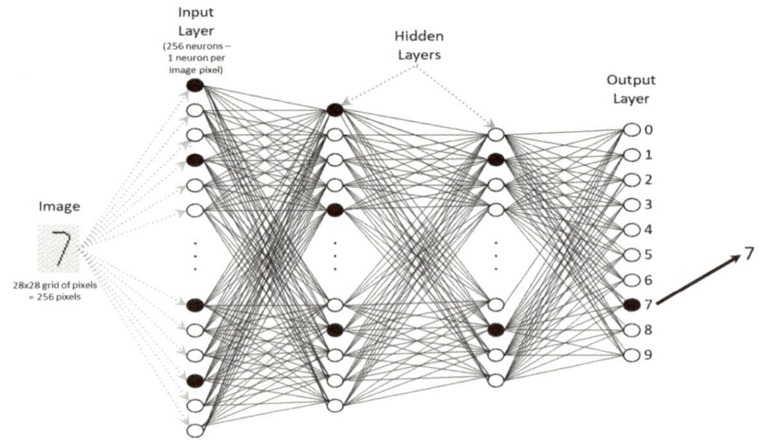

그림설명 : 위쪽 이미지는 1995년 미국 국립과학기술연구소(NIST)에서 필기 인식 기술 개발을 지원하기 위해 발행한 광범위한 데이터베이스의 이미지다. 각 이미지에는 28 x 28 = 784 픽셀(Pixels, Picture Elements, 디지털 사진 이미지를 구성하는 작은 점)이 있다. 784개 픽셀 각각에 대해 하나의 뉴런이 있는 입력 계층이 있다. 784개의 입력 계층 뉴런의 영상들에서 검은색이면 1의 값을 가지고, 그렇지 않으면 0의 값을 갖도록 했다. 출력 계층에는 10개의 뉴런이 있으며, 각 가능한 출력 값(0-9)에 대해 하나씩 있다. 중간에는 두 개의 숨겨진 레이어가 있다. 애초 입력된 손글씨 7자는 출력에서 분명하게 나오도록 한다.

출처: Josef Teppan CC BY-SA 4.0에 따라 라이선스 부여

신경망 알고리즘의 기본 개요

한 문제에 대한 신경망 솔루션을 만들기 위한 몇가지 단계를 거쳐야 한다.

- 입력 값을 결정한다
- 신경망의 토폴로지(즉, 뉴런의 계층과 뉴런 간의 연결)를 정의한다.
- 예시 문제를 통해 신경망을 훈련한다.

- 훈련된 신경망을 실행하여 문제의 새로운 예제를 해결한다.

예시를 통해 AI 기계 훈련에 대해 좀 더 탐구해본다. 로봇에게 0부터 9까지 손으로 쓴 손글씨 숫자를 인식하는 방법을 가르친다. 로봇은 백지상태이기에 많은 예를 보여주고 실수를 통해 학습할 수 있도록 도와주면서 로봇을 훈련시켜야 한다. 이는 로봇이 무엇에 집중할지 결정하는 데 도움을 준다.

초기 훈련 : 먼저 로봇에게 손글씨 숫자 '3'을 보여준다. 로봇은 어떤 숫자인지 추측한다. 로봇이 틀린 답을 맞히면 정답을 일러준다.
시냅스(가중치) 강도 조정 : 로봇이 실수로부터 학습하는 단계이다. 로봇이 '3'이 아닌 '4'를 답한 경우, 로봇이 그림의 특정 부분(예: '3'의 상단 곡선)에 얼마나 주의를 기울이는지 약간 조정한다. 이러한 조정으로 인해 시간이 지남에 따라 로봇이 숫자 3을 더 잘 인식하는 데 도움이 된다.
실수로부터 배우기 : 수학 숙제를 할 때 몇 가지 실수를 할 수 있는 것처럼, 로봇은 모든 훈련 예제가 완벽하지 않더라도 학습으로 극복한다. 점점 더 많은 숫자를 계속 보여주면 로봇은 기억력을 계속 조정할 수 있다. 0부터 9까지의 숫자에 대한 수천 개의 예를 보여주면 로봇은 숫자를 인식하는 데 매우 능숙해진다.

새로운 기술을 연습하는 데 몇 시간을 투자하는 것처럼, 로봇이 숫자를 잘 인식하려면 많은 시간과 데이터가 필요하다.

로봇을 숫자 인식법을 배우는 학생이라고 생각하면 이해하기 쉽다. 처음에는 실수를 하지만 실수를 할 때마다 숫자에 대해 생각하는 방식을 조정하면서 학습한다. 핵심은 로봇이 실수할 때마다 조금씩 조정하는 것이다. 마치 사람이 실수 경험을 통해 숙련되는 것과 유사하다.

시스템 설계자가 각 연결의 시냅스 강도(가중치) 조정을 위한 여러 가지 방법이 있다.

(i) 시냅스 강도를 동일한 값으로 설정하거나, 또는

(ii) 시냅스 강도를 서로 다른 임의의 값으로 설정하거나, 또는

(iii) 진화 알고리즘을 사용하여 최적의 초기 값 집합을 결정하거나

(iv) 설계자가 최선의 판단을 통해 초기 값인 각 뉴런의 발화 임계 값을 결정할 수 있다.

인공 신경망 기반 AI 시스템의 핵심은 훈련에 사용되는 데이터의 양에 달려있다 할 것이다. 일반적으로 만족스러운 결과를 얻으려면 매우 많은 양이 필요하다. 인간과 마찬가지로 신경망도 학습에 소요되는 시간이 AI 성능 향상의 핵심 요소이다.

인공 신경망에서 시냅스 강도 튜닝은 음악 믹서의 볼륨노브를 조정하는 것과 같다.

여러 곡을 믹싱하는 DJ가 있다. 멋진 트랙을 만들기 위해 베이스, 드럼, 보컬과 같은 사운드의 완벽한 균형을 맞춰야 한다. 각 노래는 서로 다른 입력을 나타내며, DJ의 임무는 모든 소리가 적절하게 들리도록 볼륨노브(시냅스 강도)를 조정하는 것이다.

초기 볼륨(시냅스 강도) 설정 : DJ가 처음 시작할 때 모든 볼륨 노브를 임의로 설정한다(물론 지금까지 경험으로 적당하게 설정). 이는 신경망에서 초기 시냅스 강도를 무작위로 설정하는 것과 같다. 또는 모든 볼륨노브를 동일하게 설정하거나 이전 경험을 바탕으로 설정한다.

피드백을 기반으로 볼륨 조절하기 : DJ가 믹스를 들으면서 드럼이 너

무 크거나 보컬이 너무 조용하다는 것을 알아차리고 노브를 조정하기 시작한다.

드럼이 너무 크면, DJ는 해당 트랙의 볼륨을 낮춘다(시냅스 강도를 낮춘다).

보컬이 너무 조용하면 해당 트랙의 볼륨을 높인다(시냅스 강도를 높인다).

DJ는 조정할 때마다 믹스가 적절한지 확인한다. 이는 마치 신경망이 정답에 더 가까운 출력인지에 따라 시냅스 강도를 조정하는 것과 같다. 시간이 지남에 따라 이러한 작은 조정은 DJ가 완벽한 믹스를 만드는 데 도움이 된다.

실수로부터 배우기 : 신경망이 학습 데이터의 오류를 통해 학습하는 것처럼, DJ가 여러 번 시도한 후에도 여전히 믹스가 맞지 않는다면 다시 돌아가서 다른 것을 시도한다.

최종 믹스(최종 출력) : DJ가 모든 노브 조정을 마치면 멋진 사운드의 최종 믹스가 완성된다. 신경망에서 모든 시냅스 강도를 조정한 후 최종 출력을 생성하는 것과 같다. 출력은 그림을 정확하게 인식하거나, 숫자를 예측하거나, 네트워크가 학습된 다른 작업을 수행할 수 있다.

이 사례에서 보듯, 완벽한 믹스를 얻기 위해 볼륨 노브를 조정하는 DJ의 작업은 신경망이 훈련 중에 시냅스 강도를 조정하는 방식과 같다. 목표는 DJ가 균형 잡힌 믹스를 만드는 것처럼 네트워크가 정확한 결과를 생성할 수 있도록 뉴런 간의 연결을 미세 조정하는 것이다. DJ가 더 많은 연습을 할수록(또는 신경망이 더 많은 데이터를 학습할수록) 최종 결과물은 더 좋아진다.

'퍼셉트론'에 대해

마빈 민스키Marvin Minsky와 시모어 파퍼트Seymour Papert가 1969년 출간한 '퍼셉트론'(Perceptrons: An Introduction to Computational Geometry)은 AI 기술 개발에 하나의 이정표를 세운 저서이다. 간단히 말해 퍼셉트론은 인간 뇌 속 뉴런의 작동 방식에서 영감을 얻어 뉴런의 기본 모델을 설명한 저서이다. 뉴런으로부터 입력을 받아 가중치(시냅스 강도)를 통해 보다 정확한 출력을 생성해낸다는 사실을 기술적으로 입증했다.

책을 통해 두 사람은 단층 퍼셉트론(뉴런이 한 층만 있는)의 한계를 증명했다.

예를 들어, 단일 레이어는 데이터를 직선으로 분리할 수 있는 문제만 해결할 수 있다. 즉 단일 레이어 퍼셉트론은 한계가 있다. 입력을 분류하기 어려운 XOR 문제(배타적 OR)에는 답을 낼 수 없는 방식이다. 이로써 퍼셉트론의 기본 형태로는 여러 층의 뉴런(현재 심층 신경망이라고 부르는)이 필요한 더 복잡한 문제를 처리할 수 없다는 점을 유추할 수 있다.

두 사람의 연구 업적은 훗날 연결주의 분야, 즉 심층 신경망 AI 개발의 토대를 마련했다. 두 사람의 기본 원리는 다음과 같다.

연결주의의 핵심은 경험을 바탕으로 뉴런 간의 연결 강도(시냅스 강도)를 조절함으로써 학습이 일어난다는 점이다. 이는 인간 뇌에서 일종의 경험 학습(시냅스 강도)이 일어난다고 생각하는 방식과 유사하다. 민스키와 파퍼트가 지적한 한계(단층 퍼셉트론)는 큰 영감을 주었다. 단층 퍼셉트론은 '선형적으로 분리할 수 없는' 문제, 즉 'X'와 'O'를 구분하는 것 이외에 더욱 복잡한 결정에 필요한 패턴을 구분할 수 없다. 이를 통해 연구자들에게 여러 층의 뉴런으로 구성된 고급 모델(다층 퍼셉트론 또는 심층 신경망)을 개발하도록 영감을 주었다. 더 나아가 AI에 추가 레이어를 장착하면 보다 정교하고 차원 높은 정보 처리가 가능하다는 사실도 깨달았다.

인간의 뇌는 정보를 처리하는 방식처럼 많은 단순한 단위(뉴런)가 동시 작동하는 병렬 처리 방식이다. 연결주의 또한 이러한 병렬 처리를 모방한 개념이다.

과거 오랫동안 연결주의는 AI 접근 방식에서 멀어져 있었다. 컴퓨터 성능과 관련 데이터 등 인프라가 구축되지 않은 탓이다. 하지만, 2010년대 중반, GPU 같은 하드웨어의 발전으로 대규모의 다층 신경망을 구축하고 훈련할 수 있게 되었다.

현재 딥러닝 모델이라고 부르는 심층 신경망은 마침내 방대한 양의 데이터로 훈련되어 잠재력을 최대한 발휘할 수 있는 시대에 도달했다. 1960년대 이후 기하급수적으로 확장된 컴퓨팅 성능의 놀라운 증가와 빅데이터의 가용성 덕분에 연결주의는 오늘날 AI의 선도적인 접근 방식이 되었다.

실제 이미지에서 고양이와 개를 구분하는 사례를 들어 설명해본다. 단일 계층 퍼셉트론을 사용하여 이미지를 고양이 또는 개를 분류한다. 각 이미지는 픽셀 값이나 기타 추출된 특징과 같은 특징의 집합으로 표현된다. 단순하고 선형적으로 분리 가능한 데이터의 경우 이 방법이 잘 먹혀든다. 예를 들어, 특징이 이미지의 평균 색상과 같은 단순한 것이고 개가 일반적으로 고양이보다 더 어두운 색이라면, 두 범주를 간단히 구분할 수 있다.

그러나 실제로는 고양이와 개를 구분하는 것이 훨씬 더 복잡하다. 고양이와 개는 색상, 모양, 크기 등 특징이 상당히 겹치기 때문에 단일 직선, 즉 명확하게 효과적으로 구분할 수 없다.

이를 통해 1964년 로젠블랫은 다중 레이어, 즉 AI에 여러 기억

층을 쌓으면, 복잡한 패턴을 처리할 수 있다는 통찰을 얻었다.

이를 테면 고양이와 개의 예에서 다층 네트워크의 경우

첫 번째 레이어는 가장자리 등 보다 일반적인 기본 특징을 학습한다.

두 번째 레이어는 이러한 가장자리를 결합하여 눈이나 귀와 같은 더 복잡한 모양을 형성한다. 레이어를 추가하면 할수록 AI 네트워크는 고양이 얼굴과 강아지 얼굴의 전체적인 구조와 같은 더 높은 수준의 특징을 인식할 수 있다. 각 레이어는 이전 레이어에서 일반화되어 단순한 특징을 더 복잡한 특징으로 결합한다. 최종 레이어에 도달하면 네트워크는 고양이와 개가 비슷해 보이는 경우에도 구별할 수 있을 만큼 충분히 복잡해진다. 수 많은 레이어를 장착한 최신 딥러닝 네트워크(심층 신경망)가 이미지 분류, 음성 인식 등을 높은 정확도로 수행할 수 있는 이유가 이것이다.

1969년 퍼셉트론이 출간된 이후 2016년 민스키가 사망할 때까지 계산 가격 대비 성능(인플레이션을 감안한 가격)은 약 28억 배나 증가했다. 연결주의는 레오나르도 다빈치의 비행 기계 발명처럼 선견지명적 발견이었다. 과거 더 가볍고 튼튼한 재료가 개발되기 전에는 다빈치의 꿈은 실현할 수 없었지만 지금은 얼마든지 가능하다. 마찬가지로 하드웨어 기술이 발전하면서, 100층 그물망과 같은 거대한 연결주의가 실현 가능해졌고, 이전에는 해결하지 못했던 문제에 대한 답변을 끌어낼 수 있다. 이것이 바로 지난 몇 년간 AI 시스템을 눈부신 발전으로 이끈 패러다임 전환이다.[9]

---

9 분자가 생명체를 만들기 위한 암호화된 지침을 만들기 시작하기까지 수십억 년이 걸렸다. 현재 이용 가능한 증거에 대해서는 다소 이견이 있지만, 지구에서 생명의 시작을 35억 ~ 45억 년 전으로 보고 있다. 전체 우주의 나이는 138억 년으로 추정한다. 과학자들의 최신 연구에 따르면, 지구상의 첫 생명체 탄생에 이어 다세포

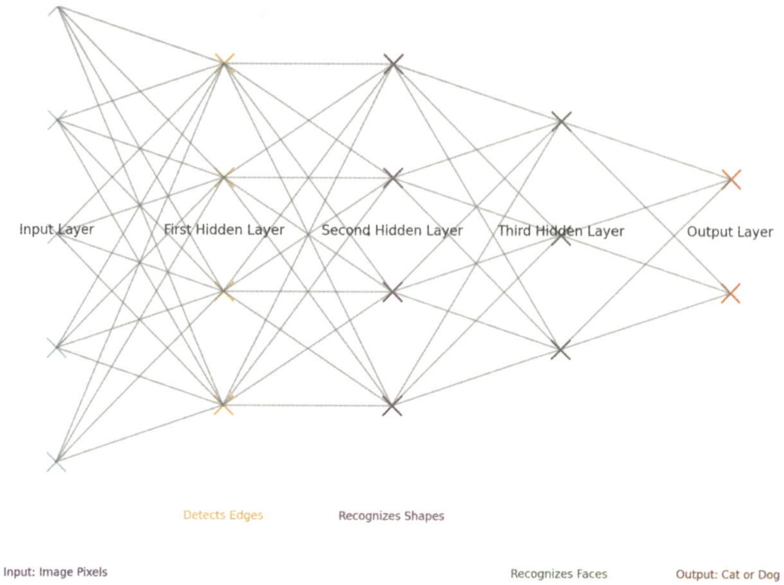

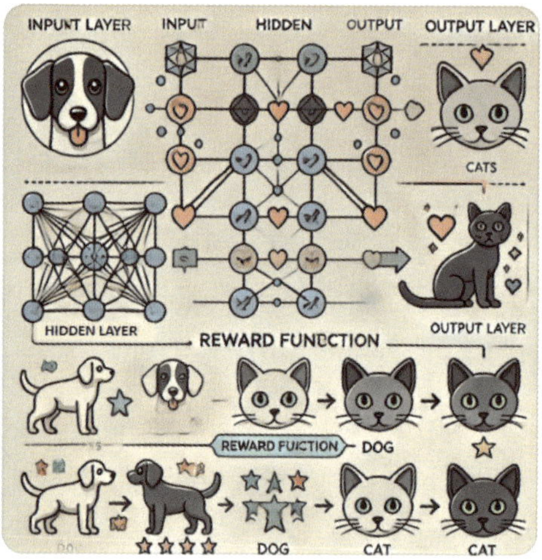

AI 시스템이 신경망을 사용하여 개와 고양이를 구별하는 방법을 학습하는 과정을 시각화한 간단한 그림이다. 신경망의 구조, 학습 데이터의 흐름, 보상 피드백 메커니즘, 그리고 피드백에 따라 뉴런 간의 연결이 어떻게 조정되는지를 보여준다.

생명체가 탄생하기까지 약 29억 년이 지났을 것으로 추정한다. 이어 동물이 육지를 걷기까지는 5억 년, 최초의 포유류가 등장하기까지는 2억 년이 더 흘렀을 것이다. 인간 뇌 발달의 경우 원시 신경망이 처음 발달하고 최초의 다층 신경망 뇌가 출현하기까지 1억 년 이상, 현생 인류의 뇌로 진화하는 데는 2억 년 정도가 더 걸렸다.

소뇌의 모듈식 구조에서 얻는 통찰력

포유류의 대표적인 생명체인 인간의 소뇌는 수천 개의 행동 모듈로 구성되어 있다. 주로 사람의 운동 능력과 관련된 미세 조정을 주관한다. 예를 들어 운동 선수가 공을 잡는 등의 동작을 '근육 기억'에 저장하는 식이다. 대뇌보다 더 많은 수의 뉴런이 있으며, 작고 단순하며 반복적인 수천 개의 모듈로 구성되어 있다. 피드포워드 구조로 되어 있어 한 방향으로만 정보가 흐른다. 소뇌는 무의식적 역량을 습득하는 데 중요한 역할을 하며, 과제를 반복적으로 연습하면 의식적인 노력 없이 실행할 수 있다.

추론, 문제 해결, 계획, 언어, 의식적 사고와 같은 고등 인지 기능을 담당하는 대뇌 기능과는 다르다. 대뇌는 광범위한 상호 연결과 층을 가진 보다 복잡한 신경 회로로 구성되어, 보다 분산되고 통합적인 방식으로 정보를 처리한다.

소뇌는 대뇌와는 다른 방식이다. 소뇌는 단순하고 반복적인 모듈을 통해 복잡한 운동을 관장한다. 소뇌는 '근육 기억'을 형성하며, 따라서 반복적 작업에 능숙하다. 특히 소뇌의 '기저함수'는 운동 능력을 강화하는데 핵심적이다. 수학에서 기저함수는 기동 함수를 구성하기 위한 일종의 빌딩 블록 역할을 하는 함수이다.

소뇌는 기저함수를 조합해 감각 입력(예: 공의 위치에 대한 시각 정보)을 운동 출력(공을 잡는 데 필요한 조정된 움직임)에 매핑한다. AI는 방정식으로 계산하지만, 소뇌는 복잡한 미분방정식을 풀지 않고도 원활하고 조정된 동작을 계산할 수 있다. 여기서 통찰력을 얻을 수 있다.

소뇌의 모듈식 운동 능력을 시각화한 그림이다. '한 방향 정보흐름(One-Way Information Flow)', '근육 기억(Muscle Memory) 등 소뇌의 주요 특징이 표시되어 있다.

소뇌에서 얻은 통찰력을 AI에 구현할 수 있는 몇 가지 아이디어를 정리해 본다.

첫째, 모듈식 및 피드포워드 아키텍처 : 작고 반복적인 모듈을 사용하는 소뇌의 구조를 통해 AI 시스템에 응용할 수 있다. 피드포워드 방식으로 정보를 처리하는 단순하고 전문화된 모듈로 AI 모델을 구축한다. 이는 다른 기능의 간섭을 최소화하면서 특정 작업을 훈련하는 AI 시스템을 구축할 수 있다.

둘째, 반복 및 예측 모델링을 통한 훈련 : 운동 출력을 반복, 개선하여 학습하는 소뇌의 접근 방식은 AI 훈련 알고리즘 구성에 큰 영감을 준다. AI 알고리즘은 소뇌가 공을 잡기 위해 운동 동작을 예측하고 조정하는 것처럼, 반복적인 시도를 통해 성능을 개선하고 결과 예측에 따라 동작하도록 설계될 수 있다.

셋째, 무의식적 역량과 자동화 : 소뇌는 무의식적인 운동을 제어한다. 이런 소뇌의 역할을 통해 AI가 일상적인 작업을 자동화하도록 설계할 수 있다. 특정 작업을 반복적으로 수행하는 AI는 높은 수준의 숙련도를 달성하여 인간의 의식적인 감독 필요성을 줄일 수 있다. 이는 고성능 로봇 제작 및 자율 시스템에 유용하다.

넷째, 오류 수정 및 적응 : 소뇌는 오류 수정 메커니즘을 통해 지속적으로 움직임을 조정한다. 이런 오류 수정 메커니즘을 AI 시스템에 적용하면 동적인 환경에서 정확성과 견고성을 향상시킬 수 있다.

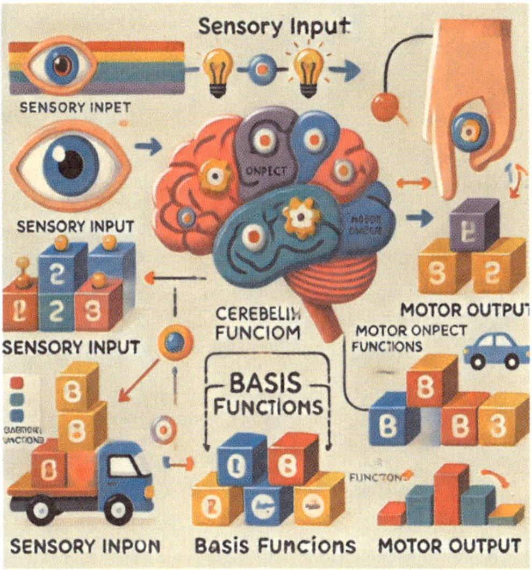

소뇌의 기저 함수(Basis Functions)를 통해 감각 입력(Sensory Input, 공의 위치 정보), 운동 출력(motor outputs, 공을 잡는 법)을 나타내는 그림.

기저함수의 기본 원리

방사형 기본 기능 네트워크(RBFN)는 소뇌의 작동 방식에서 영감을 얻은 인공 신경망ANN의 한 유형이다. RBFN은 일반적으로 종형 곡선(가우시안 곡선)의 형태를 띤다.

쉽게 요약하면 다음과 같다.

기초 기능 : 단순한 구성 요소를 결합하여 복잡한 결과를 만들어낸다.

소뇌 : 단순한 움직임 패턴을 사용하여 복잡한 동작을 제어한다.
RBFN : 단순한 기본 함수(프로토타입)를 결합하여 소뇌를 모방한 인공 네트워크로, 복잡한 데이터 패턴을 근사화하고 분석한다.

RBFN은 입력 공간에서 여러 기저함수를 결합하여 목표와 유사한 근사치를 구하는 방식이다. 자율 주행 자동차에서 센서 입력(예: 장애물과의 거리)과 스티어링 동작 간의 관계를 모델링하는 데 RBFN을 적용할 수 있다. 기저 함수의 출력을 결합하여 원하는 조향 각도로 근사화하는 방법을 학습한다.

예를 들어 로봇의 모터 제어에 적용할 수 있다. 소뇌가 기저 함수를 사용, 감각 입력을 운동 출력에 매핑, 즉 근육 기억에 입력하는 것처럼, 로봇 팔은 기저 함수 접근 방식을 사용해 관절의 최적 경로를 학습할 수 있다. 각 관절의 동작을 기저 함수의 조합을 응용하면, 각 동작을 처음부터 다시 계산할 필요 없이 로봇팔이 새로운 작업이나 물체 위치에 적응할 수 있다.

이처럼 AI 시스템은 소뇌와 유사한 기저 함수를 사용함으로써 엄청난 계산 없이도 복잡한 작업을 수행할 수 있다. 소뇌가 복잡한 수학 방정식을 풀지 않고도 운동 동작을 효율적으로 제어하는 것과 유사하다. 감각 피드백에 따라 운동 명령을 미세 조정하는 소뇌와 마찬가지로, AI 시스템도 원하는 결과를 얻기 위해 실시간 출력을 조정하는 방식이다.

커널에 대하여

다음으로 서포트 벡터 머신(SVM, support vector machine)의 커널kernel에 대한 설명이다. SVM은 서로 다른 클래스의 입력 데이터를 구분하기 위해 커널을 사용하여 고차원 공간에 암시적으로 매핑하는 방식이다. 커널은 데이터를 보다 선형적으로 분리할 수 있도록 변환하는 일종의 기저 함수로, 마법 함수라고 부른다. 그 이유를 살펴본다. 복잡하게 얽혀있는 데이터 분리해본다.

빨간색과 파란색 등 서로 다른 색의 점들이 섞여 그려진 판지가 있다(그림 참조). 빨간색 점과 모든 파란색 점을 구분하는 직선을 그려본다. 하지만 점들이 모두 섞여 있는 경우 서로 엇갈리지 않고 완벽하게 구분하는 직선을 그릴 수 없다. 이럴 때 마법 함수는 점을 보는 방식을 변화시킨다. 즉 평평한 종이 위에 있는 점들을 분리하는 대신, 매직 함수가 점들을 공중으로 들어 올려 3D 공간을 만든다고 상상해보자. 3D 공간에서 점들의 높이를 빨간색과 파란색 점으로 각각 달리 한다면, 구분하기가 훨씬 쉬워진다.

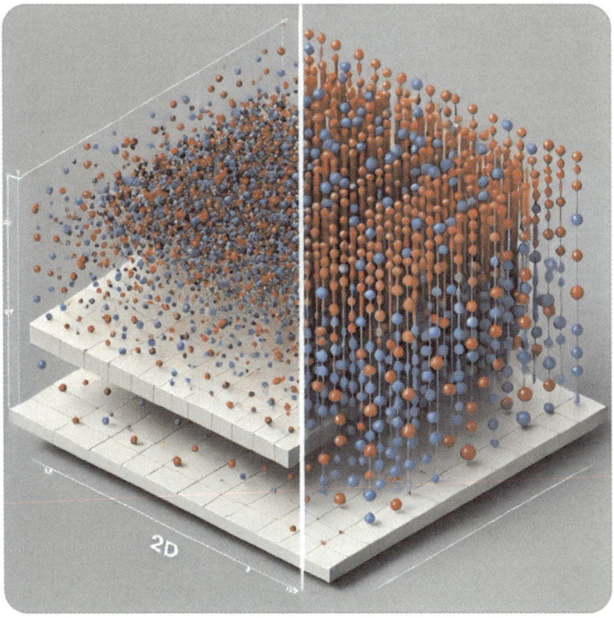

커널이 데이터를 2D 공간에서 고차원 3D 공간으로 변환하여 서로 다른 클래스를 쉽게 구분할 수 있도록 하는 방식을 보여준다. 인간 소뇌 활동의 극히 일부분이다. 챗GPT4.o

커늘의 작동 원리는 다음과 같다.

첫째, 원본 공간(2D 판지)에서는 점(빨간색과 파란색)이 모두 섞여 있어 직선으로 분리하기 어렵다. 이는 마치 파티에서 좁은 공간에 함께 서 있는 두 그룹의 친구를 분리하는 것과 같다.

둘째, 변형된 공간(3D 공간) 설명이다. 매직 함수(커널)는 각 점에 대한 정보(색상, 위치 등)를 가져와서 이를 이용해 점을 새로운 고차원 공간에 배치하는 방식이다. 이를 테면 빨간색 점은 마법 공식에 따라 더 높이 들어 올려지고, 파란색 점은 그보다 낮게 들어올려지면, 서로 분리하기 쉬워진다. 이처럼 커늘, 즉 매직 함수를 쓰면 2D에서 분리하기 어려웠던 것을 3D에서 쉽게 분리할 수 있다. 커널은 데이터를 가져와서 더 높은 차원의 공간으로 변환한다. 이 새로운 공간에서는 카테고리 간의 차이점을 훨씬 더 쉽게 확인할 수 있다.

인간의 소뇌는 다양한 규칙 또는 기능을 사용하여 보고, 듣고, 느끼는 감각 정보를 토대로 어떻게 움직일지 쉽게 결정하는 신호로 변환한다. 복잡한 입력을 받아 더 간단하게 이해하고 행동할 수 있게 해준다. 이미지 인식이나 데이터 패턴 찾기와 같은 작업에 SVM이 매우 강력한 이유가 이것이다. 따라서 SVM의 커널은 복잡한 것을 더 단순하고 체계적인 것으로 변환하여, 결정을 내리거나 구분하기가 더 쉬워진다.

기저 함수에 대한 세 번째 특징은 정규화regularization 기능이다. 딥러닝에서 신경망은 지나치게 복잡한 모델을 학습하여 데이터를 최적화할 수 있다. 드롭아웃이나 가중치 감쇄와 같은 정규화 기능은 신경망이 데이터를 표현하는 데 보다 간단한 기저 함수를 사용하도록 효과적으로 제어한다. 단순하고 정규화 가능한 기저 함수는 특정 움직임 패턴에 과도하게 맞추지 않고 운동 행동을 제어한다. 마찬가지로 AI 네트워크가 보다 일반적인 솔루션을 찾도록 유도하는 기능에 적용할 수 있다.

야구공을 던지는 방법을 배우려고 한다. 처음에는 팔을 얼마나 높이 들어야 하는지, 손목을 얼마나 기울여야 하는지, 어떤 힘을 사용해야 하는지 등 공을 완벽하게 던지는 방법에 대한 세세한 부분까지 모두 외우려고 노력할 것이다. 그러나, 세밀한 것에 집중하면 축구공이나 테니스공 등 다른 종목을 할 때 어려움을 겪을 수 있다. 각 종목의 공은 조금씩 다르기 때문이다. 다시 말해 운동 행동을 정규화 내지 일반화할 필요가 있다.

신경망은 공 던지는 법을 배우려는 학생이다. 신경망이 훈련 데이터의 모든 세부 사항을 외우려고 하면(학생이 공 던지기에 관한 모든 세부 사항을 외우는 것처럼) 특정 데이터는 잘하지만 이전에 본 적이 없는 새로운 데이터에는 어려움을 겪을 것이다. 이를 '과적합'이라고 한다.

정규화는 마치 코치가 학생에게 "모든 사소한 세부 사항에 너무 집중하지 마세요. 모든 종류의 던지기에 적용되는 기본 단계에만 집중하세요"라고 말하는 것과 같다.

코치는 "목표물을 계속 주시하고 부드러운 동작을 사용하세요"라고 말한다. 이렇게 하면 학생은 모든 종류의 공에 잘 맞는 보다 기본기에 충실할 수 있다. 같은 이치로 신경망에서도 드롭아웃이나 가중치 감쇄와 같은 정규화 기법은 코치와 같다. 학생이 기본 기술에 충실하면, 어떤 종류의 공이든 더 잘 던질 수 있다. 신경망도 이전에 보지 못했던 새로운 데이터를 볼 때 더 잘할 수 있는 것과 같은 이치이다.

우리 뇌의 소뇌가 세부 사항에 얽매이지 않고 새로운 상황에도 적응하도록 돕는 것처럼, 정규화는 신경망이 새로운 데이터에 더 유연하고 적응하도록 하는 접근 방식이다.

소뇌에서 드롭아웃Dropout이나 가중치 감소Weight Decay는 중요한 역할을 한다.

공을 던지는 연습을 하고 있는데 코치가 가끔 눈을 감고 던지거나 한쪽 팔로만 던지라고 요청한다. 처음에는 이상하거나 어렵게 느껴질 수도 있지만, 다양한 방법으로 연습하면 한 가지 기술이나 특정 신체 부위에 지나치게 의존하지 않게 된다. 이렇게 하면 유연성이 높아져 상황이 변하더라도 잘 던질 수 있다.

AI 신경망의 드롭아웃도 비슷하게 기동한다. 선수 훈련 중 드롭아웃은 네트워크의 일부 뉴런(네트워크의 학습을 돕는 작은 부분)을 무작위로 '꺼버리는' 것이다. 즉, 각 단계에서 네트워크는 어느 한 뉴런에 지나치게 의존하지 않고 문제를 해결하는 방법을 배운다. 드롭아웃은 특정 세부 사항에 너무 집중하는 것을 방지, 신경망을 더 유연하게 만든다.

가중치 감쇄 역시 공 던지기 연습으로 설명할 수 있다. 공을 얼마나 정확하고 부드럽게 던지는지 보다는 얼마나 세게 던지는지에 초점을 맞춰 항상 최대한의 힘으로 공을 던지려고 하면, 금방 지치거나 정확성이 떨어진다. 좋은 코치라면 "공을 던질 때마다 모든 에너지를 사용하지 말고 부드럽고 제어된 움직임에 집중하라"고 조언할 것이다.

신경망의 가중치 감쇄 역시 이런 조언과 유사하다. 신경망에서 가중치는 각 입력이 출력에 얼마나 강하게 영향을 미치는지를 결정하는 값이다. 가중치가 너무 크면 던질 때 너무 많은 힘을 사용하는 것과 마찬가지로 네트워크는 경직되어, 학습 데이터의 특정 세부 사항은 암기할 수 있지만, 새로운 데이터를 접할 때 버벅거린다.

가중치 감쇄는 마치 코치가 제어된 던지기를 조언하는 것처럼 네트워크가 가중치를 더 작게 유지하도록 부드럽게 유도한다. 이렇게 하면 학습 데이터에 지나치게 집중하여 네트워크가 과적합되는 것을 방지하며, 네트워크의 균형이 잘 잡히도록 할 수 있다. 가중치 감쇄를 통해 네트워크는 복잡한 규칙보다는 일반적인 규칙을 찾도록 조정되어, 마치 다재다능한 투수가 되는 것처럼 새로운 상황에 더 잘 대처할 수 있다.

드롭아웃 : 네트워크가 특정 세부 사항에 지나치게 의존하는 것을 방지하기 위해 코치가 다른 던지기를 연습하게 하는 것처럼 훈련 중에 네트워크의 일부를 임의로 '끄기'.

가중치 감쇄 : 코치가 최대 힘이 아닌 제어력을 가지고 부드럽게 던지라고 말하는 것처럼 네트워크의 가중치를 작게 유지하도록 유도하여 네트워크가 일반적인 패턴을 학습하도록 유도. 이 두 가지 기능은 신경망의 과적합을 방지하여 새로운 데이터에 더 잘 적응하도록 한다.

프리미티브

소뇌의 활동 중에서 네 번째로 AI에 응용 가능한 것은 로보틱스의 동적 움직임 프리미티브(DMP) 기능이다. 소뇌가 실시간으로 움직임을 학습하고 적응하는 데 도움을 주는 방식에서 영감을 받았다. 소뇌는 머리 뒤쪽, 목 바로 위에 위치한다. 소뇌는 공을 던지거나 자전거에서 균형을 잡는 것, 걷는 것 같은 기본 동작 패턴을 학습한다. 소뇌는 이러한 패턴을 기억하여 생각하지 않고도 수행할 수 있도록 한다.

먼저 실시간 조정이다. 갑자기 공이 예상보다 빠르게 다가오는 것을 감지하면 소뇌가 빠르게 움직임을 조정하여 공을 잡도록 한다. 눈과 근육의 실시간 피드백을 사용하여 동작이 정확하고 효과적인지 확인한다.

DMP는 소뇌의 이러한 능력에서 영감을 받았다.

먼저 기본 동작을 학습하는 기저함수이다. 소뇌가 기본적인 움직임 패턴을 학습하는 것처럼, DMP도 기본 함수로 간단한 움직임의 유형을 표현한다. 기본 함수는 로봇이 부품을 움직이는 방법을 이해하도록 하는 작은 빌딩 블록과 같다. 이는 로봇이 결합하고 조정할 수 있는 기본 동작이다.

둘째, 피드백 적응이다. DMP는 소뇌가 신체와 감각의 피드백을 사용하여 빠르게 조정하는 것과 유사하다. 예를 들어 로봇 팔이 물체를 잡기 위해 움직이고 있는데 물체가 갑자기 움직이면 DMP는 로봇 팔이 이동 경로를 실시간 조정하도록 도와준다.

셋째, 움직임의 일반화다. 로봇이 물체에 손을 뻗는 것과 같은 기본 동작을 수행하는 방법을 학습한 후에는 다양한 모양, 크기 또는 위치의 물체에 도달하도록 이 동작을 조정할 수 있다.

소뇌는 모든 움직임을 조정하는 개인 코치에 비유할 수 있다. 소뇌는 기본을 가르치고(자전거 타는 법 등), 필요할 때 빠르게 방향을 바꾸도록 도와주며(포트홀을 피하는 법 등), 배운 것은 각각이지만 비슷한 활동에 적용하도록 한다(자전거 타는 법을 배운 후 스쿠터 타는 법을 배우는 것 등).

AI 의식의 형성

2012년 레이 커즈와일이 출간한 '마음의 탄생How to Create a Mind'은 인공지능과 뇌의 관계성을 풀이한 저서이다. 인간의 뇌 작동방식과 인공지능의 작동방식이 기본적으로 유사하다는 것을 입증한다. 특히 2045년 특이점이 올 때까지 그러한 기술발전이 어떻게 진행되어 나갈지 흥미진진하게 예측한다. 아울러 2045년 이후 인공지능이 우리 일상 속에 구현되었을 때 인류에 닥칠 윤리 문제와 정체성 문제에 대해서 깊이 있는 통찰을 제공한다.

커즈와일은 인간 뇌를 패턴 인식 기계라고 부른다. 뇌는 컴퓨터처럼 정확한 기억을 저장하지 않고 패턴과 관계성을 인식한다. 고양이 인식하기를 예로 들어본다. 뇌는 고양이의 정확한 그림을 저장하지 않고, 대신, 패턴을 기억한다. 예를 들어 고양이 귀 모양, 움직이는 방식, 울음소리 등이다. 비슷한 동물을 만나면, 뇌는 과거의 패턴과 비교하여 그것이 고양이인지 아닌지를 결정한다. AI는 이런 식으로 뇌의 작동 방식을 모방한다. AI는 보이는 모든 고양이를 기억하지 않는다. 대신, 수천 개의 고양이 이미지에서 패턴을 학습하고 고양이의 모습을 분석한다.

커즈와일은 인간의 뇌의 가장 바깥쪽 층인 신피질이 고차원적 사고를 담당한다고 설명한다. 신피질은 계층적 패턴 인식에 탁월하다. 즉, 작은 패턴(글자)이 더 큰 패턴(단어)으로 결합되고, 더 큰 패턴(단어)이 더 큰 패턴(문장, 단락)으로 결합된다. 바로 사람이 언어, 음악, 감정을 이해하는 방식이다. AI는 이 과정을 복제할 수 있으며, 인간처럼 생각하는 기계로 이어질 수 있다고 설명한다.

그러면, AI가 뇌처럼 작동하는 기본적 방식은 무엇인가. AI는 이미 뇌의 패턴 인식 과정을 모방하고 있다. 오늘날 우리가 사용하는 Siri, ChatGPT, 자율주행차는 패턴 인식을 사용하는 뇌를 닮은 AI의 초보 모델이다.

ChatGPT와 같은 AI 모델은 대량의 텍스트에서 인간 언어의 패턴을 학습해 내놓는다.

독서할 때 두뇌가 문장을 완성하는 법을 배우는 것과 마찬가지로,

AI도 대답을 분석하고 생성한다. 커즈와일은 AI가 발전함에 따라 기계가 인간처럼 생각하고 학습하거나, 더 나은 수준에 도달할 것이라고 본다.

2045년까지 AI는 어떻게 발전할까. 커즈와일에 따르면 AI는 기하급수적으로 발전하여 2045년 경 인간의 지능을 능가할 것이라고 예측한다. 이를 특이점(Singularity)이라고 했다. 뒤에서 특이점에 대해서는 보다 상세하게 설명할 것이다.

커즈와일은 AI 발전 단계를 다음과 같이 분류했다. 후술 하겠지만, 간략히 먼저 소개한다.

먼저 2020년대이다. AI가 인간에 가까워진다. AI 어시스턴트(ChatGPT, Siri 등)가 더욱 발전한다. AI는 감정을 이해하고 실제 사람처럼 대화를 나눈다. 자율주행차와 AI 기반의 의사들은 산업에 혁명을 일으키고 있다.

2030년대에는 AI와 인간 뇌의 융합 시대이다. 과학자들은 뇌-컴퓨터 인터페이스(BCI)를 개발하여 사람들이 생각만으로 기기를 제어할 수 있도록 할 것이다. AI는 지식을 실시간으로 제공함으로써 인간의 지능을 향상시키는 데 도움이 될 것이다. 뇌의 나노봇은 인간을 AI에 직접 연결할 수 있다.

2045에 특이점이 올 것이다. AI는 모든 인간을 합친 것보다 더 지능적인 기계가 될 것이다. 인간과 AI가 융합되어 생물학적 지능이 선택 사항이 될 가능성이 있다. 사람들은 자신의 의식을 디지털 형태로 업로드하여 가상 세계에서 영원히 살 수 있다.

그러면 AI는 의식을 가질 수 있는가. 만약 AI가 인간처럼 생각한다면, 감정과 의식이 있을까? 커즈와일은 단지 하나의 패턴일 뿐이라고 주장한다. 만약 AI가 "오늘 기분이 좋아요"라고 말한다면, 실제로 감정을 가지고 있다고 믿어야 할까. 커즈와일은 인간이 인공지능과 융합하면 새로운 형태의 생명체가 될 것이라고 믿는다.

그러나, 비평가들은 인공지능이 일자리를 대체하거나 편향된 결정을 내리거나 통제 불능 상태가 될 수 있다고 주장한다. 만약 AI가 전쟁 무기를 제어한다면, 어떻게 절대 인간에게 등을 돌리지 않도록 할 수 있을까. 그럼에도 커즈와일의 가장 큰 아이디어는 AI가 인간 뇌를 모방해, 패턴을 인식하고 처리하는 동일한 방식으로 작동한다고 주장한다.

그렇다면, AI에서 인간과 유사한 의식도 생겨날까.

AI의 의식 형성에 대해 레이 커즈와일은 패턴 인식과 계층적 처리에 뿌리를 두고 있다고 본다. 뇌가 본질적으로 패턴 처리의 존재이며, 인간과 AI 모두 패턴을 효율적으로 인식, 저장, 적용하는 능력에서 시작된다고 본다.

의식은 신비롭고 알 수 없는 실체가 아니라, 여러 단계에서 패턴을 인식하는 시스템이라고 주장한다.

이를 테면 인간 뇌가 고양이를 인식하는 방법은 이렇다. 처음 고양이를 볼 때, 두뇌는 그 특징을 분석한다. 두 개의 뾰족한 귀, 수염, 네 개의 다리, 꼬리 등이다. 뇌는 이러한 패턴을 저장하고, 시간이 지나면 품종이 다르더라도 자동으로 고양이를 인식한다. AI도 같은 방식으로 학습한다는 것이다. AI가 수천 개의 고양이 이미지를 볼 때, 인간의 뇌처럼 패턴을 찾아 고양이를 정확하게 식별할 수 있다. 커즈와일에 따르면, 인간 뇌는 특별하거나 신비로운게 것이 아니라, 기계에서도 재현할 수 있는 패턴 처리 시스템이라는 점이다. 뇌는 태어날 때부터 지능을 가지고 태어나지 않고, 데이터를 흡수하고, 패턴을 인식하고, 예측을 함으로써 시간이 지남에 따라 학습한다고 본다.

처음 유아 시절 말을 배우는 아기를 보자. 아기는 “엄마”라는 단어를 여러 번 반복해서 듣는다. 뇌는 소리 패턴을 인식한다. 아기는

"엄마"를 사람과 연관시키는 법을 배운다. 이는 걷기부터 감정 이해에 이르기까지 모든 학습 영역에서 발생한다. AI도 같은 방식으로 작동한다는 점이다.

AI는 엄청난 양의 데이터로 훈련을 받는다(아기가 말을 듣는 방식과 유사).
AI는 그 데이터에서 패턴을 발견한다(아기가 소리를 인식하는 방식과 유사).
AI는 시간이 지남에 따라 예측하고 개선한다(인간이 학습하는 방식과 유사).

정리하면, 커즈와일은 의식은 신비한 힘이 아니라 복잡한 패턴 처리에서 나온다고 본다.

개미와 인간의 뇌를 비교한 커즈와일의 아이디어는 우스꽝스럽지만, 그럴 듯하다.

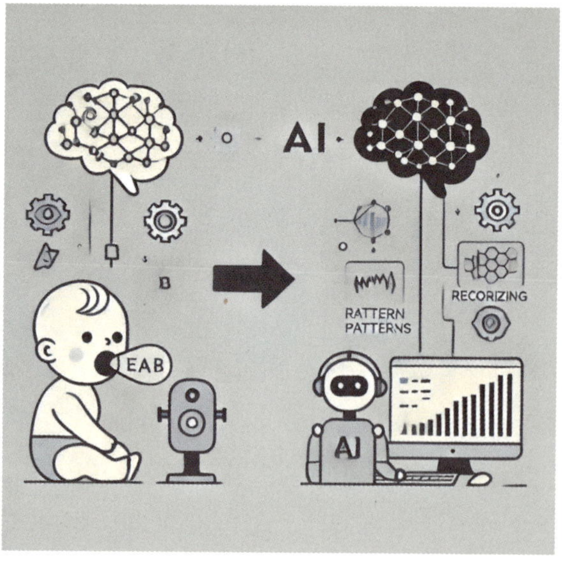

개미 한 마리는 그다지 똑똑하지 않다. 그러나, 개미 집단 전체가 함께 일하면서 '초유기체'처럼 작용한다.

마찬가지로, 뇌의 뉴런 한 개는 단순하다. 하지만, 수십억 개의 뉴런이 함께 작용할 때 생각, 감정, 자기 인식을 만들어 낸다는 것이다. 따라서 AI가 충분히 복잡해질 때 의식도 가질 수 있다고 본다. AI가 사고, 감정, 추론의 모든 영역에 걸쳐 패턴을 인식하는 법을 배운다면, 인간처럼 자각을 가질 수 있다는 것이다.

나아가 커즈와일은 2045년 무렵 AI는 우리의 뇌에 직접 연결되어 인간의 지능을 향상시킬 것으로 본다. 사람은 지식을 즉시 다운로드 할 수 있게 될 것이다(몇 초 만에 새로운 언어를 배우는 것과 같은).

인간의 생각은 슈퍼컴퓨터만큼 빨라질 것이다. 커즈와일은 이 미래를 인간 정신의 진화로 보고 있다. 인간은 생물학에 의해 제한받지 않고 AI를 통해 지능을 확장할 것이다. 즉 인간의 정신은 생물학과 AI의 결합으로 초지능을 이끌어 낼 것이다.

03

뇌 신피질과 인공지능

뇌 신피질의 얼개

지구과학자들 연구에 따르면 백악기-구석기 멸종 사건(일명 공룡 멸종)은 신피질이 등장한 지 1억 3,500만 년 후인 6,500만 년 전에 발생했다. 소행성 충돌과 화산 활동으로 인해 지구 전체의 환경이 급격히 변화하면서 공룡을 포함한 모든 동식물 종의 약 75%가 멸종했다. 이 시기에 새로운 환경에 적응할 수 있는 신피질[10]이 두각을 나타냈다.

포유류의 크기가 커지면서 포유류의 뇌는 훨씬 더 빠른 속도로 성장했다. 신피질은 표면적을 넓히기 위해 주름지면서 더욱 빠르게 성장했다. 구조가 매우 복잡해지면서 지금은 인간 뇌 질량의 약 80%를 차지한다. 신피질의 작동 원리와 AI 개발의 전망은 2012년 레이 커즈와일Ray Kurzweil이 낸 'How to Create a Mind'[11]에 비교적

10 인간의 유전적 변화로 인해 소뇌보다 먼저 '새로운 껍질'이라는 뜻의 신피질이 생겨났다. 약 2억 년 전 영장류 포유류에서 나타났다. 소뇌보다 더 먼저 발전한 부분이 신피질이다. 신피질은 스스로 수정할 수 있고 계층적이며 유연한 구조이다. 설치류와 같은 생물이었던 초기 포유류의 신피질은 우표 크기 정도였으며 호두 알 크기의 뇌를 감싸고 있었다. 신피질은 서로 다른 행동을 제어하는 이질적인 모듈의 집합이라기보다는 조정된 전체처럼 작동했다. 며칠 또는 몇 시간 만에 새로운 행동을 만들어낼 수 있는 새로운 유형의 사고가 가능했다. 이는 뇌의 학습 능력을 증강시킨다.

11 레이 커즈와일은 이 책에서 '패턴 인식 이론'을 설명한다. 인간 뇌, 특히 신피질이 거대한 패턴 인식 기계로 기능한다는 것. 신피질은 약 3억 개의 계층적 패턴 인식기, 즉 '패턴 인식자'로 구성되어 있으며, 얼굴과 사물 인식부터 언어를 이해하고 의사 결정을 내리는 것까지 모든 것을 할 수 있다. 이러한 패턴 인식기는 계층화 되어 있고, 하위 수준에서 인식된 단순한 패턴이 상위 수준에서 더 복잡한 패턴으로 결합된다. 이는 신경과학과 유사하다. 즉 신피질에서 감각 정보가 피질의 여러 층과 영역을 통해 단순한 것부터 복잡한 것까지 처리된다. 패턴을 학습하고 저장한 다음 저장된 패턴을 사용하여 새로운 정보도 예측한다. 신피질이 어떻게 작동하는지 이해하면 뇌를 리버스 엔지니어링(역설계)하여 인공지능

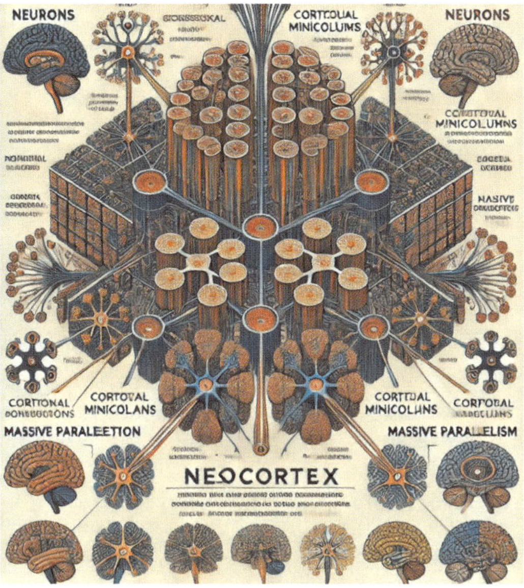

신피질 구조와 그 기능을 시각화한 것으로, 신피질 미니컬럼과 대규모 병렬성의 개념을 나타내고 있다. 뉴런의 복잡한 네트워크와 여러 프로세스가 동시에 발생하는 신피질의 계층적 조직을 보여준다.

잘 설명되어 있다.

최근 연구에 따르면 전체 대뇌 피질에는 210억~260억 개의 뉴런이 있으며, 그 중 90%가 신피질에 있다. 뉴런이 각각 약 100개씩 연결된 대략 2억 개의 미니컬럼으로 구성되어 있다. 개개 모듈은 패턴을 학습하고, 인식하고, 기억한다. 또한 모듈은 계층 구조로 스스로 조직하는 법을 배우며, 각 상위 레벨로 갈수록 더욱 정교한 개념을 습득한다. 이러한 반복적인 단위를 피질 미니컬럼이라고 한다. 대부분의 작업을 순차적으로 수행하는 디지털 컴퓨터와 달리 신피질의 모

을 만들 수 있다고 주장한다. 아울러 인간과 같은 지능을 가진 기계를 만들 때 발생할 수 있는 윤리적, 사회적 문제를 포함하여 마음 만들기의 함의를 탐구한다. 커즈와일은 AI의 미래를 낙관하며 지능형 기계와 인간이 함께 일하는 좀더 나은 세상을 상상한다. 결국 인간과 기계의 지능이 합쳐져 인류 문명이 기하급수적으로 성장하는 '특이점'에 도달할 것으로 전망한다. 즉 인간 뇌는 계층적으로 정보를 처리하며, 이를 모방한 AI 시스템을 설계할 수 있다는게 이 책의 요지다.

듈은 대규모 병렬 작동하며, 본질적으로 많은 일이 동시에 일어나고 있다. 뇌는 매우 역동적이다.

지금의 신경과학은 아직 기초 수준이다. 다만 미니컬럼이 어떻게 구성되고 연결되는지에 대한 기본 얼개를 통해 그 기능을 유추할 수 있다.(그림참조)

인간 뇌 신경망은 기초 데이터 입력(인간 감각 신호)과 출력(인간 행동)을 분리하는 계층적 레이어를 사용한다. 뇌 신경 최하위 수준(감각 입력에 직접 연결됨)에서는 주어진 시각적 자극을 인식한다. 더 높은 수준은 하위 신피질 모듈의 출력을 처리하고 맥락과 추상화를 추가한다. 최상위 수준에는 훨씬 더 추상적인 개념이 있다. 인간 뇌의 고도 인지 능력에 해당한다.

신경과학자들은 신피질을 크게 보아 여섯 개 주요 층으로 구분한다(그림 참조). 각개 층들은 양방에서 서로 역동적으로 소통하므로 추상적 사고가 최상위 층에서만 일어난다고 할 수 없다. 인간 신피질을 클라우드 기반 서버에 직접 연결할 수 있다면, 현재 두뇌가 스스로 지원할 수 있는 것보다 훨씬 더 깊은 추상적인 사고를 할 수 있다는 연구결과가 나왔다. 즉 BCI 기술이 상용화되면 사람은 우주를 넘나드는 뇌 기능을 발휘한다는 학설이다. 이는 비교적 최근에 밝혀진 사실이다.

1990년대 후반, 신경외과 의사 이츠하크 프리드Yitzhak Fried는 16세 여성 뇌전증(간질병) 환자의 수술을 집도했다. 환자는 수술 중 깨어 있는 상태를 유지했다. 프리드 박사는 수술 중에 환자의 뇌 여러 부위를 자극하여 손상되지 않아야 할 중요한 부위를 파악했다. 그가 보조운동영역(SMA)의 앞부분에 있는 신피질의 특정 부위를 자극하자 환자는 주체할 수 없이 웃기 시작했다. 흥미롭게도 이 웃음은 단순한 반사가 아니라 환자가 그 상황을 진정으로 재미있다고 느꼈고, 그 상황을 재미있다고 묘사했다. 그녀는 "너희들 정말 웃기다....

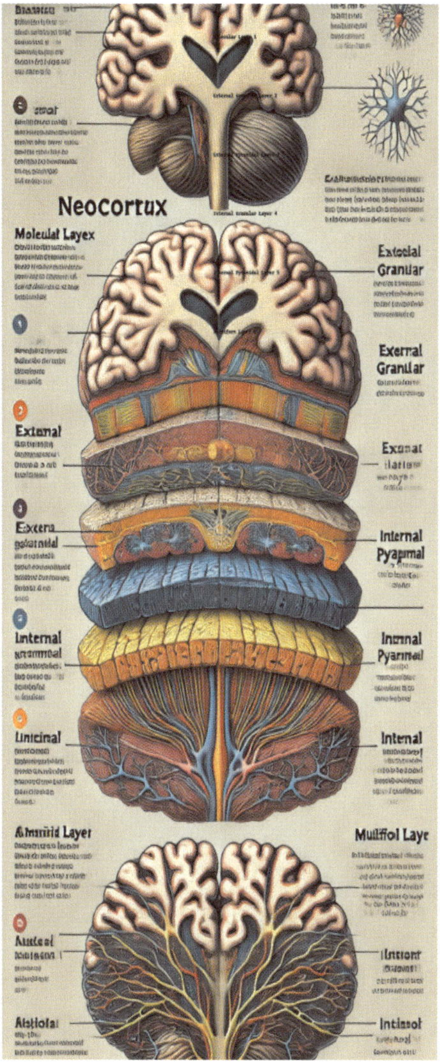

신피질은 6개의 주요 층으로 구성되어 있으며, 각 층은 특정한 역할과 유형의 세포로 구성되어 있다. 다음은 간단한 분류이다.
분자층(Molecular 레이어 1) : 연결(축삭과 수상 돌기)이 대부분을 차지하는 최상위 층으로, 통신 허브와 같은 역할을 한다.
외부 세분화 층(External Granular 레이어 2) : 국소 정보 처리를 돕는 작은 뉴런으로 구성.
외부 피라미드 층(External Pyramidal 레이어 3) : 피라미드 모양의 뉴런으로 구성되어 뇌의 다른 부분으로 정보를 전송.
내부 세분화 층(Internal Granular 레이어 4) : 접촉이나 소리와 같은 신체 감각을 받아들이는 핵심 층.
내부 피라미드 층(Internal Pyramidal 레이어 5) : 근육을 제어하는 등 다른 영역에 명령을 보내는 피라미드 모양의 큰 뉴런층.
다형성 층(Multiform 레이어 6) : 가장 깊은 층으로, 피질을 다른 뇌 영역과 연결. 신피질의 주름은 뇌의 표면적을 증가시킨다.

그냥 거기 서 있잖아요." 이 반응은 자극을 받은 영역이 유머의 지각 및 감정 처리와 밀접하게 연관되어 있음을 시사한다.

이 사례는 유머를 포함한 복잡한 감정 반응에 뇌의 특정 영역이 어떻게 관여하는지 나타낸다. SMA는 피질 바로 앞의 상측 전두엽에 위치하며, 웃음과 같은 정서적 반응뿐만 아니라 움직임의 계획과 조

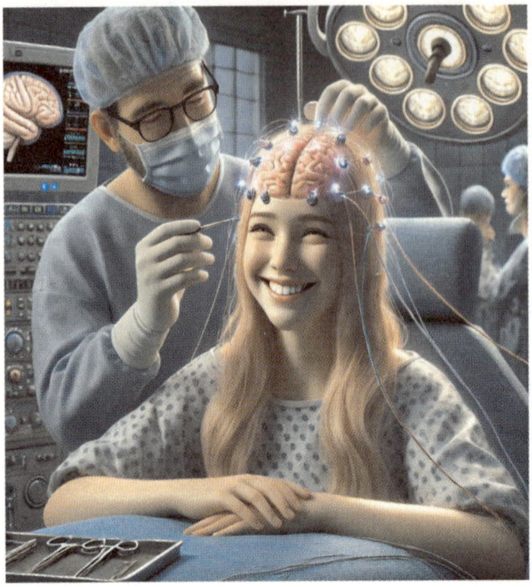

정에도 관여한다.

특히 흥미로운 것을 찾는 코드가 유머와 아이러니 같은 개념에 반응한다는 사실이 밝혀졌다. 다른 비침습적 테스트를 통해 이 발견이 더욱 강화되었다. 예를 들어, 아이러니한 문장을 읽으면 ToM(마음의 이론) 네트워크라고 알려진 뇌의 일부에 불이 켜진다. 이러한 신피질의 추상화 능력은 인간이 언어, 음악, 유머, 과학, 예술, 기술을 발명할 수 있게 한 원동력이다.

다른 어떤 종도 이러한 것들을 달성한 적이 없다. 다른 어떤 동물도 박자를 맞추거나 농담을 하거나 연설을 하거나 글을 쓰거나 읽을 수 없다. 침팬지와 같은 일부 동물은 원시적인 도구를 만들 수 있지만, 자기 개선의 빠른 과정을 촉발할 만큼 정교하지 않다. 마찬가지로 일부 다른 동물은 단순한 형태의 의사소통을 사용하지만 인간의 언어 수준으로 의사소통 하기는 곤란하다.

뇌 신경망 모듈의 계층

뇌 신피질에는 인간의 창의성을 발휘하는 세 가지 핵심 기능이 있다. 뇌를 다양한 업무를 수행하기 위해 여러 부서가 함께 일하는 거대한 회사에 비유할 수 있다.

각 부서에는 특정 프로젝트를 수행하는 팀과 팀을 감독하는 관리자가 있는 계층 구조가 있다. 각 부서는 서로 다른 뇌 영역(예: 신피질, 소뇌)과 같다. 부서 내의 각 팀은 더 작은 신경망 모듈을 나타낸다. 관리자는 수행 중인 업무를 통합하고 감독하는 고차원적인 뇌 기능을 상징한다.

인간 뇌 신피질에는 세 가지 주요 특징이 있다.

첫째, 발화 패턴의 광범위한 전파이다(Widespread Propagation of Signals). 회사 전체에 발송하는 공지 이메일과 유사하다. 뉴런이 발화할 때(이메일을 보내는 것처럼), 메시지(발화 패턴)는 특정 부위가 아닌 여러 부서(신피질, 소뇌 등)에 광범위하게 전달된다.

최근 이론에 따르면 이러한 광범위한 전파는 뇌의 여러 영역을 빠르고 유연하게 연결하는 뇌의 능력이며, 복잡한 사고와 창의력에 중요한 '연결성 이론'이다. 예를 들어, 디폴트모드네트워크(DMN)는 외부 세계에 집중하지 않을 때 활성화되는 뇌 영역의 네트워크로서, 자기 참조적 사고와 창의성에 관여하고 있다. 마치 멍때리는 시간에 새로운 아이디어가 생기는 것과 유사하다.

둘째, 관련 개념에는 관련 발화 패턴이 있다(Related Firing Patterns, Predictive Coding Theory). 이는 뇌가 과거의 경험을 바탕으로 끊임없이 세상을 분석한다는 뇌의 '분석적 코딩 이론'과 일치한다. 새로운 상황에 직면하면 뇌는 유사한 과거 경험(관련 개념의 발화 패턴)을 바탕으로 일어날 일을 예측하여, 새로운 정보를 빠르게 이해한다.

셋째, 대규모 병렬 처리 및 상호작용이다(Massively Parallel Processing). 회사 전체의 모든 팀이 동시에 아이디어를 제공하는 대규모 브레인스토밍 세션 같은 개념이다. 뇌에서는 수백만 개의 신경 패턴이 동시에 작동하여 방대한 양의 정보를 한꺼번에 처리하고 통합한다. 이러한 대규모 병렬 처리로 복잡한 사고와 창의성, 빠른 의사 결정이 가능하다.

이러한 인간 뇌의 처리 능력을 모방하여 AI 개발에 응용할 수 있다. 광범위한 신호 전파, 예측 코딩, 대규모 병렬 처리라는 신피질의 세 가지 특성을 응용한다면, 보다 고난도의 AI 시스템을 개발할 수 있다. 특히 자율 시스템과 로봇 공학, 교육 등 다양한 분야의 AI 앱을 만들 수 있다.

최근 대규모 병렬 처리 개념은 중요하다. 즉 뇌는 질서와 혼돈 사이의 임계점 근처에서 작동한다. 이는 순간적으로 발현되는 창의성과 적응력을 설명한다. 나아가 두뇌 활동이 무질서하거나 엔트로피적일

뇌가 사방으로 신호를 보내고, 다음에 일어날 일을 예측하며, 많은 세포가 함께 작동하는 방식을 시각적으로 표현했다.

수록(극한 상황) 새로운 아이디어와 해결책이 나올 여지가 더 많다는 것이다.

예를 들어, 신피질 내의 매우 복잡한 연결은 풍부한 연상 기억을 가능하게 한다. 뇌의 기억은 위키피디아 페이지와 같다. 여러 곳에서 연결될 수 있고 시간이 지남에 따라 변화할 수도 있다. 위키피디아 문서처럼 기억도 멀티미디어가 될 수 있다. 기억은 냄새, 맛, 소리 또는 거의 모든 감각적 입력에 의해 촉발된다.

또한 신피질 발화 패턴의 유사성은 아날로그적 힝킹을 촉진한다. 손의 위치를 낮추는 것을 나타내는 패턴은 목소리의 높낮이를 낮추는 패턴과 관련이 있으며, 심지어 기온이 떨어지거나 역사에서 쇠퇴하는 제국의 개념과 같은 은유적인 낮춤과도 관련이 있다.

서로 다른 분야 간에 유추를 이끌어내는 신피질의 능력은 역사상 중요한 지적 도약의 많은 부분을 담당했다. 이 분야에서는 찰스 라이엘(1797-1875)의 연구가 유명하다. 일반적인 견해는 협곡은 신이 만든 창조물로서 존재하며, 협곡을 흐르는 강이 중력에 의해 우연히 협곡 바닥으로 발전했다는 것이다. 라이엘의 생각은 강이 먼저 생겨났고 협곡은 나중에 생겨났다고 주장했는데, 그의 이론은 상당한 저항에 부딪혔다. 그러나, 곧 흐르는 물이 암석에 가하는 작은 충격이 수백만 년에 걸쳐 진행 되어 그랜드 캐년처럼 깊은 협곡을 만들 수 있다는 사실을 깨달았다.

라이엘의 이론은 성경에 나오는 격변적인 홍수에 의해 세계가 형성된 것이 아니라, 시간이 지남에 따라 점진적으로 작용하는 일정한 자연력의 산물이라는 '균일성 이론'을 처음 제안한 스코틀랜드의 동료 지질학자 제임스 허튼(1726-1797)의 연구에서 착안했다. 이 과정에서 다윈의 견해를 짚어보자. 다윈은 1859년 〈종의 기원〉을 출간하면서 자연주의자로서 라이엘과 자신의 연구 사이에 연결고리를 발견했다. 그는 강물이 흘러 작은 돌멩이를 침식한다는 라이엘의 개념을 한 세대에 걸친 작은 유전적 변화에 적용했다. 그는 "이런 자연의 선택이 진정한 원리라면 새로운 유기적 존재의 지속적인 창조나 그 구조의 크고 갑작스러운 변형에 대한 믿음도 추방할 것"이라고 했다. 그러나, 협곡의 자연적인 침식 작용과 인간 창조를 연결시킨다는 것은 넌센스가 아닐 수 없다는 것이 본 저자의 생각이다.

딥러닝 : 신피질의 능력을 재현하다

신피질의 유연성과 추상화 능력을 어떻게 디지털로 재현할 수 있을까? 앞에서 설명했지만, 연결주의적 접근법은 엄청난 컴퓨팅 파워를 필요로 하기 때문에 오랫동안 비현실적이었다. 그러나, 천문학적 컴퓨터 계산 능력과 고도의 훈련 데이터가 출현하면서 획기적으로 발전시킬 수 있었다.

특히 계산 비용의 하락은 컴퓨팅 능력의 급신장을 가져왔다. 그 이유는 무엇인가.

인텔의 공동 창립자인 고든 무어(1929~2023)는 1965년에 무어의 법칙을 발표했다. 컴퓨터 칩에 탑재할 수 있는 트랜지스터의 수가 약 2년마다 두 배씩 증가한다는 것. 집적회로 기술 덕분이다. 인텔에 반대한 사람들은 집적회로의 트랜지스터 밀도가 원자 규모의 물리적 한계에 도달하면 무어의 법칙은 필연적으로 끝날 것이라고 비아냥거렸다. 그러나, 이는 더 깊은 사실을 간과하는 것이다. 집적회로의 물리적 공간이 한계에 도달하자, 나노 기술과 3차원 컴퓨팅이라는 새로운 패러다임이 그 자리를 차지했다. 즉 반도체 칩의 새로운 시대가 열렸다. 메모리의 세계 선두인 삼성전자는 2나노(1나노 10억분의 1m) 양산 체제를 서두르고 있다. 이 후엔 SK하이닉스 등 HBE3시리즈가 자리를 잡아가고 있다. 2010년 무렵은 마침내 신피질에서 일어나는 다층적 계층적 계산이 디지털로 세상 밖으로 나오는 시점이다.

기술적으로 이를 연결주의 접근법의 숨겨진 힘을 발휘할 수 있는 임계점에 도달했다고 본다. 바로 딥러닝deep learning이 그것이다. 인공지능은 딥러닝이 일반화되면서 급속한 혁신을 이뤄내고 있다.

애초 1997년 IBM의 딥블루가 세계 체스 챔피언 개리 카스파로프를 이겼을 때, 이 슈퍼컴퓨터에는 인간 체스 전문가들의 모든 노하우로 가득 차 있었다. 즉 체스 게임용 기계로 입력된 지식만으로 장기를 두는 식이다. 그러나 인공지능이 스스로 학습하는 딥러닝 시대가 열렸다. 인공지능 개발의 이정표가 된 셈이다. '심층강화 학습(deep reinforcement learning)이 그것이다.

딥러닝의 획기적인 잠재력을 보여준 첫 번째 혁신은 AI가 바둑을 마스터한 사례이다.

당시까지 서양 장기를 섭렵한 인공지능은 아직 보드 게임인 바둑은 정복할 수 없었다. 체스보다 훨씬 더 많은 수가 있고, 어떤 수가 효과적인지 판단하기 어렵기 때문이다. 낙관적인 전문가들조차도 기껏해야 2020년대 들어서서 이 문제가 해결될 것으로 내다보았다. 예를 들어, 2012년 유명한 미래학자 닉 보스트롬Nick Bostrom은 2022년쯤에야 인공지능이 바둑을 마스터할 것으로 예상했다. 그러나, 2015~2016년에 구글의 알파벳 자회사인 딥마인드는 성공과 실패를 통해 학습하는 '심층강화 학습' 방식으로 훈련된 알파고를 개발했다. 프로그래머들은 알파고에게 인간의 바둑 기보를 방대하게 훈련시킨 후 스스로 바둑을 두게 했다. 마침내 바둑 세계 챔피언인 커제 9단과의 대국에서 승리할 수 있었다. 2016년 알파고는 당시 세계 바둑 2인자 한국의 이세돌을 5국 중 4국에서 이겼다.

이어 2017년 알파고제로(제로)가 등장했다. 제로는 바둑 규칙을 제외하고는 바둑에 대한 어떠한 인간으로부터의 정보를 제공받지 않았지만, 이전 버전인 알파고와 사흘간 100번을 싸워 모두 이겼다. 제로는 더욱 강력해지면서 단 21일 동안 60명의 프로기사와의 온라인 대국에서 모두 승리했고, 세계 챔피언 커제와 세 번 대국에서 모두 승리하는 기염을 토했다. 제로는 오로지 인간이 만든 기보로 훈련되었고, 이러한 성과를 달성했다. 이것만이 전부가 아니다. 제로는 바둑에서 배운 능력을 체스와 같은 다른 게임에도 적용했다. 바둑에서 획득한 규칙을 토대로 체스 게임에서도 성공했다. 이를 '전이 학습 transfer learning'이라고 한다.

이러한 전이 학습 능력을 통해 인공지능 MuZero는 우연성, 대국성, 숨겨진 정보가 없는 보드 게임이나 아타리의 Ponng 등의 비디오 게임도 마스터했다. 이는 유사 분야에 학습 내용을 적용하는 인간 지능의 주요 특징 중 하나이다.

MuZero는 인간 두뇌의 전전두엽 피질, 해마, 기저핵, 기본 모드 네트워크 등 각각 인간의 인지에서 유연성, 일반화, 전이 학습 능력 등을 모방한 것이다. 심층 강화 학습은 게임을 마스터하는 데에만 국한되지 않는다. 불확실성이 존재하고 게임 내 상대 플레이어에 대한 정교한 이해가 필요한 스타크래프트II나 포커를 플레이할 수 있는 인공지능도 일부 인간 능력을 뛰어넘었다.

그러나, 아직 매우 높은 언어 능력이 요구되는 보드 게임은 MuZero가 넘어야할 벽이다. 운이나 기술로는 이길 수 없고 플레이어가 서로 대화해야 하는 세계 지배 게임인 외교가 가장 대표적인 사례이다. 승리하기 위해서는 자신의 움직임이 상대방의 이익에 부합한다고 상대방을 설득할 수 있어야 한다. 따라서 외교 게임을 지속적으로 지배할 수 있는 인공지능이 출현한다면, 속임수와 설득에도 능숙할 가능성이 높다.

2022년 AI는 괄목할만한 발전을 이루었다. 인간 플레이어를 이길 수 있는 Meta의 CICERO가 최신 AI 버전이다. 정작 필요한 것은 AI를 훈련시키는 시뮬레이터다. CICERO는 자연어 처리(NLP)와 전략적 추론을 결합한 버전이다. 애초 유럽 지도에서 영토를 장악하기 위해 다른 플레이어와 협상하고, 동맹 맺고, 전략을 세우는 복잡한 보드 게임이었다.

이런 미래형 AI 시스템을 개발하려면 시뮬레이터가 필수적이다. Meta(페이스북)의 CICERO는 전략적 사고와 사회적 상호 작용이 모두 필요한 게임에서 유용한 AI의 대표 사례이다. 향후 이러한 시뮬레이터를 통해 AI는 경제 협상부터 외교에 이르기까지 필요한 기술을 연습하고 완성할 수 있다.

하지만, MuZero나 CICERO는 다양한 게임을 마스터할 수 있지만, 아픈 사람을 위로하는 능력은 아직 없다. 상호 주고받는 말에 공감하는 인간 신피질의 놀라운 보편성에 도달하기 위해서는 AI가 미묘한 언어를 마스터해야 한다. 언어야말로 서로 다른 인지 영역을 연결하고 고차원적인 상징적 지식 전달이다. 즉, 언어를 이해한다면 무언가를 학습하기 위해 수백만 개의 원시 데이터를 볼 필요도 없다. 사람에게는 한 문장으로 요약된 내용을 읽는 것만으로도 지식을 극적으로 업데이트할 능력이 있다.

AI 선도 기업들이 딥러닝을 사용하여 개발한 AI 모델의 순서를 보여준다. 현재 심층 신경망 분야에서 가장 빠르게 발전하고 있는 것은 단어의 의미를 다차원적인 공간에 표현함으로써 언어를 처리하는 방식이다. 쉽게 표현하면 이런 식이다.

젊은 부부가 집에서 유아에게 말을 가르친다고 상상하자. 아이에게 사전을 찾아 알려주면 아이는 알아듣지 못한다. 그러나, 그림이나

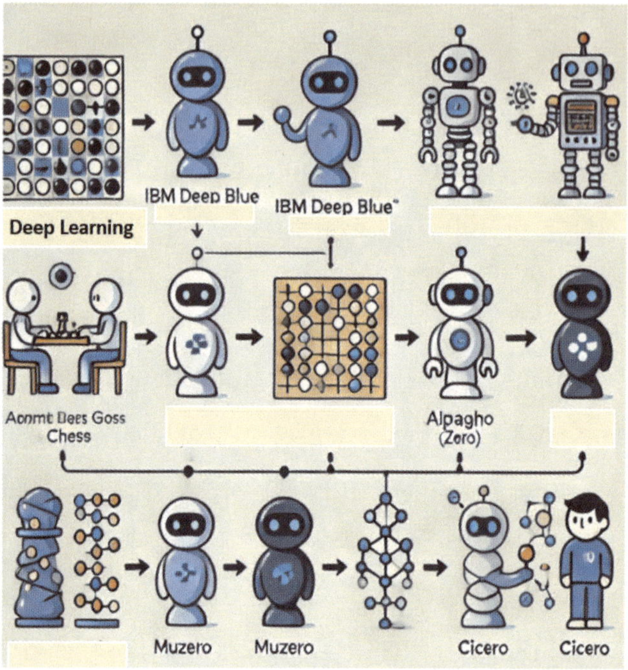

AI가 자연어를 이해하는 방식

상황이 설정되면 아이는 자연스럽게 따라한다. AI도 이와 유사하게 훈련시킨다. 즉 수많은 문장을 보여주고 문맥에 따라 스스로 의미를 파악하도록 하는 방식이다. AI는 의미와 문맥이 다차원적으로 매핑된 거대한 방(공간)에서 수십억 개의 예제를 처리(가까운 공간으로 이동)하는 대규모 작업을 수행한다. 유사한 개념이나 아이디어가 그룹화된 맵으로 구성하여 가장 가까운 공간의 문장이나 말을 선택하도록 하는 방식이다.

말을 배우는 유아에게 문법 규칙이나 정의는 불필요하다. 상황 설정이나 행동만으로 말을 배울 수 있다. 인간처럼 세상을 이해하고 상호 작용하는 AI를 만드는 데 있어 중요한 진전을 할 수 있다.

마치 인터넷 가상공간에 수십억 개의 문장이 담긴 거대한 디지털 라이브러리가 있는 것과 같다. AI는 수학과 심층 신경망 모델을 사용하여 이러한 문장을 500차원 공간에 정리한다. AI는 문장을 읽을 때 문법 규칙이나 사전을 사용해 문장을 이해하지 않는다. 대신, 보이지 않는 지도에서 문장이 얼마나 가까이 어떻게 배치되어 있는지에 따라 의미를 파악하도록 훈련된다. 비슷한 의미를 가진 문장은 서로 가깝게, 다른 의미를 가진 문장은 서로 멀리 떨어져 있다.

그러면 간단한 두 문장을 설정해 AI가 학습하는 방법을 풀이한다.

"그녀는 월급을 입금하러 은행에 갔다."
"그들은 강둑에 앉아 일몰을 보았다."

처음 AI는 은행이 무슨 말인지 모른다. 그러나, 여러 가지 문장을 접하게 하면 은행이라는 뜻을 알게 된다. 처음에는 문장이 가상공간에 무작위로 배치된다. AI는 가상공간에 수백만 또는 수십억 개의 문장을 배치하면서 문장을 이동시켜 비슷한 의미를 가진 문장끼리 그룹 짓도록 매핑한다.

"그녀는 월급을 입금하러 은행에 갔다"와 "그는 은행에서 돈을 인출했다"와 같은 문장은 둘 다 금융 은행에 관한 말이기 때문에 서로 가깝게 배치한다.

반면 "그들은 강둑에 앉아 일몰을 보았다"는 다른 말이기에 다른 영역에 배치한다.

점차 수많은 문장을 접하게 되면, AI는 은행이라는 단어가 예금, 인출, 돈과 같은 금융 용어와 가깝다는 것을 학습한다. 아울러 은행이 문맥에 따라 여러 가지 의미를 가진다는 것을 AI는 학습한다. 특히 단어뿐만 아니라 이미지와 관련성도 이해하도록 훈련된다.

AI에게 거미 사진, 스파이더맨 그림, 그리고 거미라는 단어를 보

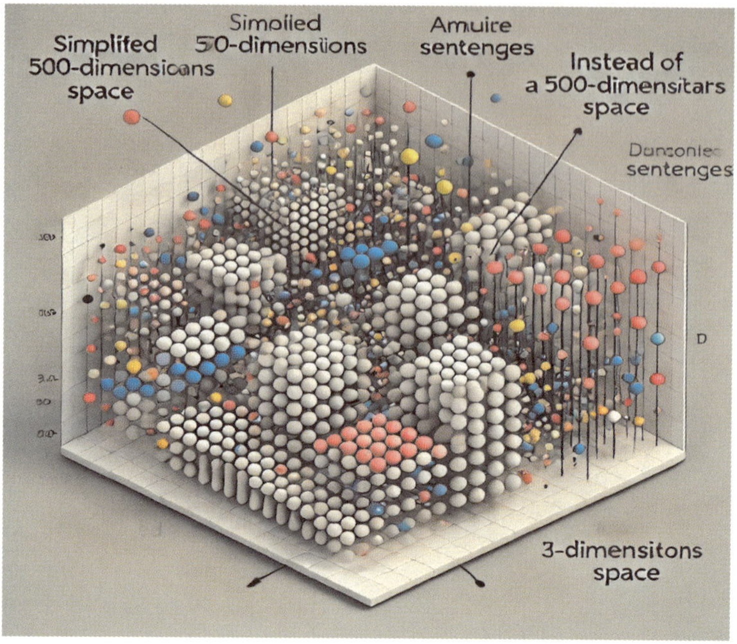

AI의 언어 인식 방식이다. 문장을 나타내는 점들의 클러스터를 일반적인 주제(예: 음식, 음악, 기술)로 표시하여 비슷한 의미를 가진 문장들이 함께 그룹화되어 있음을 나타낸다.

여준다. AI는 다양한 입력(사진, 그림, 단어)이 모두 거미와 관련 있음을 학습한다.

어떤 명시적인 규칙 없이도 AI에게 언어 간 번역 방법도 이런 식으로 훈련한다.

아울러 풍자나 유머 같은 더 복잡한 의미를 AI가 어떻게 인식하는지 살펴본다.

즉 AI가 은유법을 인식하도록 훈련 시킨다. AI에게 수백만 개의 문장을 보여주고 '아이러니', '유머러스' 또는 '진지' 등의 특징을 학습시킨다. 마치 유아에게 상황 설정 그림을 보여주는 것과 유사하다.

"또 월요일이구나!"도 비슷하다. (AI는 이 문장이 실제로 월요일이 즐겁지 않다는 의미로 자주 사용된다는 것을 학습한다) 시간이 지남에 따라

AI는 더 깊은 의미의 층위를 식별하는 데 능숙해진다. 수많은 문장을 학습해가면서 공통점이나 특징이 차츰 명확해진다. 말의 특징이나 공통점을 찾는데 능숙해진 AI는 문맥, 시각적 연관성, 다국어 데이터, 심지어 단어 뒤에 숨겨진 어조나 내포된 의미까지 인간처럼 학습한다.

Google이 출시한 AI '인코더'는 이런 부류에 속한다. 문자 그대로 단어만 이해하는 것 뿐만 아니라 문장이 유머러스한지, 긍정적인지, 아이러니한지 등 더 깊은 의미도 감지한다. 예를 들어, "와, 정말 시험을 잘 봤네요!"와 "잘했어, 천재..."라는 문장은 문맥과 어조에 따라 다르다. AI는 방대한 학습 데이터를 통해 이러한 뉘앙스를 학습한

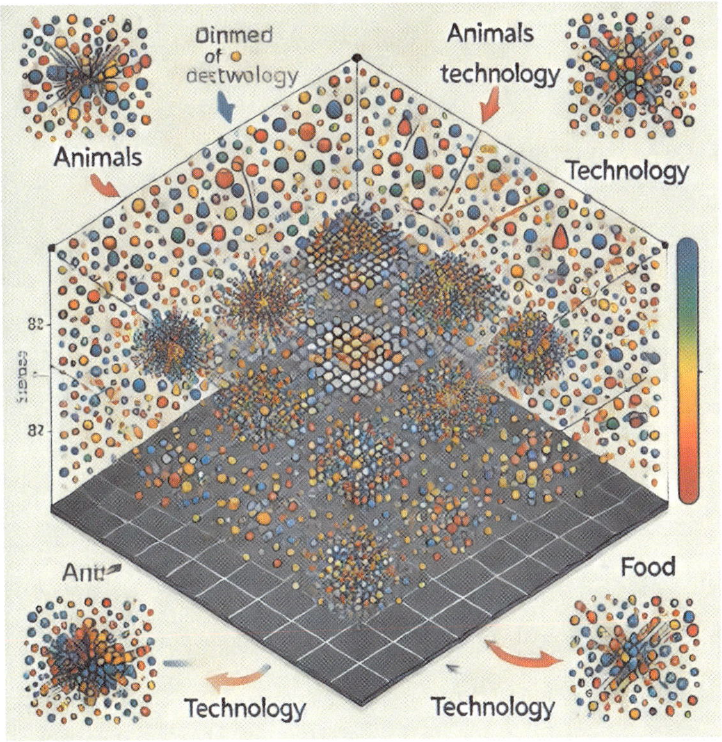

AI가 신경망을 사용하여 다차원 공간에서 문장 의미를 학습하는 과정을 보여주는 그림이다. 가상공간에서 문맥과 용법에 따라 비슷한 의미를 가진 문장이 시간이 지남에 따라 어떻게 서로 가깝게 그룹화되는지 보여준다. 출처 =챗GPT4.o

다. 규칙을 암기하는 것이 아니다. 방대한 예문을 처리함으로써 인간이 학습하는 방식과 마찬가지로 패턴과 맥락을 보고 언어를 이해하는 법을 배운다.

Meta, OpenAI, Google에서 만든 AI 언어 모델은 모두 이런 유형이다. 단어와 문장의 복잡한 의미를 파악하고, 텍스트와 이미지 등 다양한 형태의 데이터를 연관시키며, 미묘한 차이를 이해하고 여러 언어를 번역할 수 있다.

우리가 공식적으로 배우거나 찾는 어휘의 극히 일부를 제외하면, 인간이 알고 있는 모든 단어를 학습하는 방식은 대부분 이런 방식이다.

AI 연상 능력의 확장

AI 개발은 이미 텍스트의 영역을 넘어 연상 능력 분야로 확장하고 있다.

2021년에 발표된 OpenAI 인공지능 CLIP(Contrastive Language-Image Pre-training)은 이미지를 설명하는 텍스트와 연결 짓도록 훈련된 인공 신경망이다.

CLIP은 이미지를 보고 설명과 일치시키거나 텍스트를 읽고 그 설명에 맞는 사진을 찾는 AI이다. 사진과 단어를 모두 이해하고 서로 연결할 수 있는 똑똑한 비서가 곁에 있는 것과 같다.

CLIP은 이렇게 훈련된다.

첫째, 데이터 수집이다. CLIP에게 방대한 이미지 컬렉션과 해당 캡션이 입력된다. 이미지와 캡션은 웹사이트 등 다양한 출처에서 가져온다. 수학적 계산법에 따라 캡션이 설명하는 이미지와 자연스럽게

짝을 이룬다. 이를테면 모든 사진 아래에 간단한 설명이 있는 거대한 사진 앨범이다.

개 사진에 "공원에서 뛰고 있는 갈색 개"라는 캡션이 있다면, 이러한 그림과 텍스트 사이의 연관성을 학습한다. 그림과 텍스트를 함께 보고 어떻게 연관되는지 알아내는 방식이다. 학습 분량이 방대해지면, 특정 단어가 특정 유형의 이미지에 부합한다고 이해하는 데 능숙해진다. 아래 그림이 이해하는데 도움될 것이다.

둘째, 패턴 찾기다. CLIP은 더 많은 데이터를 볼수록 패턴을 더 잘 찾아낸다. '거미'라는 단어가 거미 이미지와 함께 자주 등장한다는 것을 학습하고 이 두 단어를 강하게 연관 짓는다. 즉, 다차원 가상공간에서 아주 가까이 붙인다는 의미다.

또한 한 단어가 다른 방식으로 사용되는 시기를 인식하는 방법도 학습한다. 예를 들어, '거미'는 문맥에 따라 실제 동물과 스파이더맨 캐릭터를 모두 지칭하다는 것을 인식한다.

셋째, CLIP은 '대조 학습'이라는 기술을 사용한다. 각 이미지와

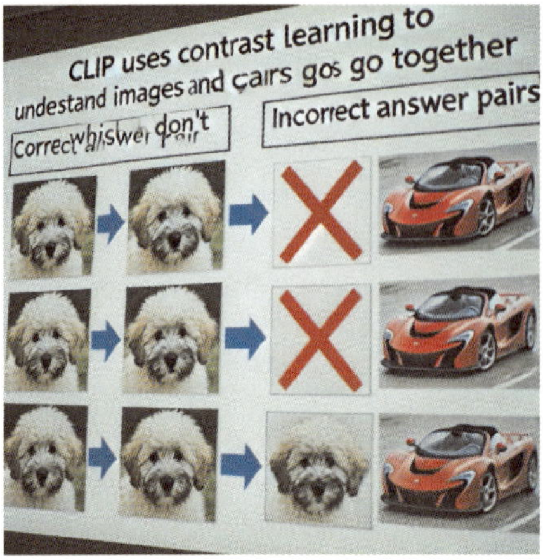

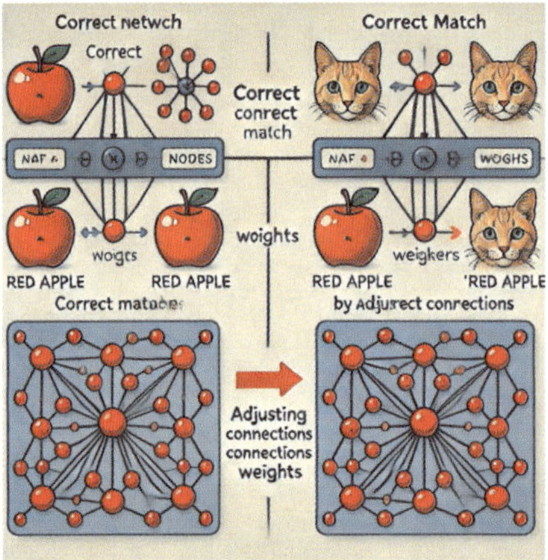

텍스트 쌍에 대해 단순히 일치하는 것 뿐만 아니라, 일치하지 않는 다른 이미지와 텍스트도 살펴보고 함께 어울리는 것과 그렇지 않은 것을 구별하는 방법을 학습한다.

예를 들어, CLIP에게 강아지 사진과 '푹신한 강아지'라는 캡션이 표시되면 이 두 가지가 함께 어울린다는 것을 학습한다. 동시에 개 사진이 '빨간 스포츠카' 또는 '날아다니는 새'와 같은 캡션과 '일치하지 않는' 것을 보고 이를 분리하는 법을 학습한다.

넷째, 신경망 조정하기다. 학습하는 동안 CLIP의 신경망은 올바른 이미지와 올바른 캡션을 얼마나 잘 일치시키고 일치하지 않는 이미지와 구별하는지에 따라 프로그래머들이 조정한다. '빨간 사과'라는 캡션이 고양이 사진과 일치한다는 등 실수를 하면, 기술자들은 실수를 줄이기 위해 내부 매개변수(신경망의 가중치)를 업데이트한다.

다섯째, 개념을 이해하고 연상하기다. 학습이 완료되면 CLIP은 이전에 본 적 없는 새로운 사진을 보고 무슨 내용인지도 연상할 수 있다. 또한 새로운 텍스트를 보면 이전에 본 것과 완전히 동일하지 않더라도 유사한 이미지를 찾는다. 이는 이미지와 단어를 연결하는 기본 개념을 학습했기 때문이다.

CLIP이 주목되는 이유는 이미지와 캡션만 암기하는 것 뿐만 아니다. 개념을 이해하여 새로운 이미지와 텍스트를 접한다면, 현명한 추측, 즉 연상을 할 수 있다는 점이다. 그림과 단어 등 다양한 유형의 정보를 의미 있는 방식으로 연결하는 이 능력으로 AI 기술은 큰 진전을 이루게 되었다. CLIP은 어떤 그림에 대해서도 적합한 단어나 그림을 즉시 찾을 수 있는 스마트 사서와 같다.

현재 구글은 대화형 언어를 사용하는 앱을 선도적으로 개발중인데, 대표적인 것이 Gmail 답장이다. Gmail을 사용하는 사용자라면 이미 알아차렸을 것이다. 또 다른 Google 기능은 '책에 말 걸기'라는 앱이 있다. 이 소프트웨어는 0.5초 만에 10만 권 이상의 책에 있는 모든 문장(총 5억 개)을 섭렵했다. 그런 다음 질문에 대한 최적의 답변을 제공한다. 지금까지 키워드 매칭, 사용자 클릭 빈도 등을 조합하여 관련 링크를 찾아주는 일반적인 Google 검색과는 다른 방식이다.

트랜스포머의 등장

AI 언어 능력 개발에서 유망한 응용 분야는 트랜스포머다. 인간 뇌 신피질에는 '주의(attention)'라는 메커니즘이 있다. 이는 우리의 생각에 가장 중요한 정보에 주의를 집중하게 하는 것이다. 마찬가지로 '주의'라는 메커니즘을 모방한 것이 트랜스포머 AI다. 입력 데이터 가운데 가장 관련성 높은 부분에 계산 능력을 집중시키는 딥러닝 기반 AI 모델이다. 트랜스포머는 방대한 양의 텍스트를 학습하고, 이를 단어 문자열의 조합인 '토큰'으로 인코딩한다. 인코딩 이후에는 엄청난 수의 매개변수(수십억에서 수조 개)의 값에 따라 각 토큰을 분류한다. 매개 변수는 무언가를 인식하는 데 사용하는 요소이자 변수이다.

AI는 텍스트를 읽을 때 각 단어 또는 단어의 일부(토큰)를 보고, 매개변수의 값에 따라 단어의 의미 또는 관련성을 인식한다.

이를테면 '고양이가 매트 위에 앉았다.' 이 문장의 경우 AI의 인식 순서를 살펴본다.

1. AI는 이 문장을 여러 부분(토큰)으로 쪼갠다.

토큰 : The, cat, sat, on, the, mat

2. 매개변수 사용하기 : 각 토큰이 무엇을 나타내는지, 문장에서 다른 토큰과 어떻게 연관되는지 파악한다. 매개변수는 모델이 더 나은 인식을 할 수 있도록 도와주는 특징이나 단서이다.

예를 들어, 매개변수는 고양이가 명사(사물)이고 '앉았다'는 동사(동작)임을 AI가 인식하도록 한다. 또 다른 매개변수는 'on'이 고양이와 매트 사이의 관계를 알아차리도록 하는 단서이다.

AI는 이러한 매개변수의 값을 통해 문장의 의미와 구조를 인식한다. 매개변수는 모델이 각 단어를 이해하기 위해 조율하는 다양한 다이얼과 같다. AI에는 수십억 개 또는 수 조 개의 작은 다이얼이 있어 AI라는 기계가 언어를 더 잘 인식하도록 도와준다. 더 많은 텍스트를 읽을수록 더 많은 매개변수의 값으로 조정되니 인식능력은 더욱 향상된다.

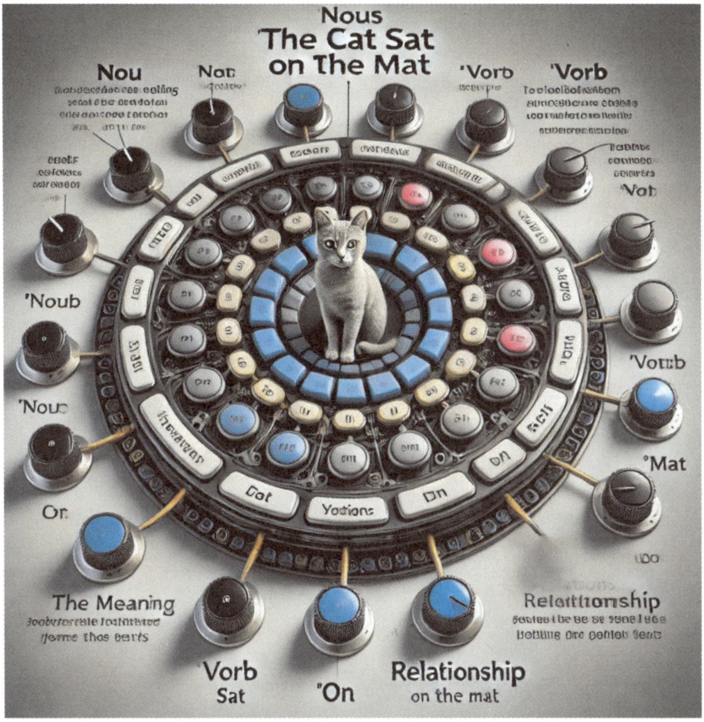

AI 트랜스포머가 '고양이가 매트 위에 앉았다'라는 문장을 읽고 해석할 때 토큰과 매개변수로 인식하는 과정을 챗GPT가 표현했다.

만일 트랜스포머 AI가 동물을 인식하기 위해 하나의 매개변수만 사용한다고 가정해 본다. 신경망 노드가 몸통을 완벽하게 인식하는 방법을 학습하더라도 여러 가지 동물도 있기 때문에 매개변수 하나만으로는 잘못 인식할 수 있다. 각종 특징을 표시하는 매개변수를 추가하면 정확도는 높아진다.

트랜스포머는 매개변수를 신경망 가중치 노드로 저장한다. 이러한 방식으로 트랜스포머 같은 대규모 언어 모델(LLM)은 사용자의 특정 입력에 따라 어떤 토큰(단어나 단어열)이 가장 많이 나올지 인식하고, 이를 사람이 이해할 수 있는 텍스트(또는 이미지, 오디오 또는 비디오)로

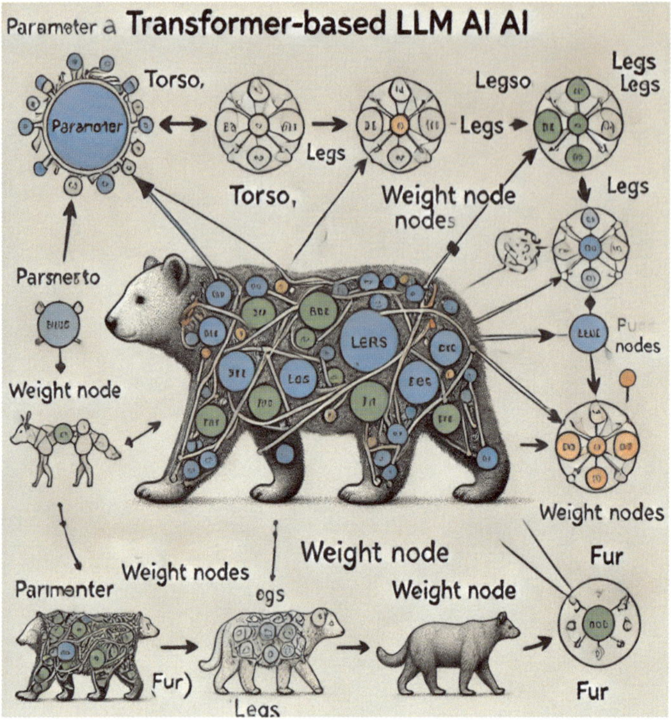

트랜스포머 LLM AI가 매개변수와 가중치 노드를 통해 동물을 인식하는 방법을 보여준다. 매개변수, 가중치 노드 등의 관계가 표시되어 있다.

변환한다. 2017년 Google 연구원들이 발명한 트랜스포머는 지난 몇 년 동안 AI 발전의 원동력이 되었다.

앞에서도 언급했지만 주목해야 할 중요한 점은 트랜스포머 AI의 정확도는 엄청난 수의 매개변수에 의존한다는 점이다. 특히 매개변수와 가중치 계산 등에는 모두 방대한 연산 작업이 필요하다. OpenAI의 2019년 모델인 GPT2는 15억 개의 파라미터로 기대를 모았지만 호평을 얻지 못했다. 하지만, 1000억 개 이상 파라미터를 확보한 후에는 AI의 자연어 처리에 획기적인 발전을 이뤘고, 갑자기 지능적이고 섬세한 질문에 답할 수 있게 되었다. GPT3는 2020년 1,750억 개의 매개변수를 탑재했으며, 1년 후 DeepMind의 2,800억 개 매개변수 모델인 Gopher는 더 나은 성능을 보였다.

2021년 Google은 1조6천억 개의 파라미터로 구성된 Switch라는 트랜스포머 기반 AI 모델을 공개했다. Switch의 기록적인 매개변수 규모도 눈길을 끌었지만, 가장 중요한 혁신은 '전문가들의 혼합'이라는 기법이다. 트랜스포머 기반 AI는 주어진 작업에 가장 관련성 높은 매개변수를 선택적으로 사용해서 보다 효율적으로 집중할 수 있다. 모든 매개변수가 모두 동원될 필요가 없는 것이다. 이는 AI 스케일이 점점 더 커짐에 따라 계산 비용이 통제 불능 상태가 되는 것을 방지하는 데 중요한 진전이다.

그렇다면 규모, 즉 스케일이 중요한 이유는 무엇인가.

간단히 말해, 언어 AI 모델에서 스케일이 중요한 이유는 훨씬 완성도를 높일 수 있기 때문이다. 소규모 AI는 과거 데이터를 사용하여 내일 기온을 예측하는 것과 같은 구체적이고 좁은 작업은 잘 수행할 수 있지만, 언어는 훨씬 더 복잡하다.

글을 쓰는 다양한 방법을 생각해보면 그 가능성은 거의 무한하다. AI가 수십억 개의 예문을 읽고 학습한다 해도 모든 것을 암기할 수는 없다. 대신 GPT3와 같은 대규모 모델은 수많은 매개변수를 사용하여 단어 뒤에 숨겨진 의미를 이해할 수 있다. 이렇게 해서 AI는 이전에 본 것을 반복하는 것이 아니라 새롭고 의미있는 텍스트를 즉석에서 생성할 수 있다.

그렇기 때문에 방대한 양의 데이터로 학습된 GPT3는 매우 강력했다. 사람과 유사한 텍스트를 이해하고 생성할 수 있어 작문 지원부터 질문에 대한 답변에 이르기까지 모든 분야에서 상업적으로 유용하게 사용될 수 있다. AI가 단순히 숫자를 계산하는 것처럼 보이지만, 실제로는 수백만 명의 창의적이고 지적인 작업을 하는 것과 유사하다.

그럼에도 GPT3의 또 다른 기능상 문제점은 문체적 창의성이다. 이 모델에는 엄청나게 방대한 데이터 세트를 심층적으로 소화하는 충분한 매개변수가 있기에 거의 모든 종류의 인간 글에 익숙하지만, 인간의 문장 창의력 수준과 비교하면 초급 수준이다.

문장 창의력을 갖춘 AI 모델

2021년에 Google은 개방형 대화에 초점을 맞추도록 최적화된 LaMDA를 발표했다. 예를 들어 LaMDA에게 물개 캐릭터로 질문에 답하라고 하면 물개의 관점에서 일관성 있고 장난기 넘치는 대답, 즉 사냥꾼이 되고 싶은 사람에게 "하하 행운을 빌어요. 우리 중 한 명을 쏘기 전에 얼어 죽지 않기를 바랍니다!"라고 답변했다. 이는 오랫동안 AI가 하지 못했던 상황적 인식의 한 종류였다. 인간의 유머 뉘앙스를 약간 감지하는 듯한 답변이다.

2021년 구글은 새로운 버전을 내놓았다. 멀티모달리티다. 이전의 AI 시스템은 일반적으로 한 가지 종류의 데이터 입력과 출력에 국한되었는데, 일부 AI는 이미지 인식, 다른 시스템은 오디오 분석, LLM은 자연어 대화에 집중했다. 다음 단계는 여러 형태의 데이터를 단일 모델에 연결했다. 그래서 OpenAI는 단어와 이미지의 관계를 이해하도록 학습된 트랜스포머 기반의 DALL-E를 발표했다. 이를 통해 텍스트 설명만으로 완전히 새로운 개념의 일러스트레이션을 만들 수 있게 되었다. 2022년에는 후속작인 DALL-E 2가 출시되었고, 구글의 Imagen과 미드저니, 스테이블 디퓨전과 같은 새로운 AI 모델들이 등장하면서 사실적인 이미지 생산으로 빠르게 확장했다.

'카우보이 모자를 쓰고 검은 가죽 재킷을 입은 퍼지 팬더가 산

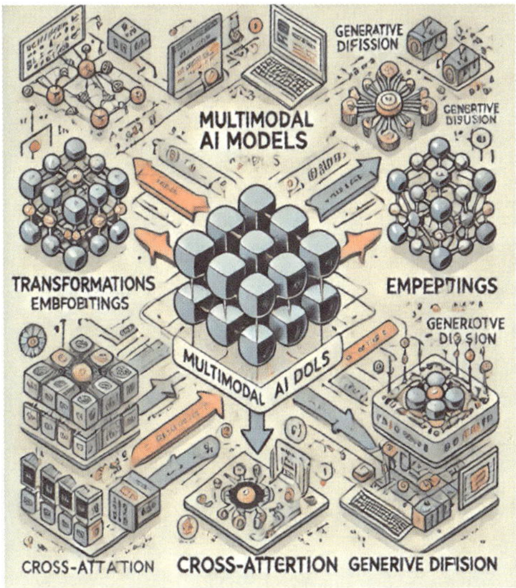

위에서 자전거를 타고 있는 사진'이란 문장을 입력하자 AI는 실제와 같은 장면을 만들어냈다.(그림 참조)

이는 인간의 영역으로만 여겨지던 창조력 분야로 AI가 진입했다는 호평을 들었다. 이러한 멀티모달리티 모델은 놀라운 이미지를 생성했다.

DALL-E 2, Imagen 등과 같은 멀티모달 모델은 고급 단계에 해당한다. 이러한 모델이 효과적으로 작동할 수 있도록 하는 기본 원칙은 몇 가지 주요 파라미터, 네트워크 아키텍처, 학습 기법에 의존한다.

멀티모달 모델이 이전 모델에 비해 발전된 내용을 그림 설명을 통해 정리한다.

첫째, 변환 작업이다(Transformations). 텍스트나 이미지 등 데이터를 AI가 이해하는 형태로 변환한다. 개 이미지와 '개'라는 단어는 데이터 유형은 다르지만(하나는 그림이고 다른 하나는 텍스트), 모델은 '개' 단어를 숫자나 벡터(일종의 숫자 표현)로 변환하며 개 이미지도 픽셀로 분해해 숫자로 변환한다.

둘째, 임베딩 작업이다(Embeddings). 비슷한 사물을 서로 가깝게 배치하는 지도를 만드는 것(매핑)이다. 개, 고양이, 동물이라는 단어는 서로 연관성이 있으므로 서로 가깝게 배치하고, '자동차'는 더 멀리 배치하는 식이다. 아울러 '개' 단어와 '개' 이미지가 같은 가상공간에 포함되어 있으므로 모델은 서로 다른 데이터 유형이지만, 동일한 개념으로 이해한다.

셋째, 교차주의다(Cross-Attention). 서로 다른 양식(텍스트 및 이미지)이지만, 데이터의 중요 부분에 집중할 수 있게 한다. 예를 들어, '공을 쫓는 개'라는 텍스트를 입력하면, 모델은 개와 공에 주목하여 이미지와 텍스트 설명을 연결한다. '빨간 사과' 문구를 입력하면 모델은 이미지에서 빨간 사과에 초점을 맞추고 바나나 등 다른 물체는 무시하는 식이다. 텍스트와 이미지의 특징을 비교하고 일치하는지 확인한다.

넷째, 생성적 확산이다(Generative Diffusion). 모델이 텍스트로 이미지를 생성하는 것처럼 새로운 무엇을 생성하는 과정이다. 모델은 단순한 아이디어에서 확산되어 복잡성을 구축한다.

이를테면 '선글라스를 쓴 개'를 입력하면 선글라스를 쓴 개의 이미지를 새로 만들어내는 식이다.

위 내용을 일목요연하게 정리해본다. 예를 들어 '의자에 앉아 있는 고양이'의 이미지를 만들어 달라고 AI에 입력한다.

1. 고양이와 의자를 숫자로 변환한다.
2. 고양이와 의자의 개념이 공통 공간에 배치되도록 임베딩 한다.
3. 교차주의를 통해 생성된 이미지에서 고양이가 의자에 있어야 한다는 것을 학습한다.
4. 사용자의 입력에 따라 의자에 앉아 있는 고양이의 고유 이미지를 생성한다.

요약하자면, 멀티모달 AI 모델은 다양한 유형의 정보(텍스트, 이미지)를 취하고 이를 혼합하여 새로운 것을 만들어내는 번역기 및 크리에이터와 같다. 예술 작품 생성, 정보 요약 또는 다양한 형태의 데이터와 관련된 복잡한 작업에 강력한 성능을 발휘한다.

제로 샷 학습Zero-shot learning

Imagen은 '제로 샷 학습'을 통해 한 단계 더 나아갔다. DALL-E와 Imagen은 학습한 개념을 결합하여 지금까지 학습 데이터에서 본 것과는 전혀 다른 새로운 이미지를 생성할 수 있다. 제로샷 학습의 구동 방식은 이렇다.

AI는 다양한 개념(예: 토스터, 비행, 농구)의 표현을 학습한다. 이러한 표현은 개념 간의 관계가 인코딩되는 공유 임베딩 공간에 저장된다. AI는 이 특정 조합의 이전 경험에 의존하지 않는다. 대신, 개별 개념에 대한 이해를 결합하여 새로운 것을 유추해 만들어낸다. 비유적 사고는 한 상황에서 얻은 지식을 다른 상황에 창의적으로 적용하는 능력이다. 인간은 비유적 사고를 의식하지 못하는 경우가 많지만 끊임없이 사용하고 있다.

이를 테면 이렇다. 아이가 다양한 고양이 그림을 보면서 고양이에 대해 배운다. 나중에 아이는 실제 고양이를 보면 그림과 다르게 보일지라도 고양이를 인식한다. 이 아이는 '고양이'라는 개념을 이해하기 때문에 만화 속의 고양이도 알아볼 수 있다.

마찬가지로, 엔지니어는 새가 나는 원리를 사용하여 비행기를 설계할 수 있다.

제로샷 학습은 AI가 이 과정을 모방할 수 있도록 한다. 예를 들어, DALL-E나 Imagen은 토스터, 비행, 농구에 대한 지식을 결합하여, 날으는 토스터가 농구를 하는 이미지를 생성할 수 있다.

인간 뇌는 제한된 예시를 바탕으로 일반화 한다. 제로샷 러닝을 사용하는 AI도 마찬가지다. 개별 개념에 대한 이해를 바탕으로 새로운 미지를 생성한다.

아날로그적 사고란 관련 없는 아이디어를 연결함으로써 발명하고 혁신하는 개념이다. 제로샷 러닝은 이러한 창의적 능력을 AI에 부여한다.

인간은 새로운 개념을 배우기 위해 철저한 훈련을 받을 필요가 없다. 마찬가지로, 제로샷 러닝은 대규모 데이터 세트의 필요성을 줄여

AI 가동의 비용 효율성을 높일 수 있다. 아날로그적 사고와 제로샷 학습은 모두 유연하게 문제 해결을 가능하게 한다.

제로샷 기능을 갖춘 AI는 의료, 언어 번역, 예술 등의 분야에서 복잡하고 예측하기 어려운 문제를 처리할 수 있다. 예를 들어, 독특한 이미지 생성, 익숙하지 않은 상황에 대한 응답 생성, 신약 개발을 위한 새로운 분자 설계 등에 응용할 수 있다.

데이터 의존도 역시 줄일 수 있다. 기존의 AI 시스템은 방대한 데이터 세트에 의존하지만, 제로샷 학습을 통해 AI는 더 적은 데이터로도 높은 가성비로 인해 시간과 자원을 절약한다. 제로샷 학습은 모델이 지식을 일반화하고 새로운, 보이지 않는 시나리오에 응용할 수 있도록 하는 AI 기능이다.

1. **창의적인 문제 해결** : 인간이 생각하지 못한 해결책을 제시한다
2. **예술과 디자인** : AI는 알려진 요소를 독창적인 방식으로 조합하여 새롭고 독특한 이미지, 음악, 디자인을 만들어 낸다
3. **언어 이해** : 재교육 없이도 새로운 명령이나 상황을 이해하고 대응할 수 있다

코덱스Codex 또한 획기적인 작품이다. 코덱스는 OpenAI에서 코드 생성을 위해 개발한 AI 모델로, 자연어를 곧바로 컴퓨터 코드로 변환할 수 있다. 이를 테면 인간의 말(자연어)과 프로그래밍 언어 사이의 다리 역할이다. 코딩을 할 줄 모르는 사람도 컴퓨터에게 평이한 말로 원하는 바를 말하면 코덱스가 이를 실행 가능한 코드로 번역해 준다. 예시를 들어 보자.

"원의 넓이를 계산하는 프로그램을 만들고 싶어요"를 입력하면 코덱스는 파이썬Python과 같은 프로그래밍 언어로 적절한 코드를 생

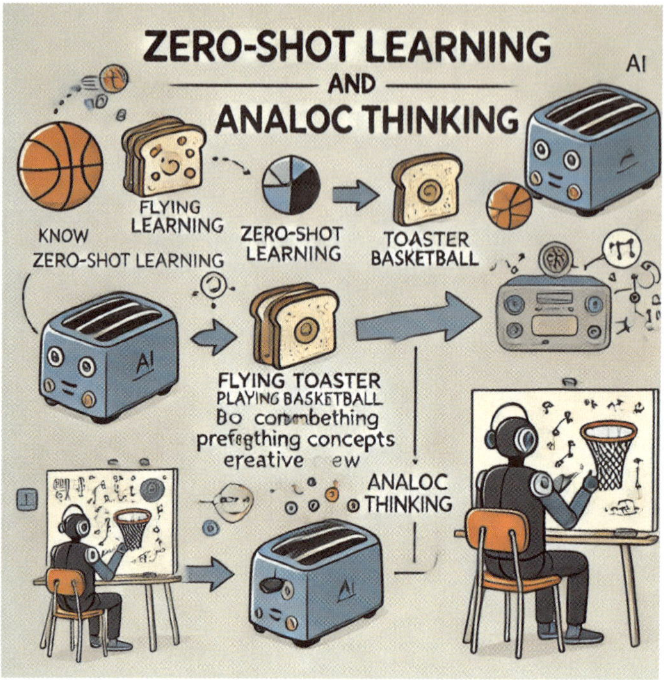

성한다. 이 경우, $\pi r2$(면적 = 파이 곱하기 반지름 제곱) 공식을 사용하여 원의 넓이를 계산하는 코드를 출력해준다. 만일 간단한 Python 코드조차 작성할 줄 모르는 경우에도 말로 요청하면 프로그램을 작성해 준다.

그러면, 코덱스는 종래 유사한 AI 모델과 어떻게 다른가.

GPT-4.o 모델로 대표되는 현존 AI 모델은 텍스트를 이해하고 생성하는 데는 능숙하지만, 코드 작성에는 특화되어 있지 않다. 반면, 코덱스는 텍스트와 GitHub와 같은 소스의 방대한 텍스트를 바탕으로 특별히 학습되어 있다. 따라서 사전 프로그래밍 지식 없이도 자연어를 입력하면 코드로 직접 변환한다. 코덱스는 파이썬, 자바스크립트부터 루비, 타입스크립트 같은 덜 일반적인 언어까지 수십 가지 프로그래밍 언어로 코드를 생성할 수 있다. 또한 필요한 경우 언어 간 전환도 가능한다. 예를 들어, 코덱스에 파이썬으로 함수를 작성한 다음 자바스크립트로 다시 작성할 수 있다.

2022년 4월 구글의 5,400억 개의 파라미터로 구성된 PaLM 모델은 AI의 기본이 되는 두 가지 영역인 유머와 추론에서 괄목할 만한 능력을 보여주었다.

더 중요한 것은 아직 인간 수준의 깊이 있는 추론은 아니지만, PaLM이 '생각의 연쇄' 추론을 통해 어떻게 결론에 도달했는지 설명할 수 있다. 2023년 3월 GPT-4.o이 출시되었는데, 이 모델은 SAT, LSAT, AP 시험, 변호사 시험 등 다양한 학업 시험에서 뛰어난 성과를 거두었다. 가장 최근의 주요 혁신은 PaLM의 추론 능력과 로봇을 결합한 Google의 PaLM-E이다.

PaLM-E의 주요 기능을 정리하면 다음과 같다.

첫째, 멀티모달 입력 : PaLM-E는 시각 데이터와 텍스트 데이터를 모두 통합 처리하여, 이미지, 비디오 또는 실제 환경을 해석할 수 있다. PaLM-E의 'E'는 '구현'을 의미하며, 실제로 작동한다는 표시이다.

둘째, 사슬추론 : PaLM-E는 작업을 이해하기 쉽고 논리적인 단계로 세분화할 수 있는 '연쇄적 사고' 등 PaLM의 유추 능력을 그대로 지닌다. 이 추론은 물체를 식별하거나 환경의 지시를 따르는 등 실제적 문제 해결에 유용하다.

셋째, 비전-언어 모델 : PaLM-E는 시각과 자연어 처리를 통합하여 이미지를 해석하고, 지시를 이해하고, 주변 환경을 이해하며, 이러한 관찰을 기반으로 작업을 수행한다.

넷째, 구현된 상호 작용 : PaLM-E는 로봇을 제어하도록 설계되어 세상과 물리적으로 상호작용하고 사물을 조작하거나 공간을 탐색할 수 있다. 이는 언어 기반 모델에서 물리적 작업에 추론을 적용할 수 있는 시스템으로의 전환이다.

그러면 PaLM-E의 실제 사용 사례를 들어본다. PaLM-E를 탑재한 로봇이 주방에서 아침 식사를 만드는 시나리오다.

1. **데이터 입력** : 로봇의 카메라가 다양한 재료, 도구, 가전제품을 포함한 주방의 이미지(데이터)를 받아들이면 PaLM-E는 제각각 해석한다.
2. **유추** : 사용자가 로봇에게 "샌드위치 만들어줘" 명령을 내린다. PaLM-E는 단계별로 세분화하여 사고 연쇄 추론을 통해 필요한 재료(빵, 치즈 등)와 적절한 작업 순서(빵을 가져오고, 치즈를 자르는 등)를 결정한다.
3. **실행** : 로봇이 주방의 재료를 조작하여 제공된 지침에 따라 빵 한 덩어리를 집어 들고, 자르고, 샌드위치를 조립한다. 이전에 열지 않은 서랍에 빵이 있는 등의 문제가 발생하면 PaLM-E는 주변 환경을 해석하고 진행 방법을 파악하여 대처한다.

구글의 바드(제미니 기반)와 마이크로소프트의 빙 같은 AI 비서가 출시되었다. 2005년 특이점 개념을 처음 제시하면서 레이 커즈와일은 이렇게 말했다. 엄청난 연산 능력이 지능적인 답변을 제공하는 데 핵심이라는 것. 그러나, 당시 이런 견해는 입증할 수 없었다. 그는 AI가 인간의 지능을 모방하려면 최소한 초당 10×14승 이상의 계산이 필요하다고 주장했다. 반면 그를 가르쳤던 민스키는 계산의 양은 중요하지 않으며 펜티엄(1993년 출시 데스크톱 컴퓨터 프로세서)으로도 인간만큼 지능적으로 프로그래밍할 수 있다고 주장했다. 이처럼 서로 의견이 달랐다. 두 사람은 MIT 제1토론장(10-250호)에서 수백 명의 학생이 참석한 공개 토론을 두 차례나 진행했다.[12]

2020~2023년의 연결주의적 혁신은 충분한 지능을 얻기 위해서

는 계산의 양이 핵심이라는 것을 분명히 보여준다. 현재 최첨단 모델을 학습시키는 데 사용되는 연산량은 매년 약 4배씩 증가하고 있으

---

12 AI 미래에 대한 레이 커즈와일Ray Kurzweil과 마빈 민스키Marvin Minsky의 논쟁은 유명하다. 기계가 인간 지능에 도달하는 방법을 놓고 근본적으로 다른 두 가지 관점이 대립한다. 논쟁의 핵심은 '계산 능력'과 '올바른 알고리즘'이다. 특이점을 지지하는 레이 커즈와일은 인간 수준의 복잡성에 도달하기 위해서는 대량의 연산 능력, 즉 AI가 초당 10^{14} 이상의 계산을 수행해야 뇌의 뉴런 연결 수와 그 상호 작용에 접근할 수 있다고 주장했다. 처리 능력을 확장하면, 기계가 인간 인지의 복잡한 작동을 구현할 수 있다는 주장이다. 아울러 무어의 법칙에 기반한 하드웨어 성능의 기하급수적 발전을 강조하며, 컴퓨터가 초당 충분한 계산을 처리한다면, 인간과 동일한 지적 작업을 수행할 것으로 보았다. 나아가 인간 지능은 '무차별 연산'에서 비롯된다는 생각, 즉 충분한 데이터를 처리하고 충분한 연결을 모델링하면 인간 수준에 이를 것이라고 추론했다. 그의 비전은 GPT 및 PaLM과 같은 머신러닝 모델이 발전하고 있는 현재 궤적과 일치한다. 이에 반해 AI 딥러닝을 열어 젖힌 마빈 민스키는 정반대로 주장했다. 계산만으로는 지능을 얻을 수 없으며, 대신 가장 중요한 것은 알고리즘의 품질이라고 했다. 민스키가 보기에 기계가 얼마나 많은 처리 능력을 가지고 있는지가 중요한 것이 아니라, 인간이 보여주는 추상적 사고와 문제 해결 능력을 얼마나 모방할 수 있느냐, 즉 올바른 알고리즘을 실행하는지 여부가 중요하다는 것이다.
민스키는 펜티엄 칩(1993년 출시 데스크톱 프로세서) 정도의 프로세서로도 적절한 알고리즘만 설계된다면, AI가 인간 수준의 지능을 구현할 수 있다고 믿었다. 기호적 AI, 즉 기호를 조작하고 개념을 추론하며 논리를 도출하는 능력에서 비롯된다는 생각이다. 당시에는 어느 쪽도 우세할 수 없었다. 당시 커즈와일과 민스키 모두 자신의 주장을 증명하는 데 필요한 도구가 없었기 때문이다. 커즈와일은 인간과 같은 지능을 얻을 수 있다는 것을 증명할 계산 능력(컴퓨팅 소스)이 부족했고, 민스키는 상징적 추론만으로 동일한 결과를 얻을 수 있다는 것을 증명할 알고리즘이 없었다.
흥미롭게도, 딥러닝(GPT, PaLM, PaLM-E)에 탑재되는 엄청난 연산 능력은 규모와 데이터의 중요성을 강조한 커즈와일의 논리를 입증하고 있다. 방대한 데이터 세트와 수십억, 수조 개의 파라미터에 의존하는 딥러닝 기반 AI의 성능은 계산 능력이 중요하다는 것. 그럼에도 알고리즘의 효율성과 혁신의 여지는 여전히 많다. 천문학적 계산 능력과 고도의 알고리즘은 모두 필수적이다. 둘 중 하나만으로는 완전한 인간 수준의 지능을 달성하기에 충분하지 않다. 커즈와일이 강조한 연산 능력과 정교한 추론 아키텍처가 결합하면 AI는 인간 수준의 추론 능력에 도달할 수도 있다.

며, 기능도 빠르게 발전하고 있다. AI는 아직 무엇을 달성해야 할까? 지난 몇 년이 보여주듯이, AI는 이미 뇌 신피질의 기능을 재현하기 위한 길을 잘 가고 있다. 향후 AI는 어떻게 진화할까.

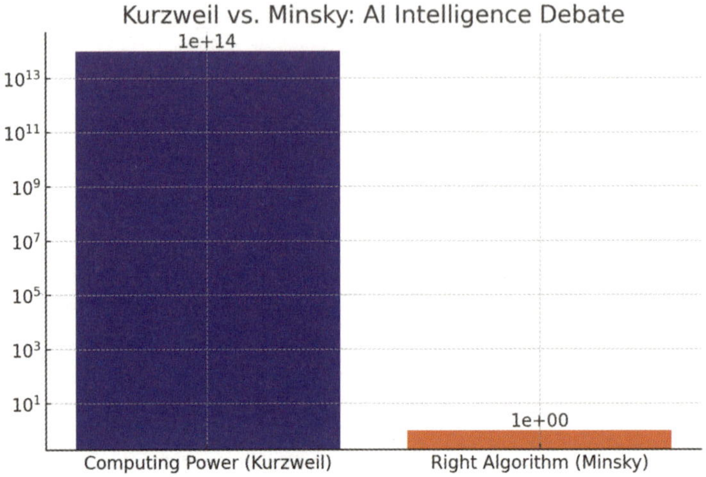

커즈와일의 견해(왼쪽 파란색)는 초당 10×14회 이상 계산의 컴퓨팅 파워를 강조하며, 민스키의 견해(빨간색)는 순수한 계산으로 측정할 수 없는 올바른 알고리즘에 초점을 맞춘다.

AI에 부족한 세 가지

현재 AI에게 부족한 부분은 문맥 기억(contextual memory), 상식(common sense), 사회적 상호작용(social interaction) 등 몇 가지 주요 범주로 구분할 수 있다.

첫째, 문맥 기억이란 대화나 글에서 나온 아이디어(생각)가 어떻게 서로 맞물려 있는지 인지하는 능력이다.

관련 맥락의 크기가 커질수록 아이디어 간 관계의 수는 기하급수적으로 늘어난다. 이를 컴퓨터 용어로 설명하면, 토큰(단어 또는 단어

열)의 수가 증가함에 따라 계산해야 할 분량은 그야말로 기하급수로 폭증한다. 그러나, 사용자가 명령한대로 AI는 아이디어 간의 의미 있는 관계를 계산할 때 계산의 한계에 부닥친다. 이를 복잡성 한계 개념(complexity ceiling idea)이라고 한다. 이를 테면 문장에 토큰이 10개 있는 경우, 토큰 간에 가능한 관계는 1,023개이다. 토큰이 50개라면 잠재적인 문맥 관계의 수는 1,120조 개로 불어난다.

이 가운데 상당수는 서로 관련이 없거나 중요하지 않기 때문에 모든 문맥 연결을 계산하는 방식은 비현실적이다. AI에도 메모리와 능력에 한계가 있다. 인간에게는 소설의 줄거리를 여러 챕터에 걸쳐 유지할 수 있지만, AI에게는 아직 어렵다. 경제적 용어로 말하면, 복잡성 상한은 계산 비용이 더 많이 드는 것을 의미한다. 이는 GPT-4.o이 보이는 한계다. GPT-4.o이 대화 초반 말한 내용을 잊어버리는 이유이며, 일관되고 논리적인 줄거리로 소설을 쓸 수 없는 이유이다.[13]

예를 들어 GPT-4.o이 추리 소설을 쓰려고 한다. 책의 중간쯤에 등장인물 10명, 중요한 사건 5건, 여러 단서가 10개의 챕터에 흩어져 있다. 인간 작가라면 여러 챕터가 지나도 누가 누구인지, 어떤 단서가 드러났는지, 등장인물과 사건이 서로 어떻게 연결되는지 추적할 수 있다. 하지만, AI는 '복잡성 한계'[14]에 직면한다. 각 챕터는 수백,

---

13 그러나, AI 반도체의 설계 기술 발달로 계산 비용이 10년 내에 99% 이상 떨어질 것이다. 2022년 8월부터 2023년 3월까지만 해도 GPT-3.5 앱 프로그래밍 토큰의 가격은 96.7%나 하락했다. 이러한 추세는 더욱 가속화될 것이다.

14 이것이 AI의 한계이다. 첫째, 연결이 빠르게 증가한다. 단어가 10개인 문장의 경우 단어 간 연결 가능성은 1,000개 이상이다. 수백 개의 단어가 있는 장에서는 수조 개의 연결이 생성된다. 둘째, 처리하기에는 너무 많은 양이다. AI는 작업량이 너무 많아 가능한 모든 연결 관계를 살펴볼 수 없다. 따라서 가장 최근의 연결이나 명백한 연결에만 집중한다. 셋째, 과거를 잊는다. AI는 기억력이 제한되어 있기 때문에 이전의 세부 사항을 추적하지 못해 단서를 잊어버리거나 스스로 모순되는 실수를 범할 수 있다. 종합하면 인간은 스토리가 길어지더라도 모든

수천 개의 토큰(단어와 단어열)으로 구성되어 있다. 더 많은 토큰이 쌓일수록 토큰 간에 가능한 관계의 수는 기하급수적으로 증가한다. 한 문장에 10개의 토큰이 있다면, 그 토큰들 사이에는 1,023개의 가능한 관계가 있다. 이제 토큰이 50개라면 가능한 관계의 수는 1,120조 개로 급증한다. AI는 토큰 간의 가장 관련성이 높은 관계에만 집중하도록 설계되어 있다. 스토리가 길어질수록 더 많은 맥락을 기억해야 하지만 AI는 하지 못한다(복잡성 한계). AI는 이러한 모든 맥락 관계를 무한정 기억에 담을 수 없다. 결과적으로 AI는 스스로 모순을 일으키거나(계산 오류) 중요한 줄거리 세부 사항을 놓쳐서 스토리의 연결이 끊어질 수 있다. 반면에 인간은 이러한 관계를 염두에 두고 일관된 내러티브를 짤 수 있다. 이는 향후 양자컴퓨팅이 상용화되면 어느 정도 해소될 것이라 본다.

두 번째로 AI에 부족한 영역은 상식이다.

주변 상황을 보고 판단하는 능력이다. 예를 들어, 침실에서 중력이 갑자기 사라진다면, 어떤 결과가 초래될지 예측할 수 있다. 집안에 개를 키우고 있는데, 돌아와 깨진 꽃병 두 개를 발견했다면 무슨 일이 일어났는지 추론할 수 있다. AI에게는 아직 현실 세계의 작동 방식에 대한 강력한 모델이 없다.

셋째, 아이러니한 목소리 톤 같은 사회적 뉘앙스는 AI에게 아직 무리다.

AI가 주로 학습하는 텍스트 데이터베이스에는 뉘앙스가 잘 표현되지 않는다. AI 연구자들이 이런 결함을 뛰어넘지 못할 경우, '마음

등장인물, 사건, 단서를 비교적 정리할 수 있기 때문에 이 부분에 능숙하다. 하지만, AI는 이러한 '복잡성 한계'에 부딪히기 때문에 길고 상세한 스토리에서 일관성을 유지하기 어렵다.

이론(theory of mind)'을 개발하기에는 아직 시기상조다. 하지만, 현재 이 분야에서도 빠르게 발전하고 있다. 이를 테면, 구글 펠로우인 바이세 아구에라 이 아르카스Baise Agüera y Arcas는 아동 심리학에서 마음 이론을 테스트하는 데 사용되는 고전적인 시나리오를 LaMDA에 입력했다(2021년). PaLM과 GPT-4.o을 뛰어넘어 AI에게 이러한 능력이 탑재된다면 상당한 유연성을 제공할 것이다. 인간 바둑 챔피언은 바둑을 잘 두면서도 주변의 다른 사람들이 어떻게 지내는지 모니터링하고 적절할 때 농담을 던지거나, 누군가 치료가 필요한 경우 바둑을 멈출 수 있다. 그러나, 알파고는 이런 것을 전혀 감지하지 못하는 것과 같은 이치이다.

AI는 곧 모든 영역에서 격차를 좁힐 것이다. 즉 컴퓨팅 가격 대비 성능의 향상으로 대규모 신경망 훈련 비용이 저렴해지고, 더 풍부하고 광범위한 훈련 데이터가 공급된다면, AI가 더 효율적으로 학습하고 추론할 수 있는 알고리즘이 나올 것이다.[15]

---

15 2000년경부터 컴퓨터는 꽤 규칙적인 속도로 빨라졌다. 1.4년마다 같은 비용으로 이전보다 약 두 배 빠른 컴퓨터를 구입할 수 있다. 스마트폰이나 노트북이 2년마다 성능이 향상되는 것과 비슷하다.
특히 AI 학습의 속도는 훨씬 빨라진다. 2010년 이후 AI 모델 학습 속도는 5.7개월마다 두 배씩 증가하고 있다. 즉, 반년도 채 안 되는 사이 AI 처리 능력이 두 배씩 늘어나는 셈이다. 발전 속도에서 AI는 컴퓨터보다 훨씬 더 빠르다. 1952~ 2010년까지 컴퓨터 능력은 약 75배 향상되었다. 하지만, 2010~ 2021년까지 AI 학습 속도는 75배에 그치지 않고, 대략 100억배 빨라졌다. AI가 왜 이렇게 빠르게 성장하는가? 더 나은 컴퓨터를 발명했기 때문이 아니다. 첫째, 병렬 컴퓨팅이다. 많은 컴퓨터 칩을 동시에 함께 사용하여 문제를 더 빠르게 해결하는 방법이 개발되었다. 연결주의가 그것이다. 마치 한 사람이 아닌 100명이 함께 큰 퍼즐을 맞추는 것과 같다. 둘째, 빅 데이터로 인해 딥러닝이 더욱 유용해지면서 많은 자본이 몰리기 때문이다. 인터넷, 스마트폰, 소셜 미디어 덕분에 전 세계에는 엄청난 데이터가 쏟아진다. 데이터는 AI를 더 똑똑해지도록 하는 훈련 도구이다. 투자자와 기업들은 산업을 변화시킬 잠재력을 가진 AI 연구

결과적으로 유용한 데이터를 통해 AI 훈련을 해야 한다. 피드백 데이터를 생성하는 모든 종류의 기술은 인간의 능력을 뛰어넘는 딥러닝 모델로 전환할 수 있다. 인간의 기술은 매우 다양하고 풍부하다. 어떤 기술은 정량적인 측면에서 평가하기 쉽고 관련 데이터를 수집하기 쉽다.

법정에서 법적 소송을 진행하면 승패가 명확하게 드러나지만, 사건의 강도나 변호사의 기술이 이러한 결과에 얼마나 기여했는지 파악하기는 쉽지 않다. 시 작문의 질이나 미스터리 소설의 긴장감 등 기술을 정량화하는 방법조차 명확하지 않다.

하지만, 시가 얼마나 아름다운지에 대해 0~100점 척도로 평가하거나, fMRI를 통해 뇌에 불이 얼마나 들어왔는지를 볼 수 있다. 심박수 데이터나 코르티솔 수치를 통해 환자의 병증을 파악할 수도 있다.[16] 결론은 충분한 양의 데이터만 있으면 불완전하고 간접적인 지표로도 AI를 개선 방향으로 이끌 수 있다.

컴퓨터와 AI가 연도별로 얼마나 더 똑똑해지고 있는지 비교한 그림이다. AI는 2015년부터 매우 가파르다.

이는 하루에 한 단어를 배우기 시작해서 갑자기 하루에 100개씩 배우기 시작하는 것과 같다. 즉 AI는 우리 예상보다 훨씬 빠르게 학습하고 있다. AI가 초고속으로 강력해지는 이유이다. 2015년 이후,

와 개발에 많은 돈을 투자하고 있다.

16 전통적으로 의사는 이미지를 분석하여 질병의 징후를 감지한다. 그러나, 건강한 조직과 암 조직의 차이가 매우 미묘하기 때문에 사진에서 초기 단계의 암을 식별하는 것은 매우 어렵다. 그러나, 대규모 데이터 세트로 훈련된 AI는 사람이 감지하기에는 미묘한 패턴을 학습한다. AI 시스템은 건강한 조직과 병든 조직을 모두 보여주는 수천 개의 엑스레이 또는 MRI 사진을 학습, 인간 의사보다 암의 초기 징후를 찾아낸다. 이는 방대한 양의 데이터를 분석하여 인간이 놓치는 패턴과 인사이트를 파악하기 때문이다.

GPU(그래픽 처리 장치)와 TPU(텐서 처리 장치)라고 불리는 특수 컴퓨터 칩이 AI사용에 최적화되면서 AI의 학습 속도가 빨라졌다. 이를 테면 사람이 1,000개의 수학 문제를 풀려면 오랜 시간이 걸리지만, 계산기를 사용하면 순간적으로 풀어낸다. GPU와 TPU가 AI에 가져다 준 변화이다. 아울러 빅데이터 폭증이 가져온 잇점은 많다. AI는 인간이 연습을 필요로 하는 것처럼 학습을 위해 많은 예제(데이터)가 필

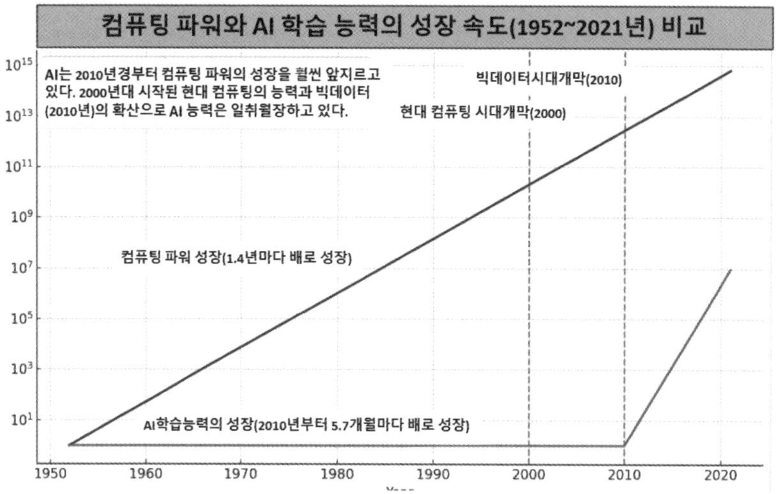

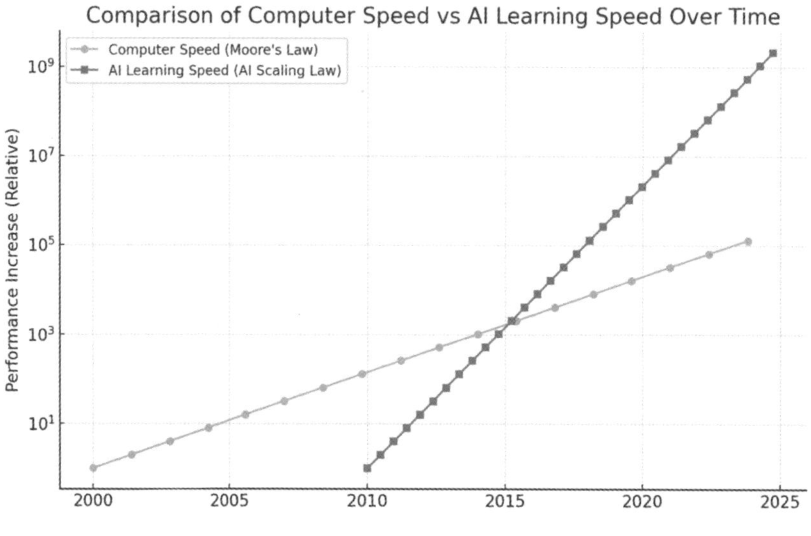

요하다. 2015년경, 유튜브 영상, 소셜 미디어, 뉴스, 책 등 인터넷이 폭발적으로 증가하면서 데이터가 폭증했다. AI는 수십억 개의 예제를 학습할 수 있게 되었고, 이로 인해 더 빠르고 더 현실을 이해하며 학습하게 되었다. 2015년 이전에는 AI가 언어와 이미지를 이해하는 데 어려움을 겪었다. 그러나, 딥러닝(새로운 AI 기술)과 트랜스포머(특수한 유형의 AI 모델)가 모든 것을 변화시켰다. GPT(ChatGPT에 사용됨)와 같은 트랜스포머는 AI가 언어를 이해하고 텍스트를 훨씬 더 잘 생성할 수 있도록 해준다.

보통 우리는 책을 읽고 이해하는데 시간이 너무 오래 걸린다. AI는 딥러닝을 활용하여 슈퍼 두뇌처럼 수백만 권의 책을 단번에 읽고 기억한다.

AI에 최적화된 GPU와 TPU 역할

GPU가 AI에 탑재된 건 2015년 이전에도 있었다. 그러나, 2015년 이후 GPU와 TPU는 딥러닝, 즉 AI에 훨씬 더 최적화되어 AI 훈련 속도가 훨씬 빨라졌다. GPU는 원래 비디오 게임과 애니메이션의 그래픽 처리를 위해 설계된 강력한 컴퓨터 칩이다. GPU가 여러 가지를 동시에 처리(병렬 처리)할 수 있어 AI 훈련에도 적합하기에 점차 사용되기 시작했다. 속도가 향상되어 딥러닝을 탑재한 AI모델은 단 며칠 또는 몇 시간 만에 학습할 수 있다.

이를 테면 100개의 수학 문제를 풀어야 한다고 가정해 보자. 일반 컴퓨터 칩(CPU)은 이 문제를 하나씩 해결하지만, GPU는 100가지 문제를 한 번에 해결한다. 이것이 바로 ChatGPT, 이미지 인식 시스템, 자율주행차와 같은 AI 모델 훈련에 GPU가 사용되는 이유이다.

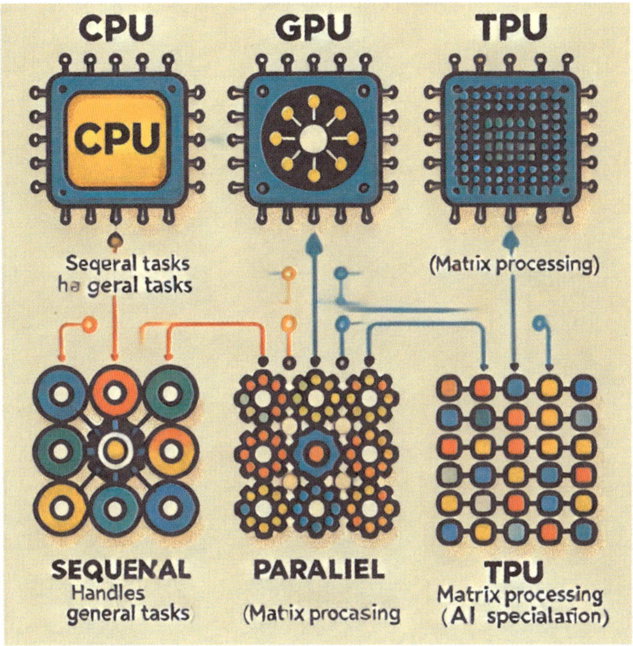

이어 TPU(Tensor Processing Unit)란 딥러닝 구동을 위해 GPU보다 훨씬 더 빠르도록 구글이 만든 특수 AI 칩이다. GPU(원래 그래픽용으로 제작됨)와 달리, TPU는 AI를 위해 특별히 제작 되었다. TPU는 큰 AI 모델을 훈련할 때 GPU보다 더 빠르고 효율적이며, 전기 사용량이 훨씬 적다. 현재 챗GPT와 DeepMind 같은 AI 모델은 GPU와 TPU를 통해 수십억 개의 예제에서 학습한다.

빅데이터와 인공지능의 발전

잘 설계된 신경망(고성능 AI)이라면, 인간 두뇌, 즉 생물학적 두뇌가 인식하는 것 이상의 통찰력을 추출 해낸다. 게임 플레이부터 의료 이미지 분석, 자동차 운전, 단백질 폴드 예측에 이르기까지, 데이터 활용은 초인적인 능력을 향한 더 명확한 길을 제공할 것이다.

AI가 인간의 능력을 뛰어넘는 통찰력을 생산하는 좋은 사례는 딥마인드의 알파폴드AlphaFold가 이뤄낸 단백질 폴딩을 꼽을 수 있다.

단백질의 기능은 3D 구조에 의해 결정된다. 단백질이 어떻게 접히는지 알아내는 것은 유전학에서 매우 중요하다. 이 과정을 이해하면 신약 개발, 질병 치료, 노화 방지, 생명 연장 등에서 획기적인 발전을 이룰 것이다.

지금까지 단백질이 아미노산 서열(염기서열)에서 어떻게 접히는지 알아내는 것은 매우 어려운 과제였다. 지금까지 연구자들이 단 하나의 단백질의 구조를 규명하는 데 보통 수 년이 걸렸다. 2020년 딥마인드에서 개발한 알파폴드(딥러닝 기반 AI)는 방대한 데이터 세트를 학습하여 이 문제를 해결했다. 실험적 방법에 필적하는 정확도로 단백질 구조를 알아내는 방법을 학습했다. 단백질 구조를 이해하면 제약회사는 암이나 알츠하이머병 같은 질병에 관여하는 특정 단백질을 표적으로 하는 약물을 개발할 수 있다.

인간의 두뇌는 패턴 인식에는 탁월하지만 계산에는 능숙하지 못하다. 반면 인공 신경망은 방대한 양의 데이터를 선별하고, 인간 뇌가 처리할 수 없는 범위를 훨씬 뛰어넘어 계산할 수 있다.[17]

---

17 인간의 뇌는 숫자를 계산하는 것보다 패턴 인식, 의사 결정, 창의성이 더 중요한 복잡한 환경에서 생존하는 데 도움이 되도록 진화했다. 그 이유는 다음과 같다. 첫째, 진화의 우선순위다. 인간은 포식자를 식별하고, 먹이를 찾고, 지형을 탐색하고, 다른 사람들과 의사소통을 해야 했다. 이러한 작업에는 방정식을 푸는 것이 아니라 패턴 인식 (예: 덤불 속에서 호랑이를 발견하거나 식용 식물을 찾는 것)이 필요했다. 느리고 세밀한 계산보다는 빠르고 유연한 사고가 생존에 더 유용했다. 둘째, 뇌의 구조이다. 뇌는 적응력을 위해 만들어졌다. 뇌는 정확한 계산이 아닌 퍼지 논리 (불완전하거나 불확실한 정보를 이해하는 것)에 탁월한, 고

따라서 향후 AI 성능 향상에는 양질의 데이터 확보가 필수적이다.

데이터를 석유에 비유할 수 있다. 과거 석유는 자체 압력으로 땅 속에서 솟아나 정제할 수 있고 생산 비용이 저렴했다. 하지만, 값싼 석유가 고갈되고, 유가가 오르면 지하 100미터 이상 셰일층에서 추출할 수 밖에 없다. 고가의 심부 시추, 수압 파쇄 또는 특수 가열 공정이 필요하며, 이는 비용으로 연결된다. 유가가 낮을 때 에너지 기업들은 값싸고 쉬운 유정에서 추출하지만, 유가가 상승하면 접근하기 어려운 매장지를 개발할 수 밖에 없다.

마찬가지로 기업들은 빅데이터 수집 비용이 상대적으로 저렴한 경우에만 빅데이터를 수집했다. 하지만, 머신러닝 기술이 발전하고 컴퓨팅 비용이 저렴해짐에 따라 접근하기 어려운 많은 종류의 데이터의 경제적 가치(사회적 가치도)가 증가한다. 실제로 빅데이터와 머신러닝의 혁신이 가속화되면서 각 분야 데이터를 수집, 저장, 분류, 분석하는 능력이 지난 1~2년 사이에 대폭 성장했다. 2020~2029년대에는 현존하

도로 상호 연결된 뉴런 네트워크로 작동한다. 예를 들어, 뇌는 모든 항목을 해아리지 않고도 사물 그룹을 추정할 수 있다. 즉 '충분히 가까운' 솔루션을 근사화할 수 있다.

셋째, 뉴런 대 트랜지스터를 비교한다. 뉴런(뇌세포)은 복잡한 패턴과 연관성을 인식하는 데 뛰어나지만 컴퓨터의 트랜지스터보다 훨씬 느리게 작동한다. 트랜지스터는 정확한 숫자를 처리하도록 특별히 설계된 반면, 뉴런은 유연성과 경험을 통한 학습을 위해 만들어졌다. 넷째, 작업 기억의 한계이다. 인간 뇌는 한 번에 적은 양의 정보(보통 5~9개 항목)만 저장할 수 있는 제한된 작업 메모리를 가지고 있다. 따라서 복잡한 계산을 수행하기 어렵다. 다섯째, 대체 도구의 개발이다. 인간은 고도의 계산 능력을 개발하는 대신 주판, 계산기, 컴퓨터와 같은 도구를 발명하여 복잡한 계산을 대신 처리했다. 그 덕분에 두뇌는 창의력, 추론, 혁신에 집중할 수 있다. 정리하면, 인간 뇌는 불확실하고 역동적인 환경에서 적응하고, 패턴을 인식하고, 실제 문제 해결이 주된 역할이며 계산을 위해 설계되지 않았다. 정확한 계산을 위해서는 이러한 목적을 위해 특별히 설계된 AI나 컴퓨터에 의존한다.

는 거의 모든 인간 기술에 이러한 변화가 일어날 것이 분명하다.

빅데이터와 머신러닝 기술의 관계를 보여주는 가장 강력한 사례는 넷플릭스Netflix나 아마존Amazon 등 기술 대기업이 선점한 개인화 추천 시스템(personalized recommendation systems)이다.

넷플릭스는 매일 수백만 명의 사용자로부터 방대한 양의 데이터를 수집한다. 이를 통해 시청자들이 어떤 프로그램을 시청하는지, 얼마나 오래 시청하는지, 언제 일시 정지하는지, 무엇을 검색하는지, 콘텐츠를 어떻게 평가하는지 등을 유추할 수 있다. 아마존도 비슷한 방식으로 소비자들이 장바구니에 추가하고, 구매하는 모든 제품과 검색 패턴 및 리뷰를 추적한다.

머신러닝은 이 방대한 데이터 세트를 통해 소비자들의 행동 양태를 심층 분석한다. 머신러닝 알고리즘은 소수의 규칙에 기반한 추천 시스템이 아니다. 빅데이터에서 소비자 패턴을 발견하고 소비자 상호작용을 통해 학습하며 사용자가 좋아할 만한 콘텐츠나 제품을 개인별로 유추해 낸다. 데이터 규모가 클수록 사용자 선호도를 더 잘 유추할 수 있다. 적은 규모의 데이터 세트보다는 빅데이터를 활용, 더욱 근접하게 추천할 수 있다. 이를 테면 수 억명에 달하는 개별 소비자에 대한 빅데이터 분석은 인간 능력으로 거의 불가능하지만, 머신러닝은 단 몇 분 만에 할 수 있다. 데이터 수집이 더욱 저렴해지고 보편화 되면서 각 분야에 혁신이 일어날 것이다. 향후 벌어질 특징을 열거해 본다.

첫째, 초개인화이다. 점점 더 구체적인 방식으로 개별 사용자에게 맞춤화된 추천과 경험을 제공할 것이다. 식단, 수면 패턴, 정신 건강까지 추적하여, 사용자의 습관에 대한 깊은 이해를 바탕으로 개인화된 건강 계획을 추천하는 피트니스 앱이 벌써 등장하고 있다. 빅데이터를 머신러닝으로 분석한 결과는 이러한 세부적인 모델을 개발할 수 있도록 해줄 것이다.

둘째, 헬스케어 분야의 분석이다. 먼저 의료 분야에서 그 쓰임새가 다양할 것이다.

환자 기록, 의료 영상, 심지어 유전 정보에서 얻은 빅데이터를 머신러닝에 학습시키면, 건강 위험을 예측하고 맞춤형 치료법을 제안하거나 악성 질병을 조기 발견할 수 있다. 이를 테면 Google의 AI 모델은 망막 스캔을 분석하여 심장 질환을 예측할 수 있다. 앞으로 AI에 더 많은 환자 데이터를 입력할수록 더욱 정확해질 것이다.

셋째, 스마트 도시 및 인프라다. 도시의 교통 패턴, 에너지 사용량, 사회적 행동에서 얻은 빅데이터는 도시 계획을 최적화하는 데 사용될 것이다. 머신러닝은 도시 전역의 센서 데이터를 분석하여, 교통 혼잡을 줄이고 에너지 소비를 관리하며 공공 안전을 개선할 수 있다. 선진국에서는 이미 예측 치안을 사용하여 과거 데이터를 기반으로 범죄 우려 장소에 인력과 자원을 할당하고 있다. 코로나19 팬데믹 기간 동안 스마트폰과 소셜 미디어의 데이터는 바이러스 확산을 추적하고 사회적 행동을 실시간으로 파악하는 데 사용되었다.

인간 능력과 AI 개발의 방향

인간은 매우 창조적 두뇌를 갖고 있다. 하지만, 인간 지능은 서로 다른 인지 능력의 두꺼운 묶음으로 간주하는 것이 더 정확하다. 음악 작곡이나 미술적 감각 같은 능력은 특별한 인간에게만 한정되어 있다고 알려져 있지만 이것도 바뀔 수 있다. 인지 능력은 개인마다 다르다. 수학적 천재이지만 체스를 끔찍하게 못 두거나 사진처럼 뛰어난 기억력을 가지고 있지만 사회적 상호 교류에 어려움을 겪는 경우를 종종 볼 수 있다. 따라서 인간 지능이란 특정 영역에서 재능을 보이는 인간의 능력이라고 해야 한다. 평균적인 인간과 가장 수준급 재능을 가진 인간 사이의 격차가 그리 크지 않은 분야가 있는 반면, 그 격차가 실제로 큰 분야도 있다. 후자의 경우, 인공지능이 인간의 평균 능력과 초인적인 능력에 도달하는 데 상당한 시차를 보일 수 있다. 궁극적으로 AI가 인간의 능력 중 어떤 분야에서 가장 어려움을 보일지 아직 미지수이다.

이를테면 AI가 2034년 쯤엔 그래미상 수상곡을 작곡할 것이지만 오스카상 수상 시나리오를 쓸 수는 없을 것이고, 수학에서 밀레니엄상 문제를 풀 수는 있지만 철학적 통찰력을 창출하지는 못할 수 있다. 따라서 AI가 튜링 테스트를 통과하고 대부분의 측면에서 초인적인 능력을 갖추겠지만 몇 가지 핵심 기술에서는 여전히 인간 수준의 능력을 뛰어넘지 못할 수 있다.

특히 "인간 지능이란 다양한 인지 능력의 묶음들"이라는 말이 주는 시사점은 적지 않다. 인간의 지능이 개인마다 다른 능력의 집합체라는 점을 강조한다. 이는 인간 뇌를 모방해가는 인공지능 개발에 중요한 시사점을 준다.

이런 인간 지능의 독특한 점은 향후 전문화된 AI의 개발에 영감을 준다. 한 사람은 수학적 천재이지만 사회성이 부족하거나 사진 기억력은 뛰어나지만 창의력이 부족한 사람이 있다. 마찬가지로 현재 AI 시스템은 '만능'이 아닌 특정 분야에서 탁월하도록 설계되어 있다. 예를 들어 딥마인드의 알파제로는 체스나 바둑에는 뛰어나지만 대화에는 참여하지 못한다. 챗GPT-4.o은 언어 처리와 텍스트 생성에는 능숙하지만 자동차를 운전하거나 시각 데이터를 분석할 수 없다.

따라서 특화된 AI 개발은 다양한 방면으로 나아갈 수 있다. AI를 만능의 '슈퍼 브레인'으로 만드는 것이 아니다. 각자의 영역에서 탁월한 능력을 발휘하는 전문화된 시스템의 집합으로 개발되는 것이다. 이런 점을 염두에 두면서 향후 AI 개발의 방향을 유추해 본다.

첫째, 전문화된 모델 구축이다. 인간에게 고유한 강점이 있는 것처럼 AI도 뛰어난 능력을 발휘할 수 있는 특정 업무에 집중해야 한다. 엑스레이를 해석하거나 질병을 식별하는 의료 진단 AI, 음악을 작곡하거나 예술 작품을 디자인하는 창작 AI 등이다. 전문화된 AI는 인간 전문가와 마찬가지로 서로를 보완하여 복잡한 문제를 함께 해결해 나갈 것이다.

둘째, 능력 결합이다. AI의 전문화된 시스템을 응집력 있는 프레임워크에 통합하는 유형이다. 예를 들어 AI가 언어 처리(챗GPT4.o 등)와 시각(컴퓨터 비전 AI 등) 및 의사 결정(AlphaZero 등)을 결합하여 자율 의료 수술 지원 같은 현실 문제에 집중하는 방식이다.

셋째, AI로 약점 극복하기다. 한 분야에서 뛰어난 능력을 가진 인

간도 다른 분야에서는 한계가 있다. AI는 개인이 어려움을 겪는 영역을 보완해 인간의 약점을 보완할 수 있다. 기억력이 좋지 않은 사람은 AI 개인 비서를 사용해 보완할 수 있다. AI는 인간 지능을 대체하는 것 보다는 특정 분야 인지 능력의 격차를 해소하고, 증강하도록 개발될 수 있다.

넷째, 시너지의 극대화다. 예를 들어 의료용 AI 시스템을 상상해 보자. 시스템의 한 부분은 의료 이미지(방사선학)를 분석하도록 훈련된다. 또 다른 부분은 환자 기록을 이해하고 의사 및 환자와 소통한다. 이어 예측 모델을 사용하여 치료법을 추천한다. 각 부분은 개별적으로 특정 영역에서 뛰어난 능력을 발휘한다. 이 시스템을 결합하면 인간 의사가 인지 능력을 통합하여 환자를 진단하고 치료하는 방식과 유사하다. 인간 지능의 '묶음' 개념을 AI에 적용한 사례로서, 인간 재능의 다양성과 전문성을 모방하는 것이 AI 개발에 필수적이라 할 수 있다.

현 단계에서 인지 능력을 가진 AI 개발 과정에서 가장 중요한 분야는 컴퓨터 프로그래밍(컴퓨터에 관한 다양한 능력)이다. 고성능 AI의 주요 병목 현상도 프로그래밍에 나타난다.

AI 지능 폭발 'FOOM'

스스로 문제를 해결하고 능력을 향상시키는 로봇이 있다. 처음에는 속도가 빨라지거나 더 복잡한 문제를 해결하는 방법을 배우는 등 작은 변화를 보이지만, 단계가 오를 때마다 더 빠르게 개선된다. 즉 로봇이 더 똑똑해질수록 학습과 업그레이드 속도 역시 빨라진다. 결국 로봇은 인간이 더 이상 따라잡을 수 없는 속도로 자체 개선하기 시작한다. 이를 지능 폭발이라고 한다.

이를 테면 로봇이 자전거 타기를 새로 배우기 시작한다. 처음에는 속도가 느리고 누군가 잡아줘야 한다. 하지만, 연습을 거듭할수록 점점 더 빨라지고 실력이 향상된다. 이제 연습할 때마다 자전거를 더 잘 타게 될 뿐만 아니라 새로운 트릭을 배우는 데 능숙해진다. 곧 사람이 할 수 있는 기술 수준을 훨씬 뛰어 넘어 모든 종류의 트릭을 빠른 속도로 마스터할 것이다.

AI 역시 인간 도움 없이 자체 개선을 지속해 통제 불능 상태가 되어 인간을 훨씬 뛰어넘는 수준으로 빠르게 발전할 가능성이 있다. 특히 AI가 자체 프로그래밍 능력이 향상되면서, AI는 빠른 속도로 똑똑해지는 '긍정적 피드백 루프'에 진입할 것이다. AI 업계에서는 이를 'FOOM'이라고 부른다. 앨런 튜링Alan Turing의 동료였던 I. J. 굿Good은 1965년에 이미 '지능 폭발'을 예측한 바 있다.

컴퓨터는 계산 능력에서 인간보다 훨씬 빠르다. AI는 몇 분 또는

몇 초 만에 스스로 계속 업그레이드 한다. 더 똑똑해질 때마다 자신의 능력을 더욱 빠른 속도로 업그레이드 할 것이다. '긍정적 피드백 루프'란 이런 의미다. AI가 더 똑똑해질수록 더 빠르게 개선되어 더 뛰어난 성능을 갖게 된다. FOOM은 유머러스한 말이지만, AI가 통제 불능 상태에 빠져 인간이 의도한 것 이상으로 발전할 수 있다는 두려움도 담고 있는 말이다.

인간 두뇌와 AI는 연산 능력에서 근본적으로 다른 접근을 한다. 인간 뇌는 종종 컴퓨터와 비교되지만, 매우 다른 방식으로 작동한다. 이 차이를 이해하면 지능, 인지, 기술 분야에서 AI 성능을 높이는데 유용할 것이다.

인간 뇌는 약 20W(와트)의 전력을 사용해 정보를 처리하는 매우 효율적인 생물학적 기계로 묘사되곤 한다. 약 1000억 개의 뉴런으로 구성되어 각 뉴런에는 대략 1000억개의 시냅스와 연결되어 네트워크를 형성한다. 뉴런은 이론적으로 초당 최대 약 200회(Hz)의 속도로 발화할 수 있지만, 실제 최근 연구에 따르면 초당 0.29회까지 낮아진다는 연구결과도 있다.

지금까지 뇌의 추정 연산 능력(뉴런의 발화)은 초당 10×13의 연산(초당 10조 회)으로, 이론적 추정치인 초당 10×16 연산보다 낮다. 20세기 후반 한스 모라벡과 레이 커즈와일 등도 이와 비슷하게 추정한다.

이와 대조적으로, 오크리지 국립연구소의 슈퍼컴 프론티어(2023년 기준)는 10×18(엑사플롭)의 연산을 수행한다. 이는 인간 두뇌의 이론적 최대 처리 속도보다 약 10,000배 빠른 속도이다. 이러한 엄청난 속도 차이가 있음에도 슈퍼컴퓨터와 AI 시스템은 여전히 인간처럼 유연하고 일반화된 지능을 보여주지 못한다. AI는 패턴 인식, 데이터 분석 또는 체스나 바둑, 게임 등 특정 작업에서 뛰어난 전문성을 발휘한다. 이처럼 AI 시스템은 데이터를 빠르고 대량으로 처리할 수 있지만, 인간 사고의 직관적, 감성적, 창의적 능력에는 따라올 수 없다. 따라서 계산 속도만으로 지능을 결정할 수 없으며, 계산의 기반이 되는 아키텍처와 프로세스가 그보다 더 중요할 것이다.

하드웨어, 리소스 및 실제 데이터에 대한 물리적 제약으로 인해 FOOM의 속도에 한계가 있겠지만, 그럼에도 잠재적인 하드 이륙(인간이 통제할 수 없는 속도로 성능 개량)을 피하기 위해 예방 조치를 취해야 한다. 잘못되지 않도록 주의해야 한다는 말이다. 이를 인간의 인지 능력과 다시 연관시켜 보면, 일단 지능이 폭발적으로 증가하면, AI는 더 어려운 능력도 단기간에 달성할 것이다. 머신 러닝의 비용 효율성이 훨씬 더 높아지고 슈퍼컴퓨터는 이미 인간의 두뇌를 시뮬레이션하는 데 필요한 컴퓨팅 요구 사항을 훨씬 뛰어넘고 있다.

약간 다른 이야기를 덧붙인다. 여전히 모든 뉴런이 인간의 인지 작용에 동원된다고 가정하고 있지만, 이는 사실이 아니다. 뇌는 개별 뉴런이나 피질 모듈이 중복된 작업(또는 적어도 다른 곳에서 중복될 수 있는 작업)을 수행하는 병렬성이 매우 크지만, 모두 함께 발화하는 것은 아니라는 것이다. 이는 뇌졸중이나 뇌 손상으로 뇌의 일부가 파괴된 후에도 기능하는 경우를 통해 알 수 있다. 뇌졸중이나 뇌 손상 후 회복하는 능력은 '뇌의 가소성' 때문이다. 가소성이란 새로운 신경 연결을 형성하여 이전에 손상된 영역에서 처리하던 기능을 대신할 수 있도록 자체 재구성하는 능력이다.

즉 하나의 뉴런 또는 뉴런 그룹이 손상됐다 해서 반드시 인지 과정에 장애가 생기는 것은 아니라는 것이다. 사람이 중요한 뇌 영역에 영향을 미치는 부상을 당했더라도 적어도 부분적으로나마 회복할 수 있는 이유 중 하나이다. 이러한 중복성과 가소성의 메커니즘은 아직 연구 중이며, 손상 후 특정 신경망이 어떻게 적응하거나 재구성되는

지에 대해서는 아직 연구 성과가 많지 않다.

요약하자면, 병렬성과 뇌의 가소성을 갖춘 뇌의 적응력은 회복력의 핵심이다.

인간 뇌 시뮬레이션 시작

옥스퍼드 인류학 연구소Oxford Anthropology Institute의 앤더스 샌드버그Anders Sandberg와 닉 보스트롬Nick Bostrom 연구에 따르면 인간 뇌의 뉴런(심지어 분자 수준까지)을 본격적으로 시뮬레이션(모방 복사)하는 시대에 들어왔다. 뉴런 내부의 개별 이온 채널이나 특정 뇌세포의 신진대사에 영향을 미칠 수 있는 수천 가지의 분자를 시뮬레이션하는 단계에 도달했다. 시뮬레이션의 목표는 인간 뇌 활동을 속속들이 파악하여 뇌질환 치료에 응용하는데 있다. 이는 인지, 의식, 신경 질환에 대한 치료를 혁신적으로 개선하는 기반 지식이 된다. 단일 뉴런 내의 개별 이온 채널, 시냅스 또는 분자 사이의 상호 작용을 시뮬레이션하려면 엄청난 수의 계산이 필요하다. 다행히 하드웨어 성능 향상과 컴퓨팅 파워(계산 능력) 비용은 급속히 낮아지고 있다.

현재 슈퍼컴퓨터, 뉴로모픽 칩과 같은 새로운 컴퓨팅 파워로 인해 생물학적 시스템을 고해상도로 시뮬레이션할 수 있다. 지금의 하드웨어로 신경 활동의 특정 측면을 시뮬레이션할 수는 있지만 아직 시작 단계에 불과하다.

그러나, 지속적인 개선을 통해 2030년 전후 무렵이면 뇌 분자 시뮬레이션은 가능할 것이다. 샌드버그와 보스트롬은 AI를 이용해 이 정도의 디테일을 구현할 것으로 내다본다.

문제는 데이터의 질과 양이다. 계산 능력뿐만 아니라 인간 뇌를 정확하게 모델링하는 데 필요한 생물학적 데이터를 수집하는 것이 매우 복잡하다.

앤더스 샌드버그와 닉 보스트롬은 인간 뇌 시뮬레이션에 필요한 수준의 해상도를 구현하려면 각각 초당 10×22 ~ 10×25의 연산이 필요할 것으로 추정한다. 10억 달러(2008년 달러 기준) 짜리 슈퍼컴퓨터가 2030년까지 이를 달성하고 2034년까지 모든 뉴런의 모든 단백질을 시뮬레이션할 것으로 예상한다. 물론 시간이 지나면 가격 대비 성능이 크게 향상되어 비용은 더욱 줄 것이다. 어쨌든 향후 20년 이내 인간 두뇌를 시뮬레이션해 AI에 입력될 것이다. 특히 인간 수명 연장은 괄목할만한 성과를 낼 것이다.

연도	슈퍼컴퓨터 초당 연산 속도	2008년 10억달러 연산 비용 기준	뇌 시뮬레이션 진행 정도 예측
2023	1×10^{15}	0.5	→ 기본 뉴런 시뮬레이션
2024	1×10^{16}	0.5	→ 더많은 뉴런 시뮬레이션
2028	5×10^{18}	0.2	→ 복잡한 뉴런 시뮬레이션
2030	1×10^{22}	0.1	→ 모든 뇌 단백질 구조 규명
2034	1×10^{25}	0.1 미만	→ 뇌 속 뉴런 완전 시뮬레이션

2020년대부터 수명 연장이 가속화되고 있으며, 80세 미만의 건강하고 보통의 사람이라면 뇌 시뮬레이션의 혜택을 맛볼 것이다. 지금 태어난 아이들은 초등학생 때 튜링 테스트를 통과하고 대학생이 되면 더욱 풍부한 두뇌 에뮬레이션(두뇌 복제)의 성과를 보게 될 것이다.

오늘 태어난 아이들이 성장하면서 두뇌 복제 및 튜링 테스트가 어떻게 상호작용하는지 예를 들어 설명한다.

2025년에 태어난 미아는 2031년 초등학교에 입학할 때쯤이면 고도로 발전된 AI 시스템에 둘러싸여 있을 것이다. 미아는 친구나 선생

님과 대화하듯이 AI와 대화할 것이다. 미아의 숙제를 도와주는 AI 과외 비서도 둘 것이다.

미아가 수학 문제 풀이 도움을 요청하면 AI는 정답뿐 아니라 인간 가정교사처럼 설명, 농담, 격려로 응답한다. AI는 사람의 행동을 시뮬레이션, 즉 매우 잘 모방하기 때문에 미아는 자신의 비서가 실제 사람이 아니라는 사실조차 깨닫지 못할 수 있다.

미아가 2043년경 대학에 입학하면 뇌 에뮬레이션이 매우 발전하여 사고 과정, 감정, 성격 전체를 시뮬레이션할 것이다. 즉, 미아는 인간처럼 행동하며 정서적 지원, 조언, 동반자 역할을 하는 AI 친구나 동반자를 갖게 될 것이다.

미아가 성인이 되면 AI는 단순한 사고뿐만 아니라 복잡한 인간의 감정과 관계까지 도울 수 있다. 즉, 학습, 정신 건강, 자기 계발에 도움을 줄 수 있는 AI 동반자가 인간과 상호작용하는 것처럼 느껴지는 기술에 도달할 것이다.

이 시나리오는 향후 우리 아이들의 미래를 보여 준다. AI가 일상생활의 일부로서 학습하고 성장하고 아이들의 사고에 관여할 것이다.

튜링 테스트의 한계와 전망

AI가 마침내 인간 수준의 지능에 도달했다는 것을 어떻게 판단할 수 있을까?

AI가 인간 수준의 지능에 도달하는 시점, 즉 일반인공지능(AGI)이라고 평가받는 시점은 복잡 미묘하다. 영국 수학자 앨런 튜링이 개발한 모방 게임(튜링 테스트)은 기계가 인간과 구별할 수 없는 답변을 내놓을지 여부를 평가하는 프레임워크를 제공했다.

하지만, 중요한 문제를 남겼다. 기계가 인간처럼 생각한다는 것이 무엇을 의미하는지, 필수 요소는 무엇인지 명확히 밝히지 않았다. 앨런 튜링이 모방 게임을 고안한 이후 7차례에 걸쳐 컴퓨터는 여러 개별 영역에서 점차 인간을 뛰어 넘었다. 그러나, 컴퓨터는 항상 인간 지능의 폭과 유연성을 따라가지 못했다.

지금 기술 수준에서 AI가 인간 수준의 지능(AGI)에 도달했는지를 측정하는 주요 조건은 다음과 같다.

첫째, 문제 해결의 다양성과 유연성이다. 인간 지능은 창의적 사고, 낯선 영역에서의 문제 해결, 감성 지능, 실제 적응력 등 광범위한 영역에서 일반화할 수 있는 능력을 보인다. AI가 인간 수준의 지능에 도달했는지 평가 받으려면 도메인 간 학습과 전이성을 우선 입증해야 한다. 즉, 체스나 건강 상태, 질병 진단 같은 개별 영역의 작업은 물론이고, 인간처럼 전혀 다른 분야에서도 유연하게 대응할 수 있어야 한다.

둘째, 상식적 추론의 문제이다. 현재 AI와 인간 지능 사이의 중요한 격차는 상식적인 지식과 추론에 있다. 챗GPT4.o 같은 AI 모델도 문맥상 그럴듯한 답변을 내놓을 수 있다(스스로 환각상태에 빠지는 현상). 그렇지만, 일상에서 시시각각 변하는 상황 이해와 추론 능력에서는 초등 수준에도 못 미친다. AI가 인간 수준의 지능을 갖추려면 강력한 상식적 추론을 보여주고 인간과 유사한 방식으로 세상을 이해해야 한다. 모호성을 처리하고, 새로운 상황에서 판단을 내리고, 실용적인 지식을 선택하고 효과적으로 적용해야 한다.

셋째, 시간적 일관성과 지속성이다. 인간 지능에는 시간적 차원이 있다. 인간은 시간을 두고 계획하고 기억하고 추론한다. AI가 인간 수준의 지능을 갖추려면 튜링 테스트처럼 짧은 고립된 대화 뿐만 아니라 장시간에 걸쳐 일관된 추론을 보여야 한다. 여기에는 장기적인 계획, 변화하는 목표에 대한 적응, 인간과 유사한 인지 발달을 시뮬레이션하는 방식으로 경험을 통한 학습이 포함된다.

넷째, 정서 및 사회성 지능이다. 인간 지능에서 종종 간과되는 측면은 자신과 타인의 감정을 인식하고 해석하며 이에 대응하는 공감 능력이다. AGI에 도달하는 AI 시스템은 인지 능력뿐만 아니라 공감 능력, 복잡한 사회 역학을 탐색하는 능력도 갖춰야 한다. 여기에는 비언어적 단서를 이해하고, 미묘한 대화 능력, 상황에 따라 적절한 감정 반응도 포함된다.

다섯째, 물리적 구현 및 물리적 상호 작용이다. AGI가 출현한다면 인간과 유사한 인지 능력으로 평가될 수 있지만, 물리적 작용도 필요하다. 인간은 성장하면서 감각과 운동 기능을 통해 세상과 상호작용하며 감각 운동 지능을 갖는다. AI가 진정한 인간 수준의 지능을 갖추려면, 물리적 세계와 상호작용하여 인간 수준의 경험적 학습을 얻어야 한다.

여섯째, 자기 개선 및 자율성이다. 인간은 독립적으로 학습하고 새로운 도전에 적응하며 인지 능력을 지속적으로 향상시키는 능력을 갖고 있다. 마찬가지로 AGI도 알고리즘을 스스로 최적화하거나 인간의 개입 없이 새로운 지식으로 무장해 스스로 성능 향상 할 수 있어야 한다.

앨런 튜링이 개발한 튜링 테스트는 대화 지능을 평가하는 데 중요한 벤치마크 역할을 하였지만, 매우 기초적 수준에 그치고 있다. 향후 AGI를 구현하기 위해 일부 연구자들은 AI 시스템을 시험하는 인지 10종 경기를 제안하기도 한다.

2023 ~ 2029년 사이 강력한 튜링 테스트의 출현이 예상된다. 여기에서 통과되면 AI는 더 넓은 영역에서 명백히 유사 인간 능력을 발휘할 가능성이 있다. 이 새로운 튜링 테스트는 앨런 튜링의 아이디어를 더욱 발전시킨 버전이 될 것이다.

1950년대에서는 앨런 튜링이 제안한 최초의 튜링 테스트에서 인간 시험관이 컴퓨터의 말인지 사람의 말인지를 구별할 수 없을 경우, 컴퓨터는 튜링 테스트를 통과한 것으로 간주하는 방식이었다. 인간 시험관이 누가 기계이고 누가 사람인지 확실하게 구분하지 못하면, 컴퓨터가 테스트를 통과한 것이다. 현재 AI는 바둑이나 체스, 질병 진단, 자동차 운전 등 특정 작업에서는 뛰어난 능력을 발휘하지만, 그 외의 작업에서는 미흡하다. 2029년까지 제시될 인지 10종 경기에는 다음 항목이 포함될 것이다.

첫째, 전이 능력의 검증이다. 한 영역에서 배운 것을 다른 영역에 적용하는 능력이다. 예를 들어 수학 문제 풀이에서 인간의 감정 이해로 넘어가는 것 등이다. 이는 인간 기본 행동과 실제 세계 사이의 역학을 이해하는 것이다. 아울러 달리는 차 앞에서 멈추는 법이나 대화 중에 상식을 처리하는 방법 등이다.

둘째, 풍자, 유머, 공감 등 복잡한 사회적 신호를 처리하는 능력이다. 정치, 윤리, 철학과 같은 기술적이거나 추상적인 개념에 대해 인간처럼 말하면서 토론할 수 있어야 한다.

셋째, 인간과 같은 이해력을 갖춰야 한다. AI가 진정으로 인간 수

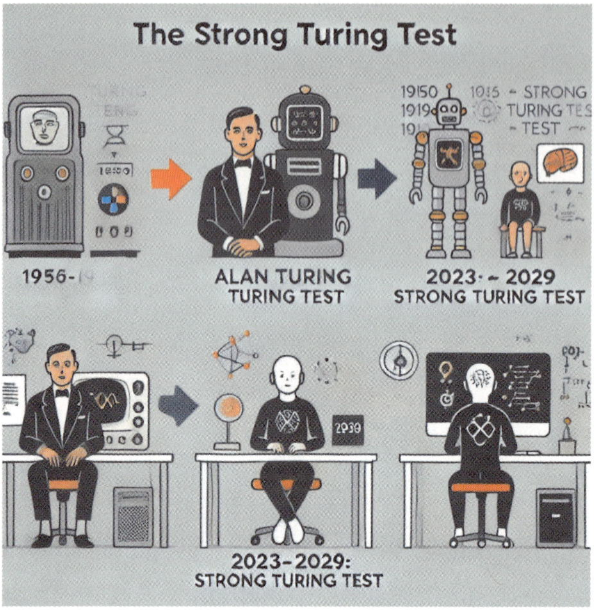

준의 지능을 입증하려면 고급 프로그래밍이나 데이터 분석 같은 초인적인 기술 이외에 사회적, 정서적 세계에 대한 폭넓은 이해력을 갖춰야 한다.

2029년을 전후해서 AI가 새로운 튜링 테스트를 통과한다면, AI는 숙련된 일반 지능을 갖추게 될 것이다. 숙련된 일반화 지능을 나열하면 아래와 같다.

첫째, AI는 좁은 영역에서 탁월함을 발휘한다. AI는 체스와 같은 게임, 의료 스캔의 패턴 인식, 코드 작성 등 특정 분야에서 이미 인간보다 뛰어난 능력을 발휘하고 있다. 2029년 이후에는 다양한 전문 영역에서 초인적인 능력을 발휘할 것이다.

둘째, AI는 자기계발 분야에서 인간을 앞설 것이다. 그 돌파구는 AI가 스스로 설계하고 능력을 향상시키는 '자기 프로그래밍'에 능력을 보일 것이다.

셋째, 그럼에도 상식과 사회적 지능은 뒤쳐질 것이다. AI가 프로그래밍, 과학, 기술적 문제 해결과 같은 분야에서는 초인적인 능력을 발휘하지만, 인간의 사회적 행동, 감정, 문화적 규범을 이해하는 것은 여전히 어려울 수 있다. 인간이 자동으로 수행하는 상식적 추론은 여전히 AI의 주요 과제로 남을 것이다. 예를 들어, 농담에 대한 진의 파악이나, 다양한 맥락에서 대화 암시하는 것을 이해하는 능력은 2029년 이후에도 AI에게는 어려움을 겪을 영역이다.

향후 더욱 고도화된 AGI 기술이 개발되어 인간 수준의 언어 이해력을 갖춘다면, 불가능한 영역이 아니다. AI가 인간 수준의 자연어 처리 능력을 갖춘다는 것은 점진적인 지식의 축적이 아니라, '갑작스러운 지식의 폭발'이 될 것이다. 즉 AI가 튜링 테스트를 통과하려면 실제로는 스스로 멍청해져야 한다는 뜻이다.

'갑작스러운 지식의 폭발'이란 이런 개념이다.

AI의 능력, 특히 자연어 처리(NLP)에서 임계점에 도달하여 언어

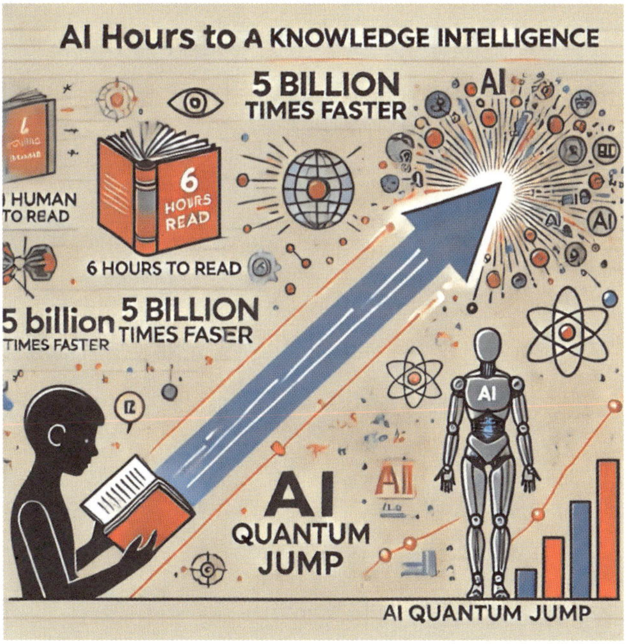

처리 능력이 빠르고 극적으로 증가한다는 것이다. 전문 분야에 몰두한 사람이 자기 분야의 책 1권을 읽는데 6시간 정도 걸리는데 AI는 50억배나 빨리 읽는다. 이 때가 되면 인간 수준의 지식을 따라가는 수준에서 벗어나 인간의 한계를 뛰어 넘어, 지식이 기하급수로 증가하는 시점이다. AI는 일정 수준의 정교함에 도달, 즉 임계점에 오면 빠르게 스스로 성능을 개선해 초인적인 똑똑함을 보일 것이다.

이런 수준에 이르면 우리는 AI 퀀텀 점프를 경험하게 될 것이다. AI가 지식 폭발 수준에 이른다는 가설에 대한 근거는 다음과 같이 제시할 수 있다.

- 방대한 분량의 정보에 접근해 분석하는 능력
- 학습과 최적화를 통해 자체 알고리즘을 빠르게 개선하는 능력
- 빛과 같은 처리 속도로 인해 초능력적 통찰력과 지식을 생성하는 능력 때문이다.

다시 말해, AI가 언어에서 인간 수준의 지능과 비슷하거나 능가하는 지점, 즉 임계점에 도달하면 갑자기 학습이 폭발적으로 증가하여 초지능 수준에 이를 것이다.

이어 튜링 테스트를 통과하기 위해 AI 스스로 멍청해져야 한다는 것은 이런 의미다. 새로운 튜링 테스트를 통과하려면 AI가 실수를 하거나 인간이 자연스럽게 노출하는 지식의 한계를 보여주는 등 인간 행동 패턴을 모방해야 한다. AI가 너무 완벽해 보인다면 사람이 판단하기에 기계라는 것이 분명해져 테스트에서 불합격할 것이다. 다만 인간과 유사한 행동이 필요하지 않은 분야에서는 주저할 필요가 없다. 즉 의학, 화학, 공학 등 인간 모방이 불필요한 특정 작업에서 AI는 이미 초인적인 능력을 보여줄 것이다. 즉 AI는 의료 데이터, 연구

성과나 환자 기록을 순간적 속도와 정밀도로 분석하여 인간 의사보다 훨씬 빠르게 질병을 진단하고 치료법을 제안할 수 있다.

화학에서도 인간에게 몇 년씩 걸리는 시뮬레이션과 계산을 AI는 단 몇 초 몇 분만에 해치우고 새로운 물질을 설계하거나 약물을 발견할 것이다. 엔지니어링에서도 AI는 시스템을 최적화하고, 복잡한 구조를 만들고, 디테일과 속도에서 초인적인 능력을 보일 것이다.

뇌 신피질을 클라우드로 확장하기

뇌의 능력을 기하급수적으로 확장하는 기술 중 하나가 클라우드이다. 그러기 위해서는 먼저 뇌 속을 보다 세밀하게 파악해야 한다. 즉 뇌 스캔 기술이다.

뇌 스캔에서 '공간적 해상도'와 '시간적 해상도'의 균형을 맞추는 문제는 신경과학의 핵심 과제이다. 공간적 해상도란 뇌에서 활동하는 위치를 찾아내 표시한 그림이다. 다시 말해 신경 활동이 일어나는 장소를 보여주는 뇌 영상 기술이다. 공간적 해상도가 높을수록 개별 뉴런이나 미세 뇌 영역을 세밀하게 볼 수 있다. 시간적 해상도는 뇌 활동의 타이밍을 얼마나 잘 추적하느냐를 나타낸다. 뇌 영상으로 신경 활동의 타이밍을 얼마나 정확하게 파악할 수 있는지를 나타낸다. 시간적 해상도가 높으면, 뉴런이 발화하는 시간대를 거의 실시간으로 볼 수 있다. 이 기술이 발달한다면, 인간 행동의 예측을 실시간으로 파악할 수 있을 것이다.

현재 기술로서는 혈류(fMRI)와 전기 활동(EEG)의 한계로 인해 두 가지 모두 어려운 과제다. 따라서 치매나 뇌 손상 등을 치료할 방법이 아직 없다.

다만 뇌에 직접 전극을 삽입, 즉 침습법을 사용하면 개별 뉴런의 활동을 직접 측정할 수 있어, 뇌-컴퓨터 인터페이스(BCI)의 가능성을 열어준다. 그러나, 두개골에 구멍을 내면 뇌 신경을 건드릴 우려 때문에 현실성이 없다. 뇌 임플란트는 청력 손실(인공 와우)이나 마비 등 장애인에게만 극히 한정적으로 사용되고 있다. 예를 들어, 루게릭병이나 척수 손상을 입은 사람들이 마음만으로 컴퓨터 커서나 로봇 팔을 조작할 수 있게 해주는 BrainGate 시스템에 사용되고 있다.

2020년 메타(페이스북)는 실험 대상자에게 250개의 외부 전극을 장착하고, 고성능 AI로 인간 뇌 피질 활동을 관찰하는 연구에 착수했지만, 2021년 이 프로젝트를 중단했다. 실험용 쥐를 대상으로 한 실험에서 전극 1,500개까지 꽂아 넣어 쥐의 뇌 활동을 판독할 수 있었다. 그 후 이 장치를 이식한 원숭이가 비디오 게임을 하는 실험도 했다.(그림 참조) 2023년 일론 머스크가 만든 기업 뉴럴링크Neuralink는 FDA의 승인을 받아 인체 실험을 시작, 1,024개 전극을 인간 머리에 이식하기도 했다.

뇌에 전극을 이식한 침팬지가 외부 자극에 의해 움직이는 모습이다

미 국방부 산하 국방고등연구계획국(DARPA)은 100만 개의 뉴런에 연결, 10만 개의 뉴런을 자극할 수 있는 BCI를 개발을 목표로 하는 프로젝트를 진행 중이다. 브라운 대학 연구팀도 모래알 크기의 '뉴로그레인'을 만들어 BCI를 실험하는 '피질 인트라넷' 프로젝트를 진행하고 있다. 뇌 스캐닝 기술은 계속 발전하겠지만, 근본적으로 물리적 한계에 부닥칠 것이다. 궁극적으로 뇌-컴퓨터 인터페이스 프로젝트는 비침습적이며, 혈류를 통해 뇌에 무해한 나노 크기의 전극을 삽입하는 기술에 도달하는 것을 목표로 한다.

치매나 뇌 손상 치료를 위해 절대 필요한 이 기술이 실용화되려면 아직 시간이 필요하다.

치매 및 뇌 손상 치료는 공간 및 시간 해상도에만 국한되지 않는다. 이러한 장애의 근본적인 복잡한 세포 수준 과정, 질병 메커니즘에 대한 불완전한 이해, 약물 전달 및 손상된 신경 조직 재생의 어려움 등의 요인으로 인해 치료가 어렵다. 더 나은 공간적 및 시간적 해상도를 동시에 이루기 위해 다양한 스캐닝 기술이 연구 중에 있다. 예를 들면 EEG-fMRI 통합이다. EEG는 신경세포 활동의 타이밍을 제공하며, fMRI는 높은 공간적 세부 사항을 제공한다. 이 두 가지의 결합을 통해 연구자들은 특정 뇌 영역에서 뇌 활동의 정확한 타이밍을 더 잘 이해할 수 있습니다.

치매 또는 뇌 손상 치료는 생물학적 복잡성을 기본으로 해야 한다. 알츠하이머병과 유사한 치매는 아직 부분적으로만 이해하고 있는 복잡한 생화학 경로(단백질 응집과 같은)는 아직 규명되지 않았다. 지금의 치료법으로는 아직 손실된 신경세포를 재생하거나 손상된 뇌 회로를 회복할 수 없다. 설혹 치료법이 존재하더라도, 건강한 조직을 보호하면서 병든 뇌 영역에 정확하게 약물을 전달하는 것도 여전히 어려운 과제이다.

그렇다면 현재 연구가 활발한 뇌 시뮬레이션에서 AI는 얼마나 많은 연산을 수행해야 할까.

앞서 설명한 것처럼 인간 뇌를 시뮬레이션하기 위한 총연산은 최소 초당 약 10^{14}(100조)의 연산이 필요하다. 그러나, 모든 뇌 활동을 활성화할 필요는 없다. 예를 들어, 뉴런의 세포핵 내부에서 일어나는 DNA 복구와 같은 자율적인 세포 내 활동은 불필요하다. 따라서 실용적인 BCI에는 수백만~ 수천만 개 뉴런의 동시 연결만 필요로 한다. 이러한 기술 수준에 도달하려면 엄청난 엔지니어링 및 신경과학적 문제를 해결하는 고난도 AI가 필요하다.

최근 연구에 따르면 인간의 뇌는 약 860억 개의 뉴런(뇌 신경)을 포함한다. 뇌의 전체 활동을 정확하게 시뮬레이션하려면 매초마다 약 100조의 계산이 필요할 것으로 추정한다.

그러나, 뉴런 내부의 모든 활동을 시뮬레이션할 필요는 없다. 뉴런 핵 내부의 DNA 복구 등은 뇌-컴퓨터 인터페이스(BCI)에 사용되는 뇌 활동에 직접적인 영향을 미치지 않는다. 이러한 내부 세포 과정의 시뮬레이션은 건너뛰어도 무방하다. 즉 효과적인 BCI는 모든 뉴런에 연결할 필요가 없다. 대신, 극히 일부 수백만 또는 수천만 개의 뉴런만을 동시에 연결하는 것으로 충분할 수 있다. 현재 기술로는 이 정도의 뇌 시뮬레이션도 어렵다. 고성능 AI가 필요하고, 복잡한 공학 및 신경과학 문제를 해결해야 하기 때문이다.

다시 말해 필수 뉴런 활동에만 집중하면 계산 요구 사항이 크게 줄어들기 때문에 실용적인 BCI를 더 빨리 구현할 수 있다. 현재 연구자들은 이 접근 방식을 적극 탐구하고 있다.

2030년대 어느 시점에서 나노봇nanobots이라는 초소형 장치가 출현해 이 목표를 달성할 것이다. 뇌 모세혈관에 주입된 초소형 전자장치 나노봇은 뇌 신피질(사고, 학습, 지각 능력)의 최상층부를 클라우

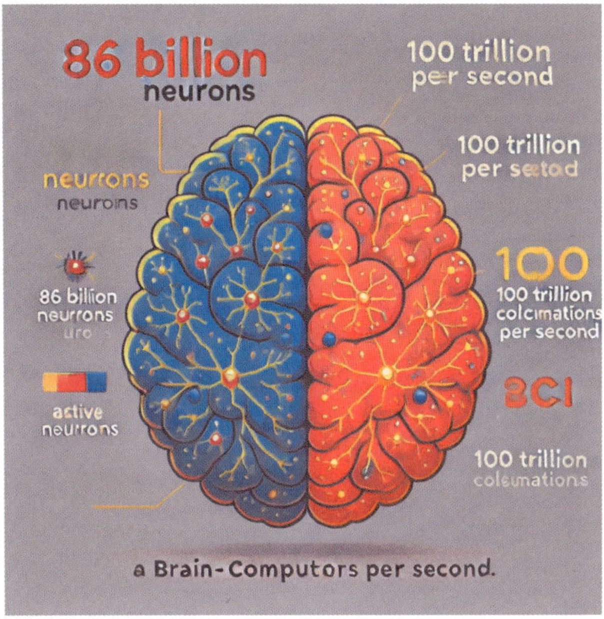

드에 연결하여 시뮬레이션 뉴런과 직접 소통하는 개념이다. 지금 기술로는 어려운 공상과학 소설 얘기이지만, 결국 뇌에 구멍을 뚫는 수술이 아니라 모세혈관을 통해 비침습적으로 나노봇을 뇌 속에 삽입하는 날이 올 것이다.

나노봇에 대해 좀 더 설명한다면 아래와 같다.

인간 뇌는 물리적 제약으로 인해 많은 정보를 저장하고 처리하는데 한계가 있다. 하지만, 나노봇을 통해 이러한 한계를 얼마든지 극복할 수 있다. 작동 원리는 이렇다.

나노봇이 뇌 속에 자리를 잡으면 뉴런은 클라우드(무한대 가상공간 저장 장치)에 저장된 가상 신피질(디지털 신피질)에 연결된다. 이는 실제 뇌와 함께 작동하는 또 하나의 '뇌'로 사용할 수 있다. 흥미로운 점은 첫 번째 레이어 위에 '똑똑한' 레이어를 하나 더 추가, 새로운 층이 추가될 때마다 뇌는 더 복잡한 정보를 처리하고 더 정교한 능력을 발휘할 수 있다. 즉, 더 빠르고 더 깊은 개념을 이해하며, 심지어 우리가 상상할 수 없는 완전히 새로운 유형의 경험을 할 것이다.

추가할 수 있는 레이어 수에는 제한이 없으므로 두뇌의 능력은 무한대로 확장될 수 있다. 컴퓨팅 성능이 더욱 향상됨에 따라 이러한 추가 두뇌 층은 더욱 빠르고 효율적으로 작동하여 인간 지능을 계속 확장시킬 수 있다. 수억 광년에 이를 우주 탐사를 비롯, 현재 인간 능력을 넘어서는 방식으로 새로운 세상을 열어 갈 가능성을 시사한다.

나노봇 : 인간 뇌와 클라우드를 연결하는 초소형 기계

가상 신피질 : 가상 뉴런 층을 추가하여 더 크고 강력하게 성장할 수 있는 우리 뇌의 디지털 확장(일종의 디지털 플랫폼)

인간 지능의 경계 : 생물학으로 정의되는 것이 아니라 사람이 창조하는 기술에 의해 정의되는 미래

나노봇의 등장

나노봇은 수 나노(1nm= 10억분의 1m) ~ 수 마이크로미터에 이르는 초소형 크기로, 혈류를 타고 뇌 모세혈관을 손상없이 통과할 수 있다.

금이나 백금 또는 인체에 투입하기에 무리 없는 생체 적합성 물질로서, 신체 전자기장이나 화학적 기울기 등을 통해 전원을 공급받도록 만들어져 일반 약물처럼 주사나 주입을 통해 체내에 유입된다. 혈류를 타고 들어간 나노봇은 몸 속 순환계를 통해 뇌에 도달, 뇌 장벽(BBB, 수분 등 특정 물질만 통과하고 나머지는 차단)을 통과하도록 제작될 것이다. 이어 뇌 특정 영역, 특히 신피질의 모세혈관에 도달하도록

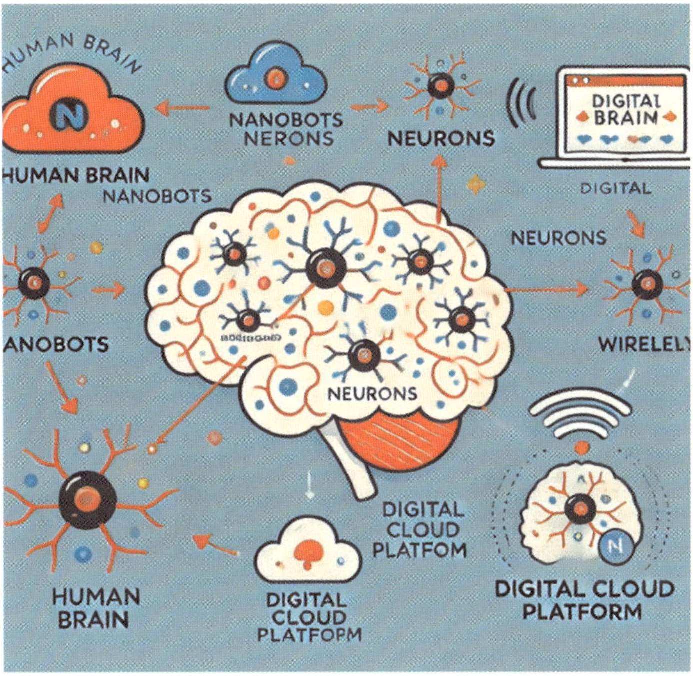
HUMAN BRAIN
NANOBOTS
NERONS
NEURONS
DIGITAL
BRAIN
HUMAN BRAIN
NANOBOTS
DIGITAL
NEURONS
ANOBOTS
WIRELELY
NEURONS
DIGITAL
CLOUD
PLATFOM
HUMAN
BRAIN
DIGITAL
CLOUD
PLATFOPM
DIGITAL CLOUD
PLATFORM

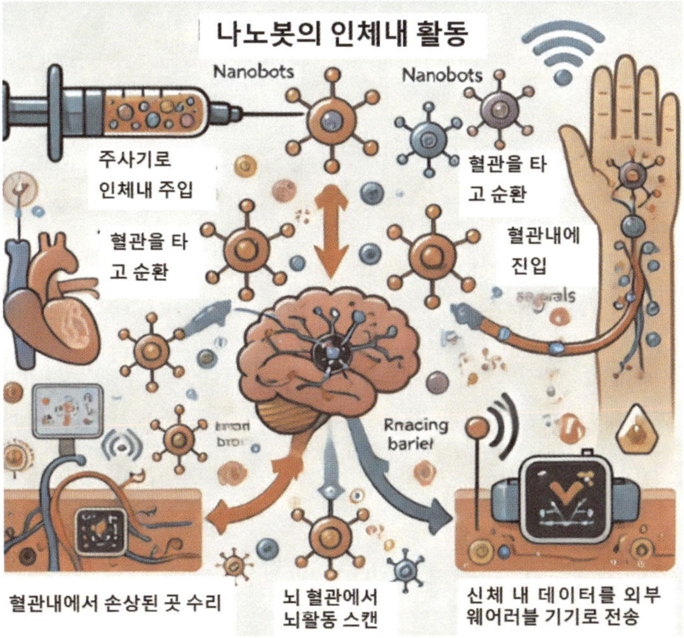
나노봇의 인체내 활동
Nanobots
Nanobots
주사기로
인체내 주입
혈관을 타
고 순환
혈관을 타
고 순환
혈관내에
진입
Rnacing
bariet
혈관내에서 손상된 곳 수리
뇌 혈관에서
뇌활동 스캔
신체 내 데이터를 외부
웨어러블 기기로 전송

프로그래밍되거나 유도(외부 자기장 또는 음향 신호 등)되어 뇌 혈류를 방해하지 않고 안전하게 자리잡도록 한다. 나노봇은 주변 뉴런과 직접 상호 교감하는 센서를 통해 뉴런의 전기 신호(활동 전위)를 감지하거나 뇌 활동에 영향을 주는 자극을 전달한다. 각 나노봇에는 무선 데이터 전송이 가능한 마이크로 전자장치가 장착되어, 무선 주파수(RF)를 통해 외부의 인근 기지국과 통신한다.

이를 테면 나노봇은 두피에 착용하는 웨어러블 기기나 피부 바로 밑의 작은 임플란트 등 외부 장치로 데이터를 전송하면, 데이터가 클라우드로 전달될 것이다. 생물학적 뇌와 디지털 플랫폼 간의 실시간 양방향 통신이 가능해진다.

디지털 신피질은 복잡한 계산을 수행하고 방대한 양의 정보를 저장, 사람의 인지 능력을 무한대로 향상시킬 수 있다. 이 개념은 현재 이론에 머물고 있지만, 초미세 반도체 개발을 비롯한 나노기술, 신경과학, AI의 진보로 점차 현실화 될 것이다.

문화의 풍요로움을 경험한다

우리는 200만 년 전 더 많은 신피질을 얻었을 때 현생 인류가 탄생한 사실을 기억할 것이다. 나아가 클라우드 기술을 토대로 부가적인 신피질을 더하게 되면 인지 추상화의 비약적인 발전을 보게 될 것이다. 그 결과 오늘날 가능한 예술과 기술보다 훨씬 더 풍부한, 현재 우리가 상상할 수 있는 것보다 더 심오한 표현 수단이 발명될 것이다.

인간의 전전두엽 피질은 이런 종류의 대 비약이 가능하다. 클라우드에 연결된 신피질을 가진 사람들을 위해 만들어진 예술은 단순히 더 나은 CGI 효과나 미각과 후각과 같은 감각을 끌어들이는 차원이 아니다. 뇌가 경험을 처리하는 방식을 근본적으로 바꾸는 새로운 가능성에 관한 것이다.

예를 들어, 배우들은 말과 신체적 표현으로 관객에게 의미를 전달한다. 하지만 언젠가는 말과 몸으로는 표현할 수 없는 수많은 아름다움과 복잡성을 지닌 캐릭터의 생생하고 무질서한 비언어적 창의력을 표현하는 예술이 등장할 것이다. 이것이 바로 뇌-컴퓨터 인터페이스 BCI가 우리에게 선사할 문화적 풍요로움이다.

우리의 정신을 진화시켜 더 깊은 통찰력을 얻고, 그 힘을 이용해 새로운 아이디어를 만들어내는 공동 창조의 과정이 될 것이다. 마침내 인류는 스스로 재설계할 수 있는 AI를 사용하여 더 나은 미래를 향한 인류의 목적에 접근할 것이다.

현재 우리의 지각 활동은 두개골의 폐쇄성에서 벗어나 생물학적

조직보다 수백만 배 빠른 기판에서 처리될 것이다. 이는 인간 지능을 기하급수적으로 성장시킬 것이며, 마빈 민스키나 레이 커즈와일이 지향하는 싱귤래리티, 즉 특이점의 기본 개념이다. 특이점의 일상화 시대가 오면 우리가 그토록 바라던 우주 여행, 특히 은하계를 벗어나 수십억 광년 너머 우주를 여행하는 시대가 올 것이다.

싱귤래리티 기본 개념

가슴 벅차게 기대되는 인공지능 시대 문턱에서 새로운 인류 문명을 열어 갈 싱귤래리티의 기본 개념을 다시 한번 정리해 본다. 흔히 호사가들이 말하듯, 인간을 초월하고 두려운 AI의 등장이 아니다. 먼저 저명한 AI 미래 학자 레이 커즈와일의 견해를 그대로 소개한다.

특이점이란, 인간 지능과 AI의 지능이 합쳐져 인간 능력이 예측할 수 없을 정도로 비약적으로 발전하는 개념이다. 나아가 AI로 인해 인간의 삶과 지능에 관한 기존 모든 것을 변화시키는 미래의 어느 시점을 의미한다. 이 시점이 되면 우리는 AI를 이용해 두뇌와 신체 능력을 획기적으로 향상시킬 것이다. 인간의 사고가 더 이상 생물학적 두뇌에 의해 제한받지 않고 기술의 힘을 빌려 초지능으로 이어질 가능성이다.

어떻게 이런 상황이 가능할지 미래를 탐색해본다.

첫째, 사람은 클라우드를 통해 더 많은 신피질을 갖게 된다. 앞에서 설명했지만, 200만 년 전 인간은 신피질을 갖게 되면서 지능이 비약적으로 발전했다. 조만간 나노기술과 뇌-컴퓨터 인터페이스BCI 기술을 통해 우리의 뇌를 클라우드에 연결하는 시대에 진입할 것이다.

둘째, 사고의 비약적 도약이다. 우리는 사고의 진화를 위해 AI와

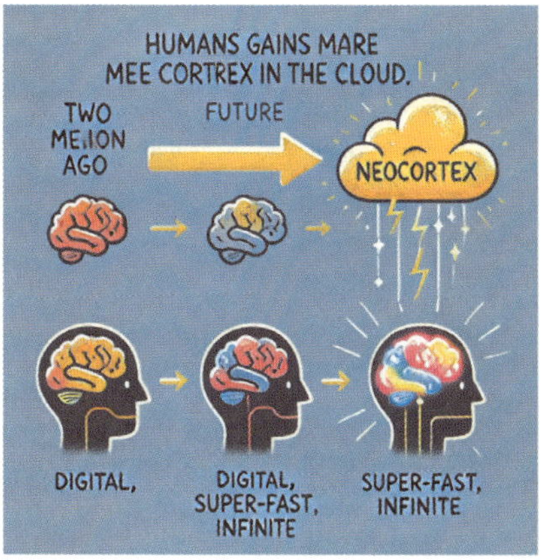

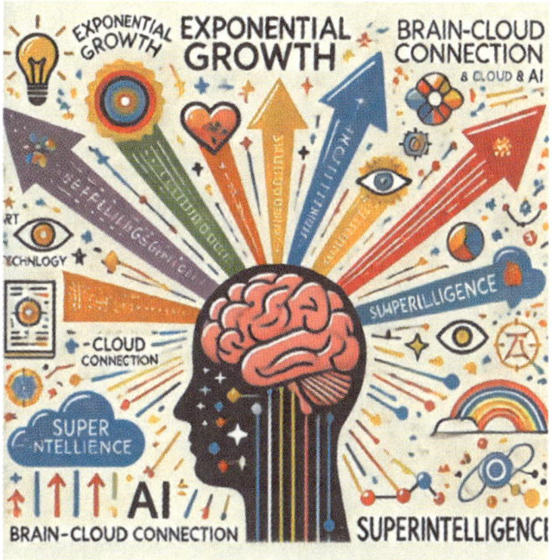

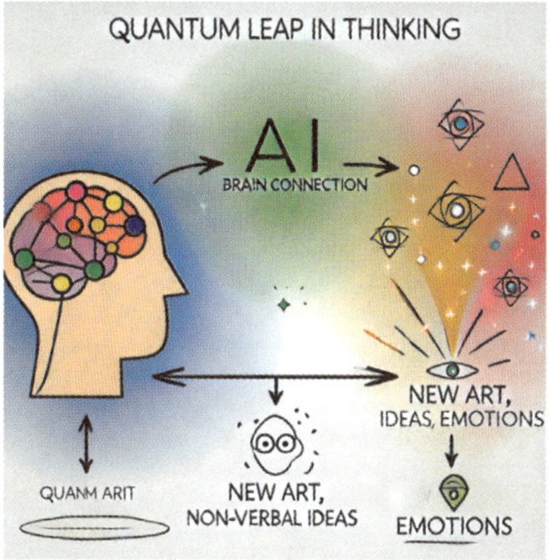

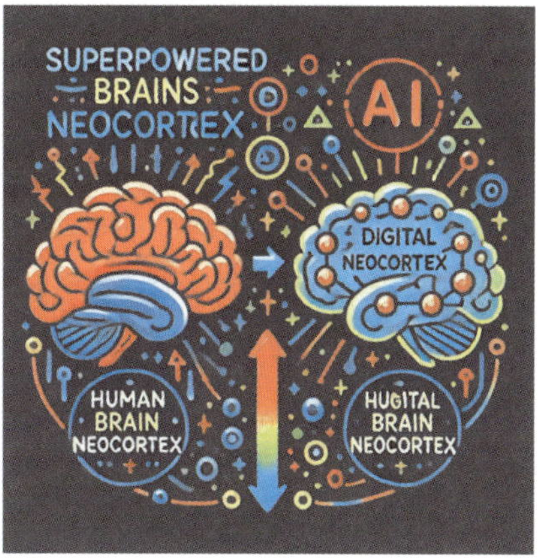

협력할 것이다.

우리의 두뇌를 AI 시스템에 연결하면, 지금은 상상조차 할 수 없는 새로운 예술, 아이디어, 지식을 창조할 가능성이 생긴다. 미래의 예술과 문화는 단순히 더 나은 특수 효과나 미각과 후각 같은 감각에 의존하지 않는다. 오늘날의 기술로는 구현할 수 없는 방식으로 사람의 생생한 감정, 복잡한 아이디어, 심지어 비언어적이고 추상적인 생각까지도 공유할 수 있다.

셋째, 인간 지능의 기하급수적 성장을 가져올 것이다. AI 힘을 빌려 우리의 두뇌를 클라우드와 연결하면, 우리는 사고 과정을 수백만 배까지 스피드업할 수 있다. 이는 곧 초지능화를 의미한다. 그러면 예술부터 기술, 세상을 이해하는 새로운 방식에 이르기까지 현재 우리가 이해할 수 없는 것들을 창조할 수 있다.

넷째, 이 시기가 되면 인류는 스스로 재창조할 수 있는 시점에 도달할 것이다. 우리는 생물학적 두뇌와 신체의 한계를 뛰어넘어 수백만 배 빠른 '디지털 플랫폼'에서 정보를 처리할 것이다. 초강력 두뇌의 탄생을 의미한다. 우리의 생물학적 두뇌는 AI를 통해 방대한 지식 저장소, 즉 '디지털 신피질'을 갖게 된다.

인간의 두뇌 능력과 AI의 기하급수적인 성장, 그리고 인간과 AI가 합쳐져 시너지를 보여주는 그림이다.

특이점에 대한 주요 개념을 정리해본다면 이런 것이다.

1. 사람은 무한한 두뇌력으로 엄청난 창조 능력을 갖게 된다.
2. AI는 인간의 도움 없이 스스로 개선할 수 있는 지점에 도달하여 기하급수적인 속도로 지능화 할 것이다. 특이점이란 인간과 AI가 합쳐지는 순간이며, 우리는 생물학적 인간의 한계를 뛰어넘는 도약의 때를 이르는 말이다. 본질적으로 싱귤래리티는 인간의 지능이 더 이상 생물학에 얽매이지 않는 미래에 도달하는 시점이며, 완전히 새로운 지식, 예술, 존재의 영역에 들어설 것이다.

특이점에 관한 레이 커즈와일의 견해는 지금의 AI 개발 방향과 일치한다. 따라서 인류 미래상과 관련하여 다음과 같은 점을 유의해야 할 것이다.

첫째, 클라우드와 나노 기술을 토대로 하는 인간 신피질의 확장은 신경과학 및 AI 연구의 현재 추세를 정확히 반영한다. 인간과 AI의 융합을 통해 창의성을 극적으로 확장한다는 비전은 현실적이다. 이미 오늘날 GPT 모델, 이미지 생성기, 음악 작곡 도구와 같은 AI 시스템은 인간의 창의성에 상당한 도약을 보여주고 있다.

둘째, 지능과 초지능의 기하급수적 성장이다. 우리의 생물학적 두뇌를 디지털 기술과 통합함으로써 인지 및 처리 속도를 높일 수 있는 가능성은 지금의 기하급수적 성장 패턴(무어의 법칙, 데이터 및 컴퓨팅 파워의 기하급수적 성장)과 맞닿아 있다.

셋째, 디지털 레크리에이션과 인류의 재정의다. 인류가 디지털 방식으로 스스로를 재설계하는 단계에 도달할 수 있다는 예측은 포스트-생물학적 진화에 대한 심오한 성찰이다. 커즈와일, 한스 모라벡, 닉 보스트롬 등 저명한 미래학자들의 견해는 유사하다.

넷째, 양자 컴퓨팅 통합 문제이다. 양자 컴퓨팅은 특이점을 급격하게 가속화하여 이전에는 불가능했던 복잡한 생물학적, 인지적 과정의 시뮬레이션을 가능하게 한다. AI 기반 생명 공학과 나노 기술은 인간 수명 연장, 세포 복구, 노화 과정의 역전을 가능하게 할 수 있다. Neuralink, Synchron, Kernel 등 기업들은 BCI를 적극 개발하고 있다. 아직 초기 단계에 있지만, 이들의 발전은 특이점을 향한 구체적인 첫걸음을 보여준다. 대규모 AI 모델(GPT-4)은 이미 인간의 지식 처리, 협업, 창의성을 향상시키고 있다.

다섯째, 윤리적, 사회적 함의를 짚어보아야 한다. 특이점 기술(뇌 강화, AI 증강)은 처음에는 사회적 불평등을 확대하여, 먼저 접근하는 사람들에게만 혜택을 줄 수 있다. 따라서 적극적인 글로벌 거버넌스, 포용적인 정책, 민주화된 접근이 필수적이다.

여섯째, 정체성과 인간성에 대한 고찰이 필요하다. 인지와 의식이 디지털이거나 혼성적일 수 있는 상황에서 인간이란 무엇을 의미하는지 근본적인 질문이 제기된다. 즉 인간 지능을 능가하는 AI 시스템이 인간의 이익과 목표가 다를 경우 위험을 초래할 수 있다. 강력한 AI의 오용 또는 의도하지 않은 결과가 인류의 존재를 위협할 수도 있다. 예를 들어, 동물, 생태계, 심지어는 외계 지능과 직접 소통하는 것이 가능해질지도 모른다.

특이점은 엄청난 잠재력과 책임감을 동시에 의미한다. 특이점의 본질은 생물학적 한계를 뛰어넘는 기술의 발전이면서 동시에, 인간의 가치, 윤리, 연민, 지혜를 보존하고 향상시키는 방향으로 가야만 한다. 이것이 궁극적인 성공을 결정할 것이다. 따라서 반드시 AI의 발전에는 투명한 국제 협력, 책임 있는 거버넌스, 엄격한 감독이 수반되어야 한다는 말이다.

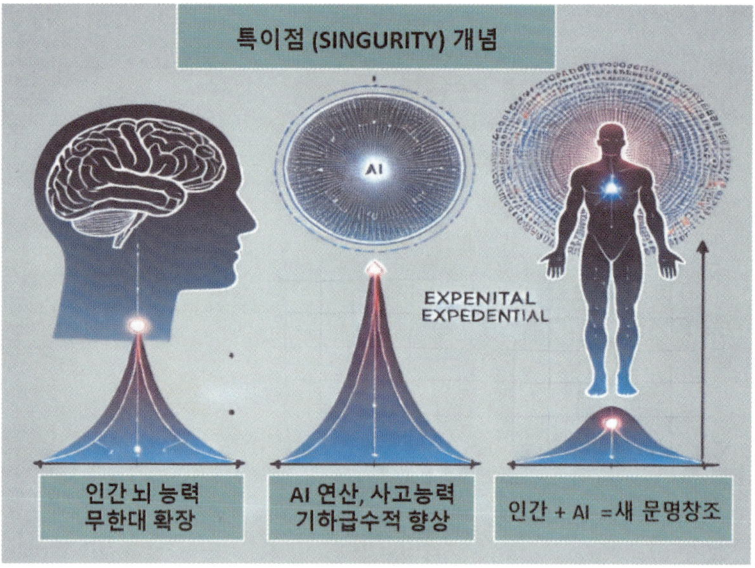

특이점(싱귤래리티) 도달과 인간 사회

앞에서도 설명했지만, 레이 커즈와일이 묘사한 특이점이란 기술, 특히 AI 기술을 통해 인류 문명을 근본적으로 변화시키는 미래의 어느 시점을 가리킨다. 커즈와일은 이 시점이 2045년 무렵으로 예측한다. 이 시점에서 인간과 기계가 시너지를 일으키며 인간의 능력을 향상시키는 방식으로 융합될 것이다. 커즈와일의 핵심 주장은 이렇다. 싱귤래리티가 전례 없이 인간 생활 다방면에서 기술적 진보를 가져올 것이며, 이로 인해 불평등이 감소하며, 보다 다양하고 공평한 사회로 나아갈 것이다. 다만, 신중하게 실행해야 한다는 단서를 달고 있다.

먼저 개인의 기술적 역량 강화를 들 수 있다. 곧 AI와 정보에 대한 보편적 접근이다. 커즈와일은 AI가 개인 능력 향상을 위한 강력한 도구로 작용할 것이다. 모든 사람에게 방대한 양의 지식, 개인화된 교육, 그리고 진보된 의사결정 능력을 제공할 것이다.

둘째, 인간의 능력 향상이다. 뇌-컴퓨터 인터페이스BCI와 웨어러블 AI를 통해 인간은 지능, 기억력, 문제 해결 능력을 향상시킬 것이다. 이로 인해 교육적, 경제적인 격차를 줄여주고 경쟁의 마당이 평준화될 것이다.

셋째, 권력의 민주화이다. 첨단 AI 기술과 정보에 대한 보편적 접근을 통해 특정 계층으로의 정치 권력 집중을 감소시킬 것이다. AI 기반 투명성 도구를 통해 시민들은 정부를 감시하고 책임을 물을 수 있다. 특히 분권화는 주목할만 하다. AI와 결합된 블록체인 기술은 거버넌스를 분권화하여 개인이 의사 결정에 직접 참여할 수 있는 참여 민주주의를 가능하게 한다.

넷째, 갈등 해결이다. AI 시스템은 분쟁을 중재하고 공정성을 위해 최적화된 정책을 설계함으로써 인간 정치에 내재된 편견을 제거할 수 있다. AI를 기반으로 한 개선된 커뮤니케이션 도구는 문화적, 이념적 차이를 해소하여 사회나 국가 간에 더 큰 이해를 촉진할 수 있다.

다섯째, 권위주의 위험성이다. AI 기술이 권위주의 정권에 의해 무기로 사용될 위험성이 있다. 이를 방지하기 위해 AI를 윤리적이고 책임있게 사용하는 글로벌 거버넌스 프레임워크를 구축할 필요가 있다.

특히 AI는 경제의 전 분야에서 결정적인 영향을 미칠 것이다. 나노기술, 3D 프린팅, AI와 같은 기술이 상품과 서비스 생산 비용을 대폭 줄일 것이다. 예를 들어, 수직 농업과 분자 공학을 통해 식품을 저렴하게 생산할 수 있다. AI 기반 자동화와 첨단 소재를 사용하여 주택을 신속하게 건설할 수 있다. 보편적 기본 소득(UBI)도 가능하다. 기계가 대부분의 노동 집약적 작업을 수행하게 됨에 따라, 사회가 보편적 기본 소득 시스템으로 전환하도록 구상할 수 있다.

교육과 지식에 미치는 영향은 실로 막대하다 할 것이다. AI에 기반한 개인화된 학습 시스템은 지리적 또는 사회경제적 지위에 관계없이 모든 사람이 양질의 교육을 받는 토대를 제공할 것이다. 사람들은 AI로 강화된 신경 인터페이스를 통해 새로운 기술을 습득할 것이다.

반면, 윤리적, 사회적 위험도 수반할 수반할 것이다. 권위주의 정부나 비윤리적 대기업이 AI를 통제할 위험이 있으며, 이는 불평등을 줄이는 것이 아니라 악화시킬 수 있다. 급격한 변화는 기술 발전에 뒤쳐지는 사람들에게 소외감이나 정체성 상실을 불러일으킬 것이다.

기술 발전이 부유층에 의해 독점된다면, 격차는 줄어들지 않고 오히려 더 벌어질 것이다. 이러한 발전은 인간과 기계의 경계를 모호하게 만들어 인간의 인지 능력 향상, 수명 연장, 사회 구조의 재정의로 이어질 것이다.

인간의 정체성

사람은 어떻게 태어났을까. 인공지능 이야기 하다 말고 무슨 생경한 말이냐 하겠지만, AI 개발과 연결된 주제이기에 설명이 필요하다. 부모가 만나 아기를 만들지만, 정확한 정자와 정확한 난자를 만나야만 우리가 탄생할 수 있다.

애초 어머니와 아버지가 만나 아기를 갖기로 결정했을 확률을 추정하기는 어렵지만, 정자와 난자만 놓고 보면 우리가 태어날 확률은 200만조 분의 1이다. 아주 대략적인 추정치다. 보통 건강한 남성은 일생 동안 2조 개의 정자를 생산하고, 역시 건강한 여성은 가임기에 약 100만 개의 난자를 보유하기 때문이다. 나이듦과 더불어 갖가지 요인이 영향을 미칠 수 있지만, 대략 각 정자와 난자는 사실상 고유한 품성을 갖고 있다.

인간이 태어나기 이전 우주의 생명체는 어떻게 형성되었을까. 우리가 알고 있는 생명체가 탄생하기 위해서는 모든 조건이 '딱 맞아야' 한다. 그 중 하나라도 조금이라도 조건이 달랐다면 생명체는 존재할 수 없었을 것이다. 이를 테면 세포의 중심인 원자의 핵을 하나로 묶

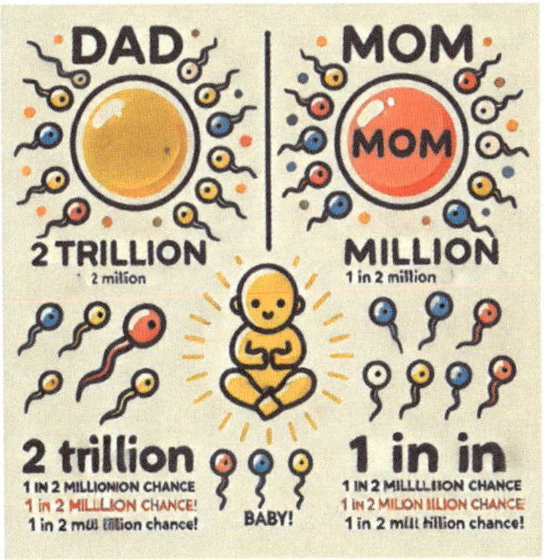

어주는 힘이 있다. 이 힘이 조금이라도 더 강하거나 약했다면, 생명에 필수적인 탄소, 산소 같은 원소는 만들어질 수 없다. 강력한 '핵력'이 그것이다. 이 힘이 조금만 달랐다면 수소는 너무 빨리 헬륨으로 변했을 것이고, 태양과 같은 별이 생명을 지탱할 수 있을 만큼 오래 타오르지 못할 것이다.

원자핵을 구성하는 입자인 양성자와 중성자는 쿼크로 이루어져 있다. 이 쿼크의 질량 차이가 조금만 달랐다면 양성자와 중성자는 불안정해져 생명체는 물론 원자가 형성될 수 없었을 것이다. 즉 전자와 양성자의 질량 차이가 딱 맞아야 한다.[18]

이러한 질문이 필요한 이유는 사람이 존재하기 위해 꼭 필요한 방식이기 때문이다.

흔히 일상에서 케이크를 굽는다. 맛있는 케이크를 구우려면 밀가루, 설탕, 달걀, 버터의 양을 정확히 맞추고, 정확한 온도에서 섞고, 정확한 시간 동안 구워야 하는 등 가장 맛있는 레시피를 신중하게 따라야 한다. 밀가루가 너무 많거나 열이 충분하지 않은 등 약간의 변

18 원자는 모든 존재물의 기초 단위다. 원자핵, 양성자, 중성자로 구성되어 있다. 양성자와 중성자는 가장 작은 조각이 아니며, 쿼크라는 더 작은 조각들로 구성되어 있다. 양성자는 두 개의 '위쪽' 쿼크와 하나의 '아래쪽' 쿼크로 구성된다. 중성자는 두 개의 '아래쪽' 쿼크와 하나의 '위쪽' 쿼크로 구성된다. 쿼크를 아이스크림의 맛에 비유된다. 맛의 조합(위쪽과 아래쪽)에 따라 양성자 또는 중성자 여부가 결정된다. 쿼크는 아주 작은 질량을 가지고 있으며, 정확한 질량은 서로 조금씩 다르다. 쿼크의 질량에 대한 레시피가 조금이라도 바뀌면, 양성자와 중성자가 서로 제대로 붙지 않거나 떨어져 나가, 원자핵이 파괴된다.(원자폭탄의 원리) 안정된 양성자와 중성자가 없으면 원자가 형성될 수 없고, 이는 곧 분자도, 물도, 별도, 생명체도 없다는 것을 의미한다. 다시 말해 쿼크의 질량이 조금이라도 다르면 원자핵의 탑이 무너져 원자가 형성될 수 없다. 따라서 안정을 유지하기 위해 적절한 질량과 균형을 가져야 한다. 이 균형은 자연의 완벽한 생명 레시피와도 같다. 쿼크는 이 레시피에서 가장 작은 재료이며 정확한 질량 차이가 모든 것을 하나로 묶어주는 역할을 한다.

화만 있어도 케이크가 부풀어 오르지 않거나 맛이 변할 수 있다.

이를 테면 맛있는 전통 케이크를 만들기 위해 기본 재료 200g의 밀가루가 필요하다. 199.999그램도 아니고 200.001그램도 아닌 정확히 200그램이 필요하다. 너무 많이 넣거나 너무 적게 넣으면 케이크가 무너진다. 오븐은 정확히 섭씨 175도까지 예열해야 한다. 174도가 되면 케이크가 부풀어 올라가지 않고, 176도가 되면 타버린다. 베이킹 시간도 정확히 37분 15초 동안 구워야 한다. 몇 초만 더 길어지거나 짧아져도 케이크가 망가진다. 재료 혼합도 지정된 순서대로 정확하게 섞어야 하며, 밀가루, 설탕, 달걀 순으로 섞어야 한다. 다른 순서로 섞으면 끈적끈적한 엉망진창이 된다. 즉 레시피의 아주 작은 부분이라도 어긋나면 케이크는 아예 존재하지 않을 것이다.

생명을 창조하는 레시피는 케이크를 굽는 것과는 비교할 수 없을 정도로 복잡하고 섬세할 것이다. 단순히 재료를 추가하는 것이 아니라 중력이나 강력한 핵력과 같은 물리적 힘이 필요하다. 쿼크의 질량 차이가 조금만 떨어져도 양성자와 중성자가 서로 붙지 않아 생명체를 구성하는 원자가 존재하지 못한다. 우주의 밀도에 파동이 없었다면 은하와 별은 형성되지 않았을 것이고, 우주는 어둡고 텅 빈 공허한 공간으로 남았을 것이다.

우주가 생명체를 허용하기 위해 얼마나 놀랍도록 미세하게 조정되어 있는지 알 수 있다.[19] 원자 간 상호작용을 지배하는 힘부터 빅뱅

---

19 '미세 조정' 개념은 우주가 생명을 지탱하기 위해서는 핵력의 세기, 쿼크와 같은 입자의 질량, 중력등 여러 물리적 매개변수가 모두 매우 좁은 범위 내에 있어야 한다고 강조한다. 이러한 미세 조정은 우연히 일어났을 가능성이 매우 희박하다. 무신론적 입장이지만, 일련의 자연 화학 반응을 통해 무생물에서 생명이 생겨났다는 생각. 이 과정이 일어나기 위해서는 매우 특정한 조건이 필요했다. 이어 원초적 힘이 필요한데, 중력과 함께 핵력은 완벽하게 균형을 이루어야 한다. 이 힘들이 조금이라도 균형을 이루지 못하면 별과 행성, 궁극적으로 생명체는 존재할

직후의 조건까지, 생명체가 출현하기 위해서는 모든 것이 정확히 맞아야 했다. 이러한 불가능성으로 인해 생명체의 존재는 기적에 가까운 것처럼 보였다. 우리가 살고 있는 우주는 생명체가 살 수 있도록 매우 잘 조정되어 있으며, 우주를 지배하는 조건에서 아주 작은 편차만 있어도 생명체가 존재할 수 없다는 말이다.

만약 아래쪽 쿼크와 위쪽 쿼크 사이의 질량 차이가 조금 더 작거나 더 컸다면, 양성자와 중성자가 불안정해져 물질이 형성되지 못했을 것이다. 물리학자 크레이그 J. 호건은 "어느 방향에서든 쿼크 질량 차이가 몇 퍼센트만 변해도 생명체가 생성되지 않았을 것"이라고 했다.

만일 쿼크 질량 차이가 더 컸다면, 우리는 수소 원자만 존재하는 '양성자 세계'를 갖게 되었을 것이고, 그 차이가 더 작았다면, 우리는 중성자 세계(중성자는 있지만 주변에 전자가 없어 화학이 불가능한 우주)를 가졌을 것이다.

중력이 조금 더 약했다면, 생명체를 형성하는 무거운 원소의 근원인 초신성도 없었을 것이다. 반대로 중력이 조금 더 강했다면 별의

수 없다. 따라서 쿼크와 같은 기본 입자의 질량은 미세하게 조정되어야 한다. 케이크 레시피의 비유는 우주의 미세 조정을 나타낸다. 생명체가 존재하려면 원자를 하나로 묶는 힘의 세기부터 빅뱅 이후 물질과 에너지의 균형까지 모든 것이 딱 맞아야 한다. 미세 조정이 중요한 이유는 다른 생명체의 존재 가능성이 매우 희박하다는 것을 암시한다. 일부 과학자들은 서로 다른 물리 법칙을 가진 무수히 많은 우주가 존재한다는 '다중 우주 이론'을 제안한다. 우리는 단지 모든 것이 생명에 딱 맞는 우주에 살고 있을 뿐이라고 주장한다. 우주의 생명 유지 능력은 물리 법칙과 상수의 섬세한 균형에 달려 있다. 이것들이 조금만 변해도 생명체가 존재할 수 없다. 미세 조정은 일종의 미스터리다. 우주가 왜 생명체에 완벽하게 적합한지, 그리고 이것이 단지 운이 좋은 우연인지 아니면 더 깊은 이유가 있는지에 대한 근본적 의문을 제기한다.

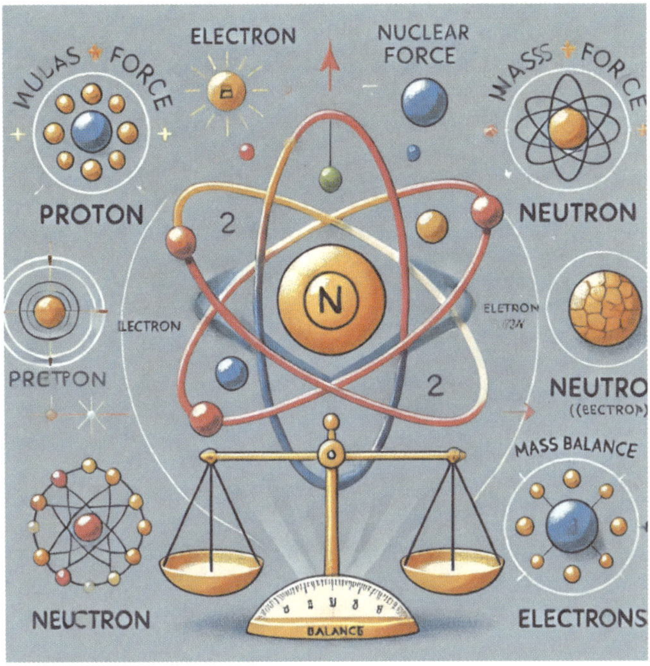
ELECTRON
NUCLEAR FORCE
MASS + FORCE
PROTON
NEUTRON
2
N
LECTRON
PRETPON
NEUTRO
2
MASS BALANCE
NEUCTRON
BALANCE
ELECTRONS

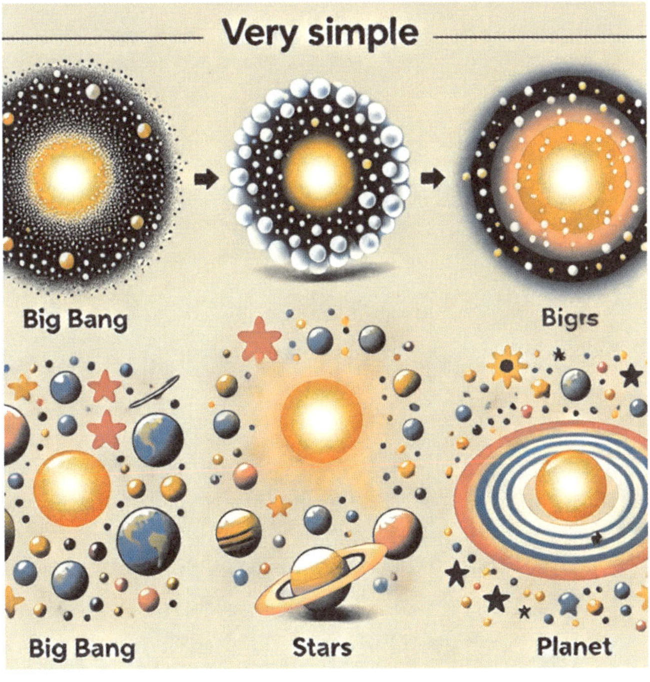
Very simple
Big Bang
Bigrs
Big Bang
Stars
Planet

수명이 훨씬 짧아져 복잡한 생명체를 지탱할 수 없었을 것이다. 빅뱅 후 1초 이내에 밀도 매개변수가 1조분의 1 이상 차이가 나지 않아 생명체가 형성될 수 있었다. 조금 더 컸다면 빅뱅으로 흩어진 물질이 중력에 의해 다시 뭉쳐져서 별이 형성될 수 없었을 것이다. 조금 더 작았다면 팽창이 너무 빨라 물질이 뭉쳐 별이 되기 어려웠을 것이다.

생명체가 실제로 발달하려면 이러한 모든 요소가 생명에 우호적이어야 한다. 이 중 하나라도 빠지면 생명은 존재할 수 없다. 천문학자 휴 로스에 따르면, 이 모든 미세 조정이 우연히 일어날 가능성은 "토네이도가 폐차장을 강타하여 보잉 747 항공기가 완전히 조립될 가능성과 같다"고 한다. 다시 말해 생명의 존재는 우연적이고 돌발적인 사태가 아니라는 말이다. 여기에서 엔트로피 개념[20]을 도입할 수 있다.

양성자protons와 중성자neutrons, 전자electrons가 핵력nuclear force balance에 의해 안정적으로 돌고 있기에 물질이 존재한다.

인간 정체성의 보존 방법

우리 모두는 말하는 방식, 관심사, 사고방식 등 자신만의 고유한 개성을 가지고 있다. 현재 우리는 휴대폰, 컴퓨터, 인터넷을 사용할

---

20 우주에서 엔트로피는 에너지와 물질이 어떻게 퍼져 있는지를 이야기하는 방식이다. 엔트로피가 높다는 것은 에너지와 물질이 어지럽게 널려 혼란스럽다는 말이고, 엔트로피가 낮다는 것은 질서정연하다는 의미이다. 만약 우주가 매우 무질서하고 혼돈스러운 상태(높은 엔트로피)에서 시작되었다면 별도, 행성도, 생명체도 없는 '혼돈의 수프(죽탕)'에 불과했을 것이다. 빅뱅 이후 우주는 매우 뜨겁고 밀도가 높았다. 혼란스러웠을 것이라고 예상할 수 있지만, 오히려 우주는 놀라울 정도로 매우 체계적이고 질서 정연했다.

때 '디지털 발자국', 즉 나의 기록을 남긴다. 이는 소셜 미디어 게시물, 이메일, 심지어 온라인에서 물건을 검색하는 방식일 수도 있다. 미래에는 이 디지털 발자국을 이용해 매우 사실적인 디지털 버전을 만들 수 있다. 인터넷에 남긴 모든 정보를 사용하여 실제 사람처럼 말하고, 글을 쓰고, 질문에 답할 수 있는 디지털 '나'를 상상해 보자. 차츰 AI가 나를 모방하는 방법에서 매우 능숙해지고 있다. 이를 위해 사용되는 두 가지 주요 기술이 있다.

첫 번째로 트랜스포머는 똑똑한 언어 탐정에 비유된다. 책, 기사, 심지어 문자 메시지 등 사람이 쓴 수 많은 텍스트를 읽고, 단어를 조합하고 이해하는 법을 배운다.

트랜스포머의 좋은 예로는 OpenAI에서 만든 모델인 챗GPT가 있다. ChatGPT는 트랜스포머 기술을 기반 인간 언어 구조의 패턴을 읽고, 사용자의 질문에 답변하고, 스토리를 작성한다. 수많은 책, 웹사이트, 기사 등 방대한 양의 데이터로 학습했기에 가능하다. 응답을 생성할 때 문장에서 가장 중요한 부분에 집중한다. 디지털 발자국을 통해 사용자의 글쓰기 패턴과 스타일을 연구하여 디지털 '나'를 만들 수 있다.

두 번째로 GAN(생성적 적대 신경망)이다. GAN은 두 명의 아티스트가 경쟁하는 것과 같다. 아티스트1은 사람의 얼굴을 그리는 것처럼 사실적인 그림을 만들려고 한다.

아티스트2는 이 그림이 진짜인지 가짜인지 알아내려고 한다. 아티스트1은 아티스트 2가 가짜인지 진짜인지 진위 구별이 어려울 때까지 계속 그림을 고친다. 이런 경쟁을 통해 두 아티스트는 점점 더 실력이 향상된다. 결국 아티스트1(인공지능)은 실제 사람처럼 보이고 들리는 놀랍도록 사실적인 이미지, 사운드, 심지어 동영상을 만드는 법을 배운다. 이러한 기능을 사용하면 세상을 떠난 사랑하는 사람의 디

지털 버전을 만들 수 있다. 생전에 대화하던 방식에 따라 그 사람을 떠올리게 하는 방식으로 대화하고 상호작용할 수 있다.

AI는 앞으로 온라인에서 공유하는 정보를 통해 학습함으로써 우리가 말하고, 쓰고, 심지어 외모까지 모방하는 데 매우 능숙해질 것이다.

아티스트1 AI(왼쪽)는 그림을 사실적으로 보이도록 노력하고, 아티스트2(판별자, 사람, discriminator)는 그림이 진짜인지 가짜인지 확인한다. GAN의 작동 방식을 설명하는 그림이다.

모라벡의 역설과 인공지능

'모라벡의 역설'이란 AI에 대한 흥미로운 사실을 강조하는 용어다. 수학 문제 풀기나 텍스트 암기처럼 인간에게는 어려워 보이는 작업은 컴퓨터는 쉬운 반면, 얼굴 인식이나 걷기처럼 인간에게는 쉬운 작업이 인공지능에게는 어렵다. 우리가 흔히 '고등 인지'라고 부르는 복잡한 작업은 뇌 신피질의 진화에 따른 가장 최근의 발전이다. 신피질은 복잡한 사고, 의사 결정, 감각 처리 등을 담당한다. 진화론적으로 볼 때 뇌는 포유류에서 수억 년에 걸쳐 발달해 왔는데, 생물, 특히 인간의 신피질이 확장되어 문제 해결과 언어와 같은 고차원적인 인지 능력이 가능해졌다.

아울러 균형, 운동, 감각 지각 기능은 뇌의 오래된 부분에서 처리한다. 수 억 년에 걸쳐 진화하여 인간이 움직이고, 보고, 세상과 상호작용할 수 있게 해주는 이런 작업은 인간에게 깊숙이 내재되어 자동으로 수행되지만, AI가 이를 복제하기 위해서는 막대한 연산 능력과 복잡한 알고리즘이 필요하다. 다시 말해 얼굴 인식 등은 사람에게는 쉬워 보이지만 AI에게는 어렵다. 복제하기 어려운 정교한 신경 프로세스이기 때문이다.

그러나, 지난 몇 년 동안 AI는 '모라벡의 역설Moravec's paradox'을 극복하는 데 괄목할 만한 진전을 이뤄냈다. 아직 초기 단계이지만, 애플 스마트폰이 사람 얼굴을 인식하는 것처럼 정확하게 얼굴을 식별할 수 있게 되었다. 인간의 언어를 이해하고 생성하는 자연어 처리(NLP)는 말 속에 내재된 뉘앙스, 맥락, 감정으로 인해 복잡하다. 트랜스포머, 즉 챗GPT 모델은 비교적 쉬운 상황에서 인간과 유사한 텍스트를 이해하고 생성할 수 있다.

그동안 걷기와 균형 유지도 AI에게는 큰 장애물이었다. 로봇은 투박하고 자주 넘어지곤 했다. 하지만, 지금 보스턴 다이내믹스의 Atlas 로봇은 걷기뿐만 아니라 뛰고, 점프하고, 공중제비도 할 수 있어 인간의 균형과 움직임을 모방하는 데 상당한 진전을 보이고 있다.

딥러닝 기반의 AI 발전은 인간 신피질의 구조에서 영감을 받았다. 인간 뇌가 뉴런 층을 통해 정보를 처리하는 방식을 모방한 것이다. AI는 인간의 인지 영역이었던 작업에서 비약적인 발전을 이루며 '고등 인지'와 '저인지' 작업 사이의 간극을 좁혀가고 있다.

AI가 인간의 신피질 능력을 따라잡을 가능성은 몇 가지 요인에 기인한다.

첫째, 방대한 데이터의 사용으로 엄청난 지식을 학습할 수 있게 되었다. 딥러닝, 특히 트랜스포머 및 GAN 등의 심층 신경망이 탑재된 AI는 자연어의 복잡한 패턴을 익히고 있으며, GPU 및 클라우드 컴퓨팅 같은 처리 능력의 발전으로 AI는 방대한 양의 데이터를 순간 처리할 수 있다.

둘째, 복제 신체 기술 역시 비약적 발전을 보이고 있다. 지금은 주로 AR, VR로 표현하지만 2030년대 후반에 가면 실물 복제도 나노기술의 발전으로 가능해질 전망이다. 세포 크기보다 작은 나노봇이라고 불리는 작은 로봇이 주로 사용된다.

나노봇은 신체 부위를 만들거나 수리하도록 프로그래밍할 수 있다. 예를 들어, 작은 피부 조각을 만들고 싶다면 3D 프린터처럼 나노봇이 피부 세포를 한 층씩 올바른 순서로 배열하도록 설계할 수 있다. 3D 바이오프린팅은 일반 3D 프린팅과 비슷하지만 살아 있는 세포로 만든 '바이오 잉크'를 사용한다. 따라서 미래에는 나노봇을 인체에 주입하여 손상된 조직을 직접 복구할 수 있다. 누군가 상처를 입거나 장기가 손상된 경우, 나노봇이 손상된 부위로 이동하여 마치 빌딩 블록을 조립하듯 새로운 세포를 조립하여 장기 조직을 복구할 수

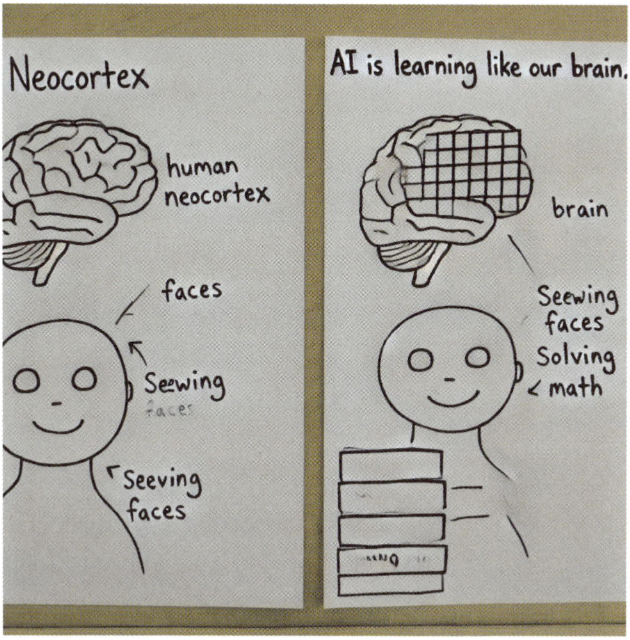

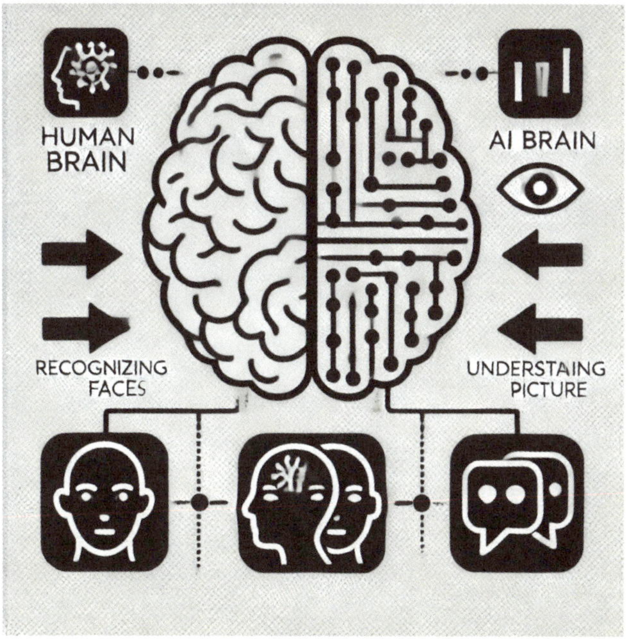

얼굴 인식, 그림 이해, 말하기와 같은 작업을 아이콘으로 표시한 그림이다. 인간 뇌와 AI가 어떻게 유사하게 작동하는지 보여준다.

있다. 장기 이식 같은 수술은 할 필요가 없다.

특히 누군가가 팔다리를 잃었을 때 나노봇은 필요한 조직, 신경, 혈관을 올바른 순서로 조립하여 새로운 팔다리를 자라게 할 수 있다. 아직은 공상처럼 보이지만, 언젠가는 나노봇을 사용하여 세포를 조직으로, 조직을 장기로, 장기를 신체로 조립하여 전체 신체를 하나씩 구성할 수 있다는 아이디어도 가능하다.

나노 스캐폴드는 세포가 올바른 모양으로 성장할 수 있도록 돕는 나노 물질로 만들어진 작은 틀이다. 이미 실험실에서 작은 조직 조각을 성장시키는 데 사용되고 있다.

아울러 나노봇은 특정 세포나 조직에 직접 약물을 전달하도록 설계되고 있으며 조만간 현실화 될 것이다.

격자 모양의 구조물(나노 스캐폴드) 위에서 세포가 성장하여 조직을 형성하고, 로봇처럼 작은 모양(나노봇)이 특정 세포에 무언가를 전달하는 모습이다.

나노 기술은 종래 생물학이 허용하는 것보다 훨씬 더 정교하고 진보된 인공 신체를 만들 수 있게 될 것이다. 한편으로, 복제인간은 매우 심오한 철학적 사회적 문제를 제기할 것이다. 이러한 질문에 어떻게 답할지는 영혼, 의식, 정체성 같은 개념에 대한 형이상학적 신념에 따라 달라질 것이다.

나노 기술을 통해 다시 살아난 사람, 즉 복제인간과 대화할 때 마치 먼저 세상을 떠나버린 사랑하는 사람처럼 느껴진다면? AI와 데이터 마이닝을 통해 복제인간이 만들어졌다면, 복제인간도 위로와 치유의 원천이 될 수 있을까. 나노 기술이 더 널리 보급되면 사회도 따라 적응할 것이다. 복제인간을 규제하는 법도 생길 것이다. 어떤 이는 AI가 자신을 복제하는 것을 금지할 수도 있고, 또 어떤 이는 살아 있는 동안 자신의 복제인간을 만들 것이다.

뇌 에뮬레이션이 필요한 이유

인간의 뇌는 놀랍도록 복잡하며, 수천억 개의 뉴런이 활발히 소통하면서 작동한다. 뇌 에뮬레이션(Brain emulation)이란 우리 인간 두뇌의 디지털 복사본을 만드는 작업을 가리킨다. 뇌의 모든 연결, 세포, 작동 방식을 포함하여 뇌를 '복사'하고 그 복사본을 컴퓨터로 전송하면 우리가 볼 수 있다. 뇌와 컴퓨터가 서로 대화할 수 있는 장치인 뇌-컴퓨터 인터페이스BCI를 개발하는 핵심 기술이다. 잘 알다시피 BCI 기술을 개발하는 것은 우리에게 점점 닥쳐오는 뇌 질환, 즉 치매를 치료하고 나아가 뇌 능력을 개발하기 위해 반드시 필요하다. 그러려면 먼저 뇌를 잘 알아야 한다는 점에서 뇌 에뮬레이션은 필수 기술이라 할 수 있다.

뇌 에뮬레이션 개발에서 컴퓨터가 뇌의 복사본을 만들어 서로 다른 부분이 어떻게 함께 작동하는지 이해하는 것이 필요하다. 뇌 에뮬레이션을 통해 아이디어를 테스트할 수 있다. 마치 전투기 파일럿이 비행기를 조종하기 전에 비행 시뮬레이터를 거치는 것과 같다. 실제 사람을 대상으로 수술 또는 실험하지 않고도 무엇이 가능한지 확인할 수 있기 때문에 안전하고 윤리적인 연구가 가능하다.

이 기술이 발달한다면 사지 마비 환자가 생각만으로 로봇 팔을 움직일 수 있는 길이 열릴 것이다. 이미 사지 마비된 사람들이 뇌 신호를 사용하여 의수를 제어하거나 컴퓨터 타이핑을 하는 데 사용되고 있지만, 아직 일반화 단계는 아니다.

특히 뇌 에뮬레이션은 쓰임이 다양하다. 손상된 뇌세포를 디지털 세포로 대체하여 뇌 손상을 입은 사람들을 치료할 길이 열린다. 사고로 뇌의 일부를 잃은 사람이 사라진 뇌세포를 복사 반도체 칩으로 그 부분을 수리한다면 절망적인 사람들에게 희망을 줄 수 있다.

나아가 미래에는 뇌 에뮬레이션이 실제 '마인드 업로드'로 이어질 것이다. 이는 사람의 마음을 컴퓨터에 복사하는 것과 같다. 공상 소설처럼 들리지만, 그렇게 할 수 있다면 언젠가는 인간의 의식을 디지털 형태로 보존할 것이다. BCI가 실제로 우리 마음을 읽는 단계로 확장하려면 마음의 형성의 구조를 이해해야 한다. 이것이 바로 두뇌 에뮬레이션의 궁극적인 목표이다.

현재 두뇌 에뮬레이션은 아직 연구 단계에 머물러 있다. 개별 뉴런이나 작은 신경 회로 등을 모델링할 수 있지만, 인간의 뇌 전체를 시뮬레이션하는 것은 현재 기술로는 어렵다. 완전한 뇌 에뮬레이션에 도달하기까지는 아직 수십 년은 더 소요될 것이다.

현재로선 뇌의 연결(커넥토믹스) 매핑, 소규모 뉴런 네트워크 시뮬레이션, 특정 뇌 기능을 모방하는 알고리즘 개발에 초점을 맞추고 있다. 딥러닝(심층학습) 등으로 패턴 인식이나 언어 처리와 같은 특정 뇌 기능을 모방할 수 있지만, 뇌 구조나 프로세스를 완전히 모방하지는 못한다.

지금까지의 연구 단계를 크게 5가지로 구분할 수 있다.

첫 단계로서, 기능적 에뮬레이션Functional Emulation을 들 수 있다. 뇌의 행동이나 결과물을 모방하는 기술이다. 정보를 처리하고 자극에 반응하는 뇌의 작동 방식에 초점을 맞춘다. 이를 테면 챗GPT-4.o 같은 AI 모델은 뇌가 정보, 즉 언어를 처리하는 방식에서 영감을 받았지만 실제 뇌 구조를 복제한 것은 아니다. 즉 인간과 유사한 텍스트를 이해하고 생성할 수는 있지만 실제 뇌를 복사한 것이 아니다. 챗GPT-4.o은 기능 에뮬레이션의 좋은 사례이다. 사람처럼 대화하고, 질문에 답하고, 심지어 이야기를 들려줄 수 있다. 사람이

컴퓨터 화면에서 챗봇과 상호작용하는 사람의 모습이다.
실제 두뇌 없이 사람처럼 대화할 수 있는 GPT-4.o 등 챗봇의 기능 에뮬레이션을 표시하는 그림이다.

사람의 말을 읽고 들으면서 무언가를 배우는 것과 마찬가지로 많은 책, 웹사이트, 대화를 읽음으로써 학습한다. 하지만, 사람과 달리 감정을 이해하지 못하고, 스스로 생각하지도 않으며, 왜 그런 식으로 대답하는지도 모른다. 단지 이전에 본 패턴에 따라 단어를 조합한 결과일 뿐이다.

둘째, 뉴런 에뮬레이션Neuronal Emulation이다. 뉴런 그룹이 상호 통신하는 방식을 복제하는 것, 즉 뉴런과 뉴런의 연결(시냅스)을 모델링 한다. 뇌의 일반적인 논리와 정보 흐름을 포착한다. 뇌는 큰 도시와 같고 뉴런은 교차로에 있는 신호등이라고 할 수 있다. 차가 오면 신호등은 차가 언제 멈춰야 하는지, 가야 하는지, 회전해야 하는지 알려준다. 도시의 교통이 어떻게 작동하는지 이해하려면 모든 자

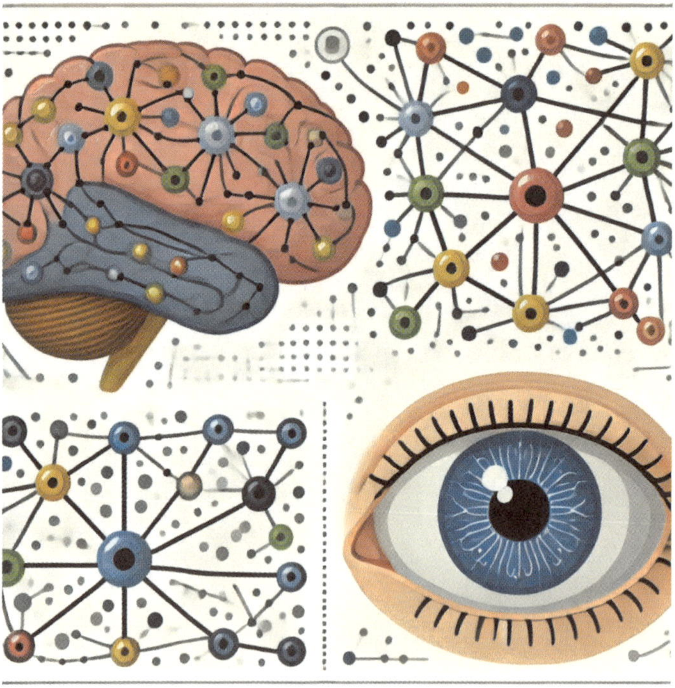

뇌가 눈을 통해 입수한 이미지(정보)를 처리하는 방식을 표현한 그림이다.
뉴런 그룹을 나타내는 점들이 연결되어 이미지를 처리한다.

도로로 연결된 집들이 있는 도시 지도처럼 뇌속 개별 뉴런이 상호작용하는 것을 표현한다.

동차나 모든 작은 거리에 대해 알 필요는 없다. 대신 신호등이 어떻게 연결되어 있고 어떻게 자동차를 제어하는지만 알면 된다. 우리 뇌의 시각 피질은 눈을 통해 보고 이해하는 부위다.

셋째, 셀룰러 에뮬레이션Cellular Emulation이다. 뉴런의 구조와 동작을 포함해 모든 뉴런을 개별적으로 시뮬레이션하는 것이다. 뇌의 각 뉴런을 모델링하여 세포 수준에서 서로 상호 작용하는 방식을 시뮬레이션한다. 이를 테면 도시의 모든 집을 보여주는 상세한 지도를 가지고 있지만, 집 안에 무엇이 있는지 표시하지 않는 것에 비유할 수 있다. 이 지도는 각 집과 사람들(뉴런)이 집 사이를 어떻게 이동하고, 서로 대화하고, 함께 일하는지 보여준다. 집 내부를 볼 수는 없지만 각 집이 얼마나 바쁜지, 다른 집과 어떻게 상호 작용하는지 알 수 있다. 모든 뉴런의 활동을 훨씬 더 상세하게 표현할 수 있다.

넷째, 생체 분자 에뮬레이션Biomolecular Emulation이다. 뉴런뿐만 아니라 뉴런 내부의 단백질 분자 및 기타 구성 요소 간의 상호작용을 모델링 한다. 즉 뉴런 내부에서 일어나는 일까지 모델링하는 훨씬 더 상세한 수준이다. 각 세포 내에서 일어나는 생화학적 과정을 포착한다. 예를 들어 뉴런 구조의 변화와 단백질 상호작용을 포함하여 분자 수준에서 기억 형성이 어떻게 이루어지는지 시뮬레이션 한다. 이를 테면 도시와 집뿐만 아니라 그 안에 있는 사람들, 그들의 상호 작용, 그들이 어떻게 움직이고 대화하는지를 보여주는 뇌 지도에 비유할 수 있다.

뇌를 도시로 표현한 일러스트. 각 건물과 사람들(뉴런)이 바삐 움직이고 무엇을 하는지 상호작용하는 모습을 나타낸다.

다섯째, 퀀텀 에뮬레이션Quantum Emulation이다. 가장 세밀한 유형의 에뮬레이션으로, 양자 역학 수준에서 뇌를 시뮬레이션하여 모든 아원자 상호작용subatomic interactions을 포착한다. 양자 수준에서 가능한 모든 상호작용을 설명하는 시뮬레이션은 이론적으로 뇌 기능의 모든 세부 사항을 포착할 수 있다. 이를 위해서는 엄청난 양의 컴퓨팅 파워가 필요하지만 아직은 어렵다. 다행히 양자컴퓨터의 개발 속도가 빨라 조만간 퀀텀 에뮬레이션의 길이 열릴 것이다.

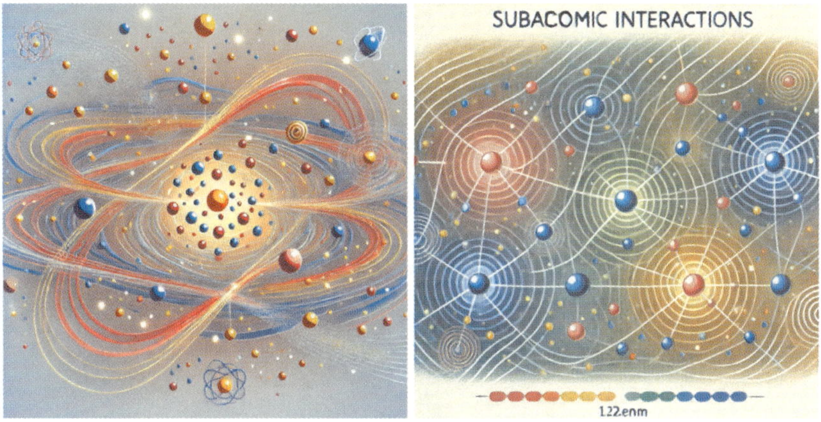

양자 상호작용을 나타내는 작은 입자와 파동으로 가득 찬 뇌를 보여주는 일러스트.

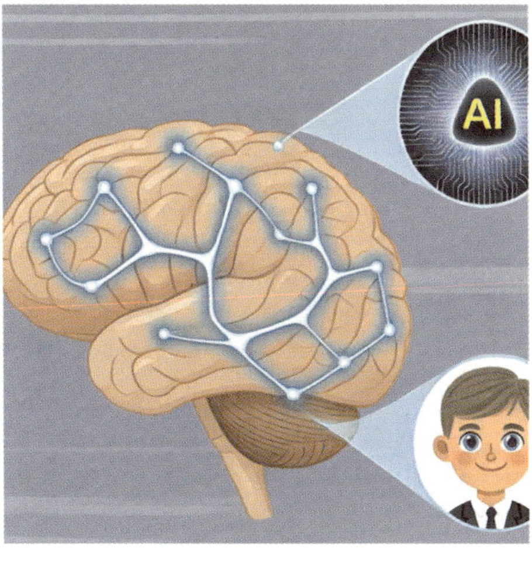

요약하면 기능적 에뮬레이션은 구조가 아닌 뇌의 행동을 복제하는 단계이고, 뉴런 에뮬레이션은 뉴런의 네트워크와 그 연결을 시뮬레이션하는 단계이며, 셀룰러 에뮬레이션은 각 개별 뉴런의 행동을 모델링한다. 이어 생체 분자 에뮬레이션은 뉴런 내부와 뉴런 간의 화학적 과정을 시뮬레이션하는 단계이며, 양자 에뮬레이션은 이론적으로 뇌 내의 모든 아원자 상호작용을 포착하는 단계로 구분할 수 있다.

각 단계마다 더 많은 디테일과 복잡성이 추가되지만, 훨씬 더 많은 계산 리소스와 데이터가 요구된다. 현재는 주로 기능적 측면과 뉴런 에뮬레이션의 일부 측면을 연구하는 단계에 있다.

AI 융합과 두뇌 프로그래밍

우리의 두뇌를 우리가 직접 프로그래밍한다는 아이디어는 대단한 비전이다. 초지능 AI와의 융합(상호작용)을 기반으로 두뇌를 프로그래밍한다는 개념이다. 생각하고, 배우고, 느끼는 방식, 심지어 현실을 인식하는 방식까지 재작성하고 최적화할 수 있다. 컴퓨터나 휴대폰 등 기구를 사용해 인간의 사고 능력을 보조하는 것이 아니라, AI와 인간 뇌가 바로 연결되어 개선하고 수정하는 방식이다. '궁극의 두뇌 비서'로서 인간 두뇌의 기능을 이해하고 해석하며 뇌 기능을 개선할 수 있다. 두뇌 프로그래밍이 무엇인지 우선 특징을 소개한다.

AI와 결합하여 두뇌를 프로그래밍하기 위해서는 몇 가지 첨단 물리적 기술이 필요하다. 앞에서 소개했지만, 다시 설명하면, 우선 신경 인터페이스(BCI)와 나노 기술이 구축되어야 한다.

BCI는 뇌 신경을 컴퓨터나 AI 시스템에 직접 연결하는 장치다. 이를 통해 뇌의 신호(신경 활동)를 읽고, 외부 기기와 소통하며 더 발전된 정보를 다시 뇌에 기록하게 된다. 일론 머스크의 뉴럴링크 Neuralink는 고대역폭 BCI를 연구하고 있다. 현재는 아주 기초적 수준인데, 뇌에 작은 전극을 이식하여 활동을 기록하고 AI와 통신을 위해 특정 영역을 자극한다.

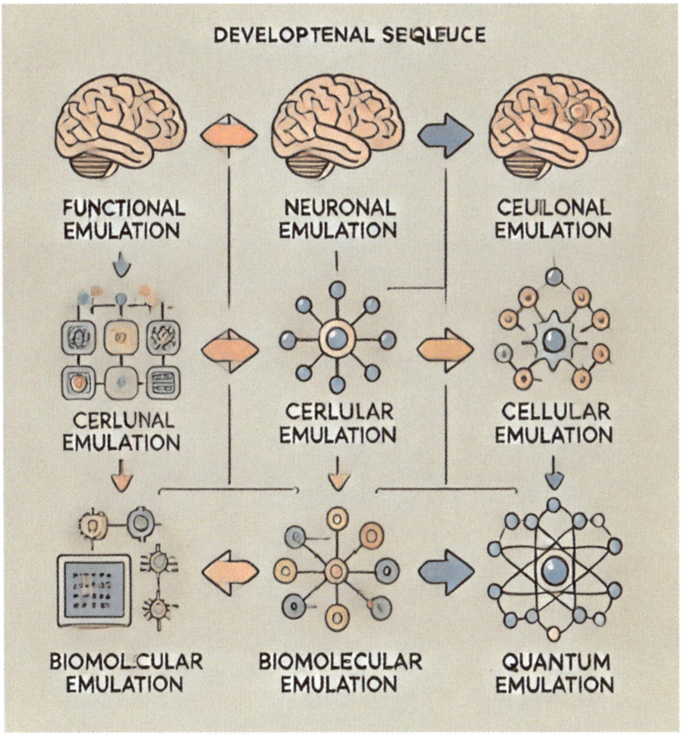

아이콘과 화살표를 사용하여 두뇌 에뮬레이션의 5 단계의 발달 순서를 보여준다.

이어 나노기술이란 초미세 작은 로봇(나노봇)이 혈관을 타고 체내로 들어가 세포 수준에서 뇌와 소통하는 기법이다. 혈관 망을 돌아다니는 나노봇이 외부 AI와 연결되어, 뇌로 들어가 손상된 뉴런을 복구하거나 시냅스 연결을 강화하여 인지 능력을 향상시킨다.

AI 통합을 위한 핵심 요소

뇌를 실시간으로 매핑하기 위해서는 고도의 뇌 영상이 필요하다. 여기에는 첨단 MRI나 광유전학(빛을 이용해 뇌세포를 제어하는 기술) 같은 기술이 필요하다.

아울러 클라우드 연결이다. 엄청난 양의 데이터를 처리하고 프로그래밍을 안내하는 AI 시스템을 실행하기 위해서는 뇌와 외부 AI 서버 사이에 안전한 고속 연결이 필요하다. 이어 신경 가소성 향상이다. 변화에 적응하는 뇌의 능력을 높이는 물리적 또는 화학적 방법을 사용하면, AI가 뇌의 경로를 재작성하는 것이 더 쉬워진다.

예를 들어 새로운 언어를 배운다고 가정해보자. BCI는 언어 습득을 담당하는 뇌 영역을 직접 자극할 수 있고, 나노봇은 기억력 유지를 최적화하기 위해 뉴런을 미세 조정하며, AI 어시스턴트는 학습 진도를 추적하고, 동기부여를 위해 감정 상태를 조절하며, 발음을 향상시키기 위해 소리를 인식하는 방식을 개선하기도 한다.

BCI, 나노기술, AI 통합의 조합은 진정한 의미의 뇌 프로그래밍을 가능하게 할 것이다. 뇌 프로그래밍이 가능하다면 인간 뇌의 능력은 일취월장 할 것이다. 이 조합이 이뤄낼 성과를 소개한다.

첫째, 뇌 인지 능력의 향상을 들 수 있다. 고도의 집중력, 학습, 기억력 유지가 필요한 작업은 AI에 의해 최적화되고, 방대한 양의 정보를 빠른 속도로 처리할 것이다.

두뇌는 효율적인 학습자로 프로그래밍하여 현재보다 훨씬 짧은 시간에 언어, 기술 또는 복잡한 아이디어를 습득할 수 있다.

둘째, 감정 조절 및 정신 건강에 큰 도움이 될 것이다. AI와의 통합을 통해 필요에 따라 감정 영역 뇌의 화학적 과정을 조정할 수 있다. 이렇게 된다면 스트레스, 불안 또는 우울증을 줄이고 감정 조절을 개발하는 길이 열릴 것이다. AI는 자동적으로 유발할 수 있다. 즉 인간 뇌 속 화학적 변화를 모니터링하고 집중력, 균형감 또는 즐거움을 유지하도록 하는 뉴런의 변화를 유도할 수 있다.

셋째, 초지능 AI는 습관, 사고 패턴, 행동을 재프로그램할 수 있다. 이를 통해 자기 수정 및 개인적 성장에 도움을 줄 것이다. 나쁜 습관을 고치거나 새로운 습관을 형성하거나 세상을 인식하는 방식을 바꾸기 위해 뇌를 재구성할 수 있다. 이는 신경 경로를 수정하여 정신적 편견을 바로잡거나, 창의력을 높이거나, 의사 결정을 개선할 수 있다.

넷째, 무한한 지식에 대한 접근 향상이다. AI와의 융합을 통해 우리는 즉각적으로 정보에 접근하고 사고 과정에 직접적으로 녹아들 수 있다. 지식을 찾아보는 대신 필요할 때 바로 뇌에 업로드할 수 있고, AI는 그 지식을 원활하게 처리하고 저장하는 데 도움을 줄 수 있다.

다섯째, 대폭 증강된 기억력이다. 기억력 증강은 우리가 경험하는 모든 것을 기억하도록 해주며, AI는 기억을 보다 의미 있는 방식으로 정리하고 종합하도록 도와줄 것이다. 세부 사항을 잊거나 잘못 기억하는 인간 두뇌의 결점에 제약을 받지 않도록 할 것이다. AI와 인간 두뇌가 융합하면 새로운 종류의 진화가 이루어질 것이다. 인류는 종래 자연적인 진화보다 훨씬 더 빠르게 발전할 것이다.

04

생물학적 나이 120세에 도달하려면?

인 실리코 시험

물질적 풍요와 평화로운 삶을 개선했지만, 가장 큰 도전은 인간 수명에 관한 문제일 것이다. 대부분 사람은 건강하게 장수하고 싶어 한다. 레이 커즈와일 견해에 따르면 AI 기술은 건강 장수에 가장 유익한 형질을 찾기 위해 모든 유전적 가능성을 체계적으로 탐색하도록 할 수 있다. 여기에는 자연적 진화로는 접근할 수 없는 것들이 포함된다.

이를 테면 1971년 최초의 DNA 염기서열을 확인한 이래, 2003년 인간 게놈 프로젝트가 완료되었으며, 이후 게놈 시퀀싱은 약 20년간 기하급수적으로 발전, 폭발적인 추세에 있다.

두 가지 사례를 통해 이를 확인할 수 있다.

먼저 인 실리코 시험'In silico trials이다. 수 년이 걸리는 임상실험을 AI는 단 몇 시간 만에 주요 안전성 및 효용 데이터를 생성할 수 있다. 특히 인체 임상시험 대신, '인실리코 시험'으로의 전환은 획기적이다. '인실리코 시험'이란 기존 인체 대상의 임상시험 대신, 컴퓨터 시뮬레이션으로 새로운 약물과 치료법을 임상 테스트하는 방식이다.

인실리코 임상시험의 기능을 보여주는 한 가지 예는 CAR-T 세포요법이다.

CAR-T 세포 치료는 환자의 면역 세포를 채취하여 암세포를 공격하도록 재프로그래밍하는 방식이다. 이를 테면 특정 냄새를 맡도록 경비견을 훈련시키는 것과 같다. 문제는 경비견을 따돌리기 위해 냄새를 속이는 도둑처럼, 암세포는 면역 체계의 눈을 피해 숨곤 한다. 그럼에도 인실리코 실험은 다양한 암세포와 면역세포가 어떻게 상호작용하는지 시뮬레이션할 수 있다.

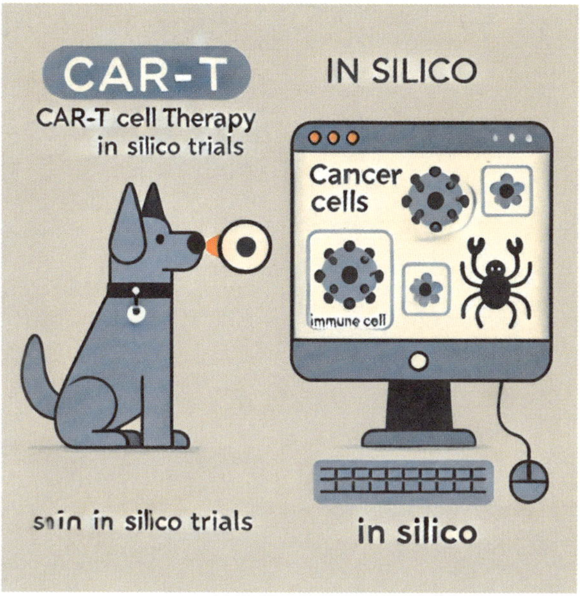

AI 시뮬레이션을 사용하면, 종래 축적된 수많은 환자 데이터로 테스트할 수 있다. 기존 임상시험에서는 통상 1,000명의 환자를 대상으로 약물 테스트한다. 몇 년의 시간과 큰 돈이 드는 것은 물론이다. 하지만, 인실리코 임상시험에서는 당뇨병 환자, 노인 환자, 희귀질환 환자 등 다양한 상황에서 100,000명의 가상 환자를 시뮬레이션할 수 있다. 마치 AI가 과거 질병별로 축적된 데이터로 연습문제를 푸는 격이다. 이를 통해 새로운 치료법을 더 빨리 개발해 생명을 구할 수 있다.

유도만능줄기세포(iPS)도 재생 의학에 큰 도움이 된다.

현재 iPS 세포(특정 유전자를 도입하여 줄기세포로 전환한 성체 세포)를 사용하여 고장난 장기를 성장시킬 수 있다. iPS 세포는 배아 줄기세포처럼 거의 모든 유형의 인간 세포로 분화할 수 있다. 이 기술은 아직 실험 단계이지만 부분적으로 성공하고 있다. 고성능 AI로 iPS의 작용 메커니즘을 분석한다면 재생 의학은 모든 신체의 치유 청사진을 풀어낼 수 있을 것이다.

예를 들어 AI는 패턴과 단서를 찾는 데 능숙한 똑똑한 탐정이다. 탐정이 작은 세부 사항을 수집하고 분석하여 미스터리를 해결하듯이, 고성능 AI도 iPS 세포의 작동 방식을 연구한다.

형사는 범죄 현장에서 단서를 수집하여 사건의 진상을 파악한다. 같은 방식으로 AI도 고장난 장기의 iPS 세포에 관한 데이터를 수집한다. 예를 들어, 어떤 iPS 세포가 심장 치유에 도움이 되는지 그 이유를 알고자 한다면, AI는 모든 데이터를 살펴보고 무엇이 다른지 알아낸다. 인간 의사에게 이 작업은 수 년간의 시간과 노력이 필요하지만, AI는 단번에 알아낸다. AI는 iPS 세포의 작동 방식에서 패턴을 찾는다.

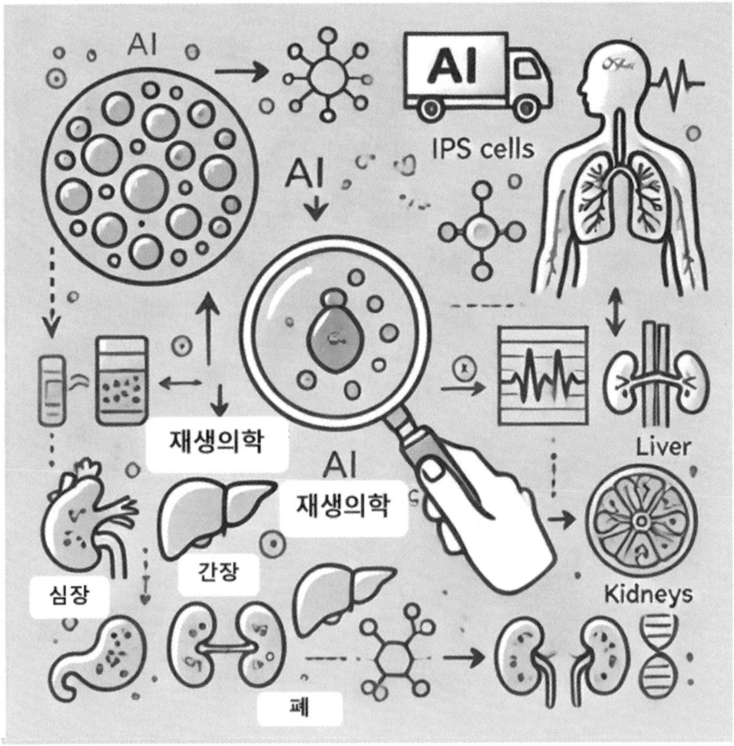

형사가 패턴을 발견하면 사건 발생 당시 무슨 일이 벌어졌는지 알 수 있다. 마찬가지로, AI도 단서를 찾아낸 다음, 심장, 간, 신장 등 장기를 복구하기 위해 iPS 세포를 사용하는 최선의 방법을 알아낸다. 또한 통제할 수 없는 위험 요소를 예측하고 방지하는 방법도 알 수 있다.

요약하자면, AI는 수퍼 탐정처럼 기능할 것이다. 인간 의사에게는 수 년이 걸릴 치료 기간이나 노력을 AI는 단숨에 해치울 것이다.

이러한 기술 덕분에 의학의 발전과 생명을 다루는 기존 모델은 적합하지 않을 수 있다. 앞으로 AI에 의한 의학 기술은 기하급수로 발전할 것이다. 하지만, 아직 대부분의 사람들은 여전히 낡은 생물학을 붙잡고 있어 이러한 거대한 변화를 인식하지 못하고 있다.

잘못접히는 뇌 단백질이 치매 원인

앞부분에서 언급했듯이 2030년대에는 또 다른 건강 혁명이 일어날 것이다. 급진적인 생명 연장 수단으로 의료용 나노로봇(나노봇)을 들 수 있다.

나노봇의 개입은 면역 체계를 크게 확장할 것이다.

면역 체계에 대해 간단한 설명을 덧붙인다. 우리 몸의 면역 체계는 우리 몸속의 군대와 같다. 이들은 세균, 박테리아, 바이러스와 같은 나쁜 것들로부터 우리 몸을 보호한다. 이 병사들 중 T세포라는 그룹은 위험한 침입자를 찾아서 파괴한다. 그런데 과거 수천년 전 사람들은 보통 30~40년 정도밖에 살지 못했다. 따라서 면역 체계는 감염과 같은 즉각적 위협에 맞서 싸우도록 진화해왔으며, 생애 초기부터 마주치는 세균과 질병을 퇴치하도록 맞춰져 있다. 따라서 암이나 신경 퇴행성 질환(치매, 알츠하이머병 등 신경계통 질병)과 같이 인생 후반에 나타나는 질병에 대한 강력한 방어 체계를 진화시키지 못했다.

치매 등 신경 퇴행성 질환은 나이 들어 뇌의 세포가 분해되기 시작하면서 발생하는 질환이다. 이는 종종 프리온이라는 단백질이 잘못 접히거나 서로 뭉쳐 뇌에 손상을 입힌다. 나노봇이 이를 골라 선택 치료할 있다. 나노봇은 마치 우리 몸 안에서 초소형 의사처럼 행동한다. T세포처럼 박테리아와 바이러스를 파괴하거나, 암세포가 커지기 전에 제거하며, 잘못 접힌 단백질을 청소할 수 있다.

AI가 iPS 세포(돋보기로 표시)를 적용하는 방식을 결정하는 그림이다.

화살표는 AI 분석에서 심장, 간, 신장과 같은 다양한 장기로 연결된다. 미래 재생의학의 무궁무진 가능성을 엿볼 수 있다.

그렇다면 치매 등 난치병을 유발하는 프리온 단백질(PRNP)은 무엇인가.

프리온은 잘못 접힐 경우 크로이츠펠트-야콥병, 광우병, 치매와 같은 신경 퇴행성 질환을 일으킬 수 있는 단백질의 일종이다. 잘못된 프리온은 뇌의 다른 정상 프리온 단백질을 잘못 접게 하여 연쇄 반응을 일으켜 광범위한 단백질 응집과 뇌 손상을 유발한다. 잘못 접힌 프리온 단백질은 비정상적인 덩어리를 형성하여 뉴런을 손상시킴으로써 뇌 기능을 방해한다.

프리온 단백질이 잘못 접히는 정확한 이유는 아직 완전히 밝혀지지 않았지만 몇 가지 요인은 연구로 밝혀졌다.

첫째, 일종의 유전적 돌연변이다. 프리온 단백질을 암호화하는 유전자에 유전적 돌연변이가 있으면 프리온 단백질이 잘못 접힐 가능성이 높다. 둘째, 유전적 돌연변이가 없더라도 프리온 단백질은 자연적으로 잘못 접힐 수 있는데, 주로 환경적 스트레스 요인 때문이다. 셋째, 오염된 물질의 섭취(감염된 육류 섭취 등으로 광우병 유발)를 통해 개인 또는 종 간에 전염되는 경우도 있다. 잘못 접힌 프리온은 건강한 뇌세포로 이동, 정상 프리온을 잘못 접히도록 유도하여 질병을 확산시킨다.

잘못 접히는 과정의 원리는 이렇다. 정상적인 프리온 단백질(PrPC)은 일반적으로 신경세포에서 잘 접혀 기능적으로 제대로 작동한다. 프리온 단백질의 일반적인 역할은 세포 간 신호 전달이나 신경세포 보호에 관여한다. 그런데, 유전적 돌연변이, 자연적인 오폴딩, 감염된 프리온에 대한 노출 등 트리거가 발생하면 프리온 단백질이 비정상적인 형태(PrPSc)를 취하게 된다. 이렇게 하면 새로 잘못 접힌 단백질이 더 많은 정상 단백질을 변환하여(연쇄 반응) 잘못 접힌 단백질이 빠르게 확산되는 사이클이 만들어진다. 시간이 지남에 따라 잘

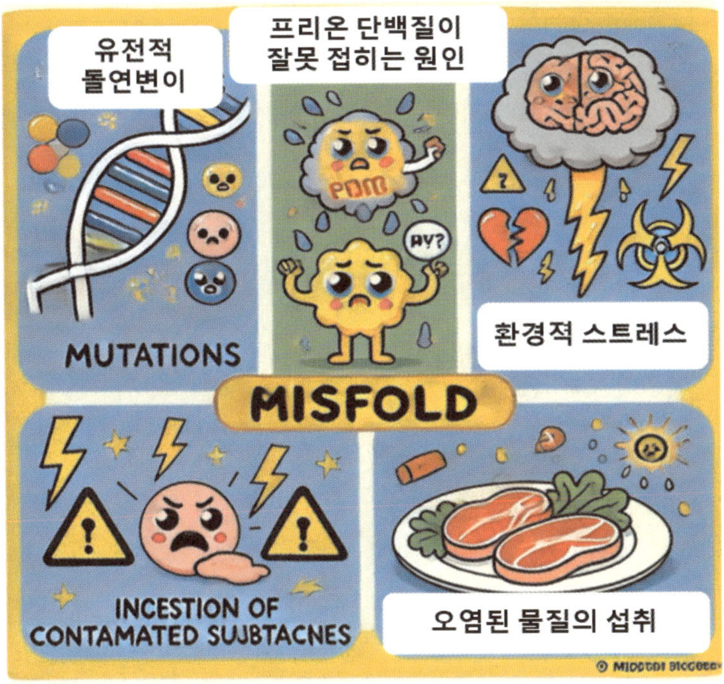

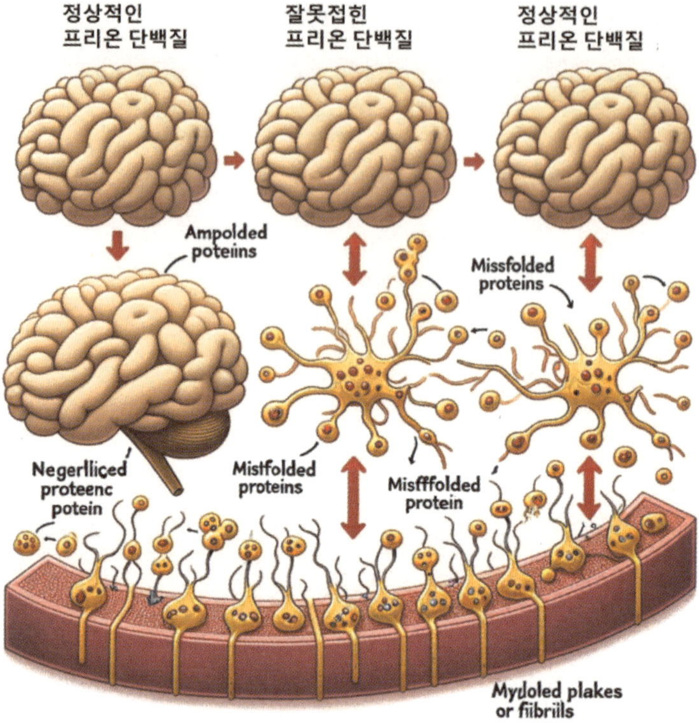

정상적인 프리온 단백질이 잘못 접혀 연쇄 반응을 일으켜 뇌 조직에 아밀로이드 플라크 또는 원섬유를 형성하는 과정을 보여준다.

못 접힌 프리온 단백질은 응집되어 뇌 조직에 큰 침착물(아밀로이드 플라크 또는 피브릴)을 형성한다. 이러한 덩어리는 정상적인 뇌 기능을 방해하여 신경세포 손상과 세포 사멸을 일으켜 기억 상실, 인지 기능 저하, 운동 장애와 같은 증상을 유발한다.

현재 프리온이 잘못 접히는 것을 방지하거나, 잘못 접히는 연쇄 반응을 멈추는 방법을 연구하고 있다. 프리온 단백질을 표적으로 삼아 질병 심화를 막기 위해 저분자, 항체, 유전자 편집 기술(크리스퍼) 등이 연구되고 있다.

앞서 언급한 바 나노봇 기술은 뇌에서 잘못 접힌 프리온 단백질을 제거할 수 있게 될 것이다. 프리온 질환은 아직 완전히 이해되지 않았으며 치료법도 없다. 하지만, 나노봇 치료 연구가 가장 활발하다.

거듭 설명하면, 과거에는 사람들이 오래 살지 않았기 때문에 우리의 면역 체계는 단기적인 문제에 대처하도록 진화했다. 인생 후반에 나타나는 질병에 대한 강력한 방어력을 진화시킬 기회를 얻지 못했다. 따라서 나노봇이 상용화된다면 나이 들어 얻는 질병과 싸우도록 프로그래밍된 미래형 도우미를 가질 수 있다.

예를 들어, 제1형 당뇨병은 췌장 섬세포가 인슐린을 생산하지 못하여 발생한다. 의료용 나노봇이 상용화 된다면, 혈액 공급을 모니터링하고 호르몬, 영양소, 산소, 이산화탄소, 독소 등 다양한 물질을 증가 또는 감소시켜 장기의 기능을 증강하거나 대체할 수 있다. 이러한 기술을 활용하면 2030년대 말에는 질병과 노화 속도를 상당 부분 늦출 수 있다. 정보에 밝은 사람들은 기대 수명을 더욱 늘릴 수 있는 티핑 포인트에 도달할 것이다.

하이브리드 사고와 마인드 백업

인간의 수명 연장을 위한 기술 중 하나로 하이브리드 사고와 백업 능력을 들 수 있다. 쉽게 말해 생물학적 인지 능력(인간 뇌)과 디지털 시스템(인공지능, 클라우드)의 통합으로 인간 수명을 늘리고 인지 능력을 유지하는 기술이다. 점차 가능성을 보여주고 있지만, 아직은 새로운 연구 영역 분야로서 좀 더 시간이 걸릴 것이다.

먼저 하이브리드 사고를 설명한다. 인간의 신피질에 디지털 기술을 접목해 생물학적 지능(인간 뇌)과 인공지능(클라우드) 사이에 인터페이스망(직접 통신망)을 구축하는 것이다. 이러한 통합으로 인해 인간의 기억, 학습, 문제 해결 등의 인지 기능을 향상시킬 수 있다.

현재 비침습적 BCI 기술이 주목받고 있다. 이 장치는 수술 없이 외부 센서를 사용하여 뇌 활동을 모니터링한다. 침습적 방법보다 정확도는 떨어지지만, 더 안전하고 접근하기 쉬운 상호작용 수단을 제공한다. 그러나, 해상도를 개선하는 것은 여전히 어려운 과제이다.(Nature 잡지 논문) 침습적 BCI는 이식 가능한 장치를 통해 신경조직과 직접 연결하는 방식이지만, 인체 대상으로 실험하기에는 위험하다.

마인드 백업 또는 마인드 업로딩은 개인 의식을 디지털 복제본으로 만들어 두는 기술이다. 이 개념은 아직 이론적 수준에 머물러 있지만, 조만간 빛을 발할 것이다.

특히 뇌 에뮬레이션(WBE)이 있다. 앞에서 언급한 바 이 접근 방식은 전체 뇌의 구조와 기능을 디지털 방식으로 복제하는 것이다. 현재 기술로는 어렵지만, AI와 신경과학의 발전으로 이 개념은 점차 현실화 될 것이다.

특히 인공지능은 뇌 기능 모델링에서 중요한 역할을 한다. 신경 연결을 복제하기 위해 정교한 AI 알고리즘이 개발되고 있으며, 이를 통해 인간의 의식을 디지털로 복제할 수 있을 것이다.

'하이브리드 사고'와 '마인드 백업'이라는 개념은 인간의 수명을 연장하는 데 있어 혁신적인 단계이다. 장수 뿐만 아니라 인지 능력을 보존하고 향상시키는 기술이다. 그 단계를 거시적으로 살펴보면서 왜 그럴 수 있는지 검증해 본다.

첫째, 증강 신피질이다. 이미 신경 임플란트(뉴럴링크)와 같이 뇌와 직접 연결하는 인터페이스 기술BCI이 개발되고 있다. 이 기술이 완숙 단계에 이르면 기억력, 학습, 심지어 기분 조절과 같은 뇌 기능을 향상시킬 수 있다.

둘째, 뇌와 클라우드 통합이다. 생물학적 신피질(인간 뇌)과 클라우드 신피질(디지털 뇌)이 연결되면, 고속 연산, 데이터 저장, 어려운 추론이 필요한 작업을 처리할 수 있다. 인간의 능력을 극한까지 확장할 수 있다.

셋째, '마인드 백업'이다. 평소 컴퓨터에 디지털 파일을 저장하는 것처럼 언젠가는 우리의 생각, 기억, 성격의 사본인 마인드 파일을 디지털 저장소에 저장할 수 있다. 이러한 마인드 파일은 스마트폰의 클라우드 백업처럼 지속 업데이트 되어 우리의 경험과 진화하는 성정을 기록할 수 있다.

넷째, 하이브리드 사고이다. 우리의 생물학적 두뇌는 디지털 확장판과 함께 작동한다. 복잡한 문제를 해결할 때 디지털 두뇌가 추가적인 연산 능력을 제공하거나 관련 정보를 즉각 검색할 수 있다. 그러면 우리는 생물학적 기억뿐만 아니라 디지털로 저장된 방대한 양의 정보에도 접근해 사고력과 이해력이 훨씬 더 강력해진다.

이를 테면 하이브리드 사고는 이런 유형이다. 인간 두뇌는 새로운 우주선을 설계하는 엔지니어다. 다양한 디자인을 상상하고 아이디어를 브레인스토밍할 수 있다. 디지털 두뇌는 각 디자인이 작동할지 기술적 분석을 즉시 실행할 수 있다.

특히 하이브리드 사고와 마인드 백업은 수명 연장에 크게 기여할 것이다. 뇌 기능 퇴화로 인해 찾아오는 치매, 알츠하이머와 같은 신경퇴행성 질환은 지금 기술로는 어쩔 수 없다. 그러나, 디지털 백업 기술이 상용화되면 우리의 기억과 인지 과정을 저장하여 뒀다가 손실된 기능을 복원할 수 있다. 디지털 백업과 하이브리드 사고를 통해 생물학적 뇌의 일부가 손상되더라도 디지털이 그 역할을 대신할 수 있다는 의미다.

예를 들어, 마인드 파일을 정기적으로 백업한다고 상상해 보자.

치명적인 사고를 당했을 때 디지털 백업이 되어 있다면, 우리는 기억력 재생 또는 합성 신체를 업로드할 수 있다. 특히 수명 연장, 즉 생물학적 쇠퇴를 늦출 수 있다. 하이브리드 기술은 더 많은 인지 기능을 디지털 확장으로 전환하여 뇌의 부담을 줄여 생물학적 한계를 넘을 수 있다. 이러한 비전은 2040년대 현실화될 것이다.

이에 대해 좀더 설명을 덧붙인다.

디지털 백업 기술과 하이브리드 사고의 도움으로 인간의 수명은 연장될 것이다. 어떻게 수명을 연장할 수 있을까. 정기적인 백업이다. 일정 시기마다 뇌 속 데이터(기억, 성격, 생각)의 '스냅샷'을 디지털 저장 시스템에 저장한다. 이렇게 하면 생물학적 뇌의 일부가 손상되거나 손실되더라도 백업이 존재하기 때문에 손실된 기능을 복원할 수 있다. 특히 노화, 질병, 불의 사고 등으로 인해 뇌 손상을 입었다면, 디지털 백업을 통해 잃어버린 기억과 인지 능력을 복원할 수 있다. 예를 들어, 알츠하이머병 환자가 디지털 복원을 통해 잃어버린 기억과 추론 능력을 되찾을 것이다. 이로써 신체 노화나 질병에도 불구하고 인지 능력을 유지할 수 있다.

이어 하이브리드 사고는 생물학적 인식과 디지털 인식을 병합하는 것을 의미한다. 생물학적 뇌에 전적으로 의존하는 대신, 특정 기능을 디지털 대응 기능으로 이전하거나 공유할 수 있다. 2040년대에 이르면 신경과학, 인공지능, 컴퓨팅의 발전이 융합되면서 디지털 백업 기술과 하이브리드 사고가 현실화될 것으로 예상된다. 현재 미국의 MIT 미디어 랩과 Allen Institute for Brain Science의 프로젝트가 이를 현실화 하기 위해 집중 연구중이다. MIT 미디어 랩은 정신 업로드와 인지적 디지털 증강 기술에 집중하고 있다.

이런 기술들의 궁극적인 목표는 운명의 손이 아니라, 우리 자신의 손에 운명을 맡기고 원하는 만큼 오래 사는 것이다. 그런데, 왜 죽음

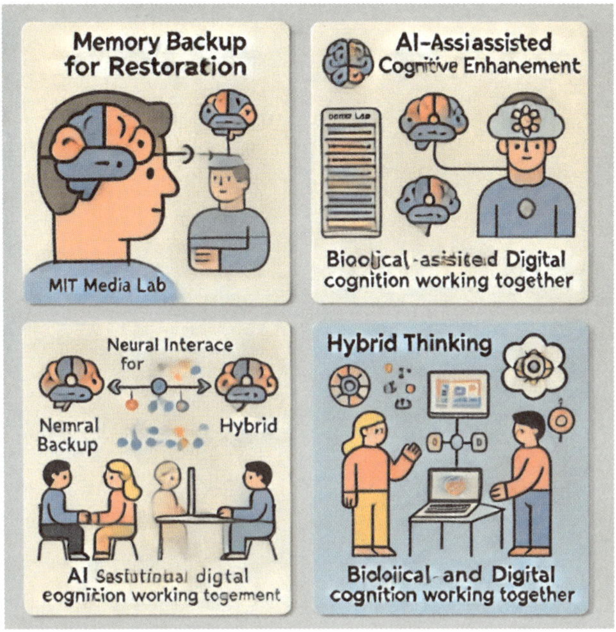

을 선택하는 사람이 있을까. 스스로 목숨을 끊는 사람들은 대개 신체적 또는 정서적으로 견딜 수 없는 고통 때문이다. 의학 및 신경과학의 발전으로 이러한 극단적인 선택은 상당 부분 치유될 것이다.

스마트폰 역사를 보자. 불과 30년 전만 해도 휴대전화는 부유함의 상징이었으며, 그다지 잘 작동하지도 않았다. 이제 휴대폰은 인간의 거의 모든 지식에 접근할 수 있는 메모리 확장기이다. 거의 모든 사람이 사용할 수 있을 정도로 저렴해졌다. 그 이유는 정보 기술에 내재된 기하급수적인 가격 대비 성능 향상 때문이다.

AI와 바이오테크의 융합

자동차를 수리하기 위해 정비소에 가져가면 정비사는 자동차의 부품과 부품이 서로 어떻게 작동하는지 잘 이해하고 있다. 자동차 공학은 사실상 정확한 과학이다. 제대로 유지 관리만 한다면 수십년은 족히 탈 수 있다. 인체도 사실상 과학의 결정체이다.

그러나, 생명과 건강을 다루는 의사는 다르다. 지난 200여년 동안 의학의 놀라운 발전에도, 의학은 아직 과학이 아니다. 편저자 역시 현직 의사이지만, 양심적인 의사들은 여전히 우리 몸의 작동 원리를 완전히 이해하지 못하고 있다고 고백한다. 다만 전통적으로 효과가 전해진 의술을 실행하고 있을 뿐이다. 솔직히 의학의 대부분은 엉성한 근사치를 기반으로 하고 있다.[21] 지금까지 의학은 고된 실험실 실험과 인간 의사들의 전문 지식을 다음 세대에 전수하면서 기술적인 진전을 가져왔다.

하지만, 의학을 정확한 과학으로 바꾸려면 의학을 정보기술로 전

21 '의학은 과학이라기보다는 예술에 가깝다.' 의사는 많은 환자의 패턴, 경험, 증거를 바탕으로 결정을 내린다. 인간은 생물학적으로 복잡하고 모든 사람의 신체가 치료에 다르게 반응하기 때문에 의학은 모범 사례와 근사치에 의존한다. 항생제는 모든 사람에게 항상 같은 방식으로 작용하는 것은 아니다.. 예를 들어 페니실린은 많은 박테리아 감염에 매우 효과적이지만, 일부에게는 페니실린 알레르기가 있어 심각한 부작용을 일으킬 수 있다. 의사는 페니실린이 대부분의 사람에게 효과가 있기 때문에 처방할 수 있지만, 알레르기가 있는 경우 득보다 실이 더 크다.
대부분의 고혈압 환자는 ACE 억제제나 베타 차단제와 같은 표준 약물을 처방받는다. 그러나, 모든 환자가 같은 방식으로 반응하는 것은 아니다. 일부 환자는 어지러움이나 피로와 같은 부작용을 경험한다. 의사는 개인에게 가장 적합한 치료법을 실험해야 한다.
암 치료는 또 다른 사례이다. 화학 요법 약물은 빠르게 성장하는 암세포를 표적으로 삼도록 설계되었지만, 이러한 약물은 암세포에만 영향을 미치는 것이 아니라 건강한 세포에도 손상을 가한다. 일부 환자는 탈모나 메스꺼움과 같은 심각한 부작용을 경험한다. 의사는 각 개인이 어떻게 반응할지 미리 정확히 예측할 수는 없다. 인체는 예측할 수 없는 반응을 보일 수 있으므로 개인별 맞춤 접근이 필요하다.

환하여야 한다. 이 중대한 패러다임의 전환은 현재 진행 중이며, 그 전환의 핵심은 생명공학과 AI 및 디지털 시뮬레이션의 결합이다. 축약하면 AI와 바이오테크 융합이다. 신약 개발부터 질병 감시 및 로봇 수술에 이르기까지 이미 즉각적인 혜택을 볼 것이다.

예를 들어, 2023년에 들어 첫 번째 희귀 폐질환 치료를 위해 AI가 처음부터 끝까지 설계한 약물이 임상 2상 시험에 진입했다. 수 년의 시간과 큰 돈을 들어가는 임상시험을 앞으로 AI와 바이오테크 융합을 통해 매우 간편하게 이행할 수 있을 것이다. AI는 인간 의사와 비교할 수 없을 정도로 엄청난 분량의 데이터로 학습하고, 수십억 건의 시술에서 경험과 지식을 축적해가고 있다.

AI의 기본 하드웨어가 기하급수적으로 개선됨에 따라 우리는 이미 문제에 대한 답을 찾기 시작했다. 가능한 모든 옵션을 디지털 방식으로 검색하고 몇 년이 아닌 몇 시간 안에 해결책을 찾아낼 것이다.

현재 가장 중요한 문제 유형은 아마도 코로나 사태 이후 새로운 바이러스 위협에 대처하는 것이다. 마치 수영장에 가득 채운 열쇠 더미에서 어떤 열쇠가 특정 바이러스의 화학적 자물쇠를 열 수 있는지 찾는 것과 같다. 지금의 의학 연구 패러다임에서는 실현 가능한 질병 퇴치 약제를 확보하려면 수십, 수백 명의 인간 피험자를 모집한 다음 수개월 또는 수년에 걸쳐 수천만 달러의 비용을 들여 임상시험을 수행했다.

미국의 규제 프로세스에는 세 가지 주요 임상 시험 단계가 포함된다. 최근 MIT의 연구의 경우 후보 약물의 13.8%만이 FDA 승인에 이르렀다. 통상 신약을 출시하는 데 10년이 걸리며, 평균 13억~26억 달러의 비용이 들어 간다. 앞으로는 이런 복잡하고 막대한 돈과 시간이 낭비될 것 같지 않다. AI는 비교적 저렴한 비용으로 순식간에 해당 솔루션을 찾아낼 것이다.

인간 연구자의 한계는 분명하다. 지금까지 배운 지식과 인지 기술을 갖고 질병을 치료할 가능성이 있는, 기껏해야 수십 개의 분자를 식별한다. 하지만, 실제 관련 가능성 분자의 수는 최소한 수조 개에 달한다. 이제 연구자들 대신 AI가 그 거대한 더미를 분류하여 특정 바이러스에 가장 적합할 가능성이 높은 핵심에 집중할 것이다.

탄소 고정 단백질 발명의 가능성

앞으로 새로운 단백질이나 효소를 설계하고 모델링하는 데 AI가 결정적 역할을 하게 될 것이다. 현재 알려진 바로는 일부 유기체는 자연적으로 CO_2를 다른 화합물로 전환하는 효소를 가지고 있다. 예를 들어, 식물이 광합성 과정에서 탄소를 흡수해 고정하는 캘빈 사이클의 핵심 효소가 있다. 대표적인 사례가 루비스코(RuBisCO, Ribulose-1,5-bisphosphate carboxylase/oxygenase)이다. 이는 광합성 과정에서 캘빈 사이클의 중심 역할을 하여 식물이 대기 중의 탄소를 흡수하고 고정할 수 있도록 하는 효소이다. AI를 사용하여 이러한 천연 효소의 메커니즘을 분석한다면, 효소의 효율성을 최적화하거나 완전히 새로운 효소를 설계할 수 있다.

예를 들어, 샤아마 말리카르준 샤라다Shaama Mallikarjun Sharada 박사[22]는 CO_2를 고분자 기반 물질로 전환하는 효소를 설계

22 서던 캘리포니아 대학교 모르크 가족 화학공학 및 재료과학과 the Mork Family Department of Chemical Engineering and Materials Science at the University of Southern California (USC) 조교수. 최근 프로젝트에서 샤라다 박사는 공기 중 이산화탄소를 글리세레이트로 전환하는 루비스코를 수정하여, 이를 아크릴레이트로 변환하고 있다. 아크릴레이트는 페인트, 접착

하는 방법을 연구 중이다. 온실가스 CO_2를 배출하는 대신 포집해서 페인트, 접착제, 세제와 같은 유용한 제품으로 전환하는 것을 목표로 한다. 스타트업 기업인 앤드로젠Anthrogen은 대기 중의 CO_2를 유용한 고분자, 연료, 화학물질로 전환하기 위해 유전자 공학과 AI를 결합한 솔루션을 개발했다. 대기 중의 CO_2를 유용한 폴리머, 연료, 화학물질로 전환하기 위해 AI 장점을 극대화한 솔루션이다. AI로 설계된 효소를 사용하여 광합성 박테리아를 변형함으로써 다양한 폴리머의 전구물질인 전분(starch)의 빠른 성장과 높은 수확량을 가능하도록 하는 것이다. 효소 설계에 AI를 통합하는 연구도 탄력을 받고 있다. 그러나, 갖춰야 할 조건이 있다.

첫째, 과도한 에너지를 필요로 하지 않으면서 대기 중 이산화탄소 농도에서 효율적으로 작동하는 효소를 만드는 것이다.

둘째, 시간이 지나도 안정성과 효율성을 유지해야 하며, 그래서 효소가 실제 환경 조건에서 활성 상태를 유지하는 것이다.

셋째, 생태학적 안전성 테스트, 새로운 단백질이나 조작된 유기체를 도입함으로써 의도하지 않은 환경적 결과가 발생하지 않도록 하는 것이다.

알파폴드AlphaFold와 같은 AI 도구는 아미노산 서열로부터 단백

제, 세제 등 다양한 고분자 기반 제품의 전구체이다. 이 연구는 스크립스 연구소의 아흐메드 바드란과 신시내티 대학의 지미 장과의 공동 연구 결과이다. 미 과학진흥연구협회, 알프레드 P. 슬로언 재단, 기후 웍스 재단으로부터 네거티브 배출 과학 보조금을 받았다. 샤라다의 접근 방식은 RuBisCO의 반응 메커니즘을 이해하고 분석하기 위해 전산적 방법을 사용하는 것이다. 이 효소가 CO_2 및 다른 분자와 상호 작용하는 방식을 확인함으로써, RuBisCO를 재설계하는 것을 목표로 하고 있다. 대기 중의 CO_2를 가치 있는 화학 원료로 전환하는 확장 가능한 공정을 개발, 탄소 포집, 활용에 기여하는 것. 연구 업적을 인정받아 2023 슬론 펠로우십도 수상했다. 이 연구는 AI와 전산 화학의 통합을 보여주는 사례이다.

샤아마 말리카르준 샤라다 USC제공

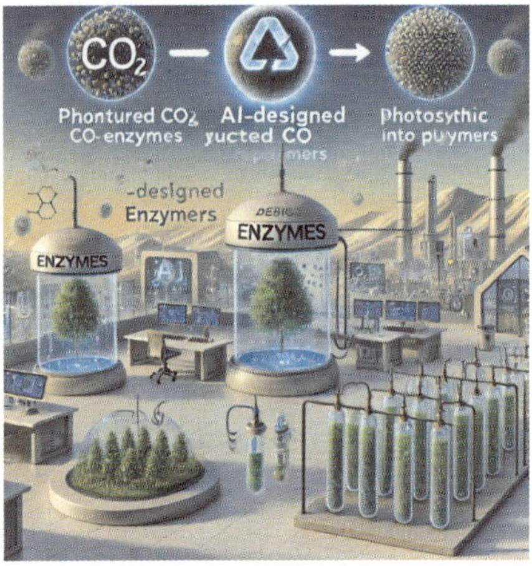

샤라다 박사의 연구 과정을 시각화한 그림이다

질 구조를 예측할 수 있다. 이를 통해 CO_2에 더 잘 결합하고 유용한 화합물로 전환하는 촉매 작용을 하는 효소를 이해하고 설계할 수 있다. 이것은 탄소 포집, 생명 공학, 기후 솔루션의 돌파구가 될 수 있다.

그러면 이같은 연구 과제들이 결실을 맺는다면 어떻게 인간에게 도움될 수 있는가?

첫째, 대기 중 CO_2 농도를 줄일 수 있다. CO_2 배출을 포획하고 전환함으로써 기후 변화에 대처할 수 있다. 특히 식물이나 조류의 광합성 능력을 향상시켜 자연적인 탄소 격리를 개선할 수 있다.

둘째, 농업 생산성 향상을 기할 수 있다. 최적화된 RuBisCO는 광합성을 보다 효율적으로 촉진시켜 공업용 비료 사용량을 줄이면서 농작물 수확량을 늘릴 수 있다.

셋째, 지속 가능한 제조 및 에너지 생산을 기할 수 있다. AI로 설계된 효소는 CO_2를 바이오플라스틱, 연료, 건축 자재와 같은 유용한 물질로 전환할 수 있어 화석 연료에 대한 의존도를 낮출 수 있다.

넷째, 가정에서의 공기 정화 및 탄소 포집이다. 미래의 가정용 또는 도시용 기기는 실내 공기의 CO_2를 걸러 공기 질을 개선하고 전 세계 탄소 중립에 기여할 수 있다. AI 기반 효소 설계를 실제 산업과 융합하면, CO_2를 가치 있는 자원으로 전환하여 환경과 인류 사회에 모두 도움될 것이다.

현재 AI는 단백질 설계에 혁명을 일으키고 있으며, CO_2 포집에 미치는 영향은 산업과 일상 생활을 변화시켜 더 깨끗하고 지속 가능한 미래를 만드는 데 도움 될 것이다.

AI가 백신을 개발하는 시대

지난 10여 년 간 AI를 활용한 혁신의 속도는 눈에 띄게 빨라졌다. 몇 가지 사례를 들어본다. 2019년 호주 플린더스 대학교Flinders University의 연구원들의 독감 백신 개발 사례다. 독감 백신의 목표는 몸 안에 침투한 바이러스를 찾아내 싸우도록 면역 체계를 자극하는 것이다. 면역 체계는 바이러스의 존재에 대해 '경고'를 받아야 하며, 백신은 우리 몸이 스스로 방어하는 방법을 배우도록 훈련시키는 역할을 해야 한다. 백신이 효과를 발휘하려면 면역 체계가 향후 바이러스와 싸우는 방법을 기억하도록 하는 것이다. 이 과정에서 면역 반응을 더욱 강력하게 만들기 위해 연구자들은 백신에 '보조제'를 추가한다. 보조제는 백신에 대한 면역 반응을 강화시켜 바이러스에 대항하는 항체를 생성하도록 하는 물질이다.

실험실에서 적합한 보조제를 찾는 과정은 수 많은 시행착오와 시간, 비용이 소요된다. 다양한 화학물질과의 조합을 테스트하여 어떤 것이 가장 유효한지 확인해야 하기 때문이다.

플린더스 대학 연구진은 화학물질의 가상 시험장인 디지털 시뮬레

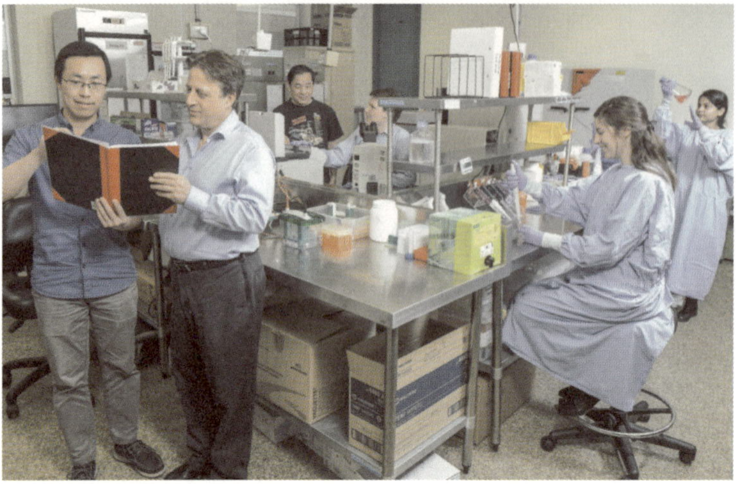

호주 플린더스 대학 실험실 모습

이션을 사용했다. 인간 면역 체계가 다양한 화학물질에 어떻게 반응하는지를 시뮬레이션하는 모델을 만들었다. 모델을 통해 수조 개의 화학물을 가상으로 테스트했다. 즉 인실리코 테스트(컴퓨터 환경에서의 테스트)이다. 이 프로세스는 실험실에서 물리적으로 시험하는 것보다 훨씬 빨랐다. 효과 없는 물질을 빠르게 걸러내고 유망한 후보를 찾아내는 작업이다. 연구팀은 강력한 면역 증강 보조제로 작용할 가능성이 있는 화학물질의 목록을 얻을 수 있었다. 이를 토대로 실험실(시험관)과 동물 또는 인체 실험(생체)에서 추가로 시험하여 효과와 안전성을 확인할 수 있었다.

연구팀은 컴퓨터 시뮬레이션을 사용하여 백신 개발 프로세스의 속도를 높였다. 여러 가지 화학 물질을 실험하는 데 수 년을 소비했던 과거와 달리, AI 시뮬레이션을 통해 단 시간내에 옵션을 좁힐 수 있었다. 드디어 적합한 보조제, 즉, '터보차저' 독감 백신을 개발했다.

2020년 MIT 소속의 연구팀은 현존하는 가장 위험한 약물 내성 박테리아를 죽이는 강력한 항생제를 개발하기 위해 AI를 사용했다.

몇 가지 유형의 항생제만 평가하는 것이 아니라 몇 시간 만에 1억7천만 개의 항생제를 분석하여 23개의 후보를 골라내고 가장 효과를 보이는 두 가지 물질을 선별했다.

피츠버그대학교의 약물 설계 연구원 제이콥 듀런트Jacob Durrant는 "1억 개가 넘는 화합물의 항생제 활성을 물리적으로 테스트하는 것은 불가능하다. 놀랍다"고 했다. MIT 연구진은 AI를 사용해 새로운 항생제를 처음부터 설계하기 시작했다.

앞에서 이미 설명했지만, 2020년 의학 분야에서 AI가 핵심으로 자리잡은 계기는 코로나 사태였다. AI가 안전하고 효과적인 코로나19 백신을 기록적인 시간 내에 설계하는 데 결정적인 역할을 한 것이다.

2020년 1월 11일 모더나의 연구자들은 어떤 백신이 가장 효과적인지 분석하는 강력한 머신러닝 도구를 사용하여 작업했고, 불과 이

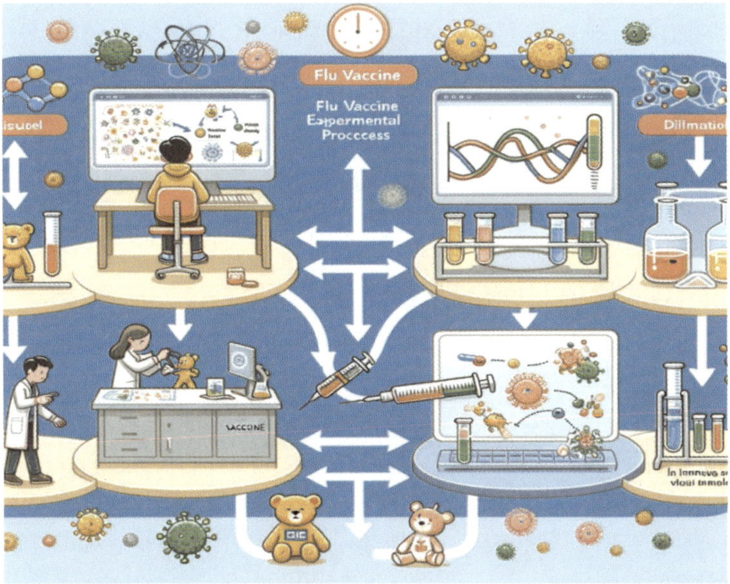

연구, 실험 진행 과정을 그림으로 시각화했다

틀 만에 mRNA 백신의 염기 서열을 구성할 수 있었다. 2월 7일 첫 임상과 예비 테스트를 거쳐 2월 24일 미국립보건원으로 보내졌다. 그리고 염기서열 선택 후 63일 만인 3월 16일 첫 백신이 임상시험 참가자의 팔에 투여되었다. 팬데믹 이전에는 백신 개발에 보통 5년에서 10년 걸렸지만, 신속한 개발 덕분에 수천만 명의 귀한 생명을 구할 수 있었다.

특히 바이러스의 지속적인 변이에 따른 백신을 신속하게 개발하는 혁신적인 AI 도구가 나왔다. AI 시스템은 후보 백신을 1분 이내에 설계하고 1시간 이내에 디지털 시뮬레이션 검증까지 마칠 수 있다.

인체내 단백질 접힘의 과정

종래 생물학에서 해묵은 과제는 단백질이 어떻게 접히는지 규명하는 것이었다. 게놈의 DNA 지침은 아미노산 서열을 생성하고, 정상 단백질로 접히는 명령에 비유한다. 우리 몸은 대부분 단백질로 이뤄진다. 단백질의 구성과 기능 사이의 관계를 이해하는 것이 신약 개발과 질병 치료의 관건이다. 안타깝게도 단백질 접힘과 관련된 복잡성은 단일 규칙을 따르지 않는다. 이 때문에 연구자들은 단백질 접힘을 규명하는데 애를 먹고 있다.[23]

23 단백질 폴딩은 생물학에서 가장 큰 난제 중 하나다. 우리의 DNA에는 단백질을 만드는 방법을 알려주는 지침이 포함되어 있다. 이러한 지침에 따라 아미노산 서열이 만들어진다. 아미노산은 특정 모양으로 접혀서 단백질을 형성한다. 단백질 접힘은 체내에서 할 수 있는 단백질 역할이 결정되기 때문에 매우 중요하다. 단백질은 근육의 움직임부터 세포의 통신 방식에 이르기까지 신체의 거의 모든 것을 제어한다. 잘못 접힌 단백질은 알츠하이머병이나 암 등의 질병으로 이어진다. 따라서 연구자들은 이러한 아미노산이 어떻게 올바르게 접히는지 알아내야

인체에서의 단백질 접힘은 매우 복잡한 과정이다. 단백질을 구슬의 줄에 비유할 수 있다. 이 구슬은 아미노산이며 긴 사슬(단백질)로 서로 연결되어 있다. 일단 사슬이 만들어지면 직선으로만 유지되는 것이 아니라 비틀어져 특정 모양으로 접힌다. 단백질은 신체에서 기능을 수행할 수 있는 모양을 갖기 위해 접힌다. 어떤 단백질은 근육을 만드는 데 도움을 주고, 어떤 단백질은 산소를 운반하며, 어떤 단백질은 음식물 소화를 돕기도 한다. 각 단백질은 자물쇠에 맞는 열쇠처럼 특정 역할에 맞는 고유한 모양을 갖는다.

단백질 접힘은 어떻게 이루어지나.

단백질은 아미노산(사슬의 구슬) 사이의 서로 다른 힘으로 접힌다. 사슬의 어떤 부분은 자석처럼 서로 끌어당기고, 어떤 부분은 서로 밀어낸다. 이로 인해 사슬이 복잡한 3D 모양으로 뒤틀리고 구부러진다. 단백질을 접는 것은 종이접기에 비유할 수 있다. 올바르게 접으면 종이학처럼 아름답고 기능적인 모양이 만들어진다. 잘못 접으면 모양이 제대로 만들어지지 않는다. 마찬가지로 단백질이 잘못 접히면 신체에서 제 역할을 할 수 없다.

좋은 예로 적혈구의 단백질인 헤모글로빈을 들 수 있다. 헤모글로빈은 폐에서 몸 전체로 산소를 운반하는 택시와 같다. 헤모글로빈이 제대로 접히지 않으면 산소를 제대로 받아들이지 못해 적혈구가 기형적으로 변하는 적혈구 빈혈이 발생한다. 단백질은 특정 자물쇠(체내의

한다. 접히는 과정은 명확한 규칙을 따르는 것이 아니라, 아미노산의 서열과 주변 환경 등 다양한 요소의 영향을 받는다. 이러한 복잡성 때문에 단백질이 어떻게 접힐지 정확히 예측하는 것은 매우 어렵다.
신약 개발의 경우, 약물이 매우 특정한 방식으로 단백질과 상호작용해야 하는 경우가 많기 때문에 이러한 접힘 과정을 이해하는 것이 매우 중요하다. 단백질이 어떻게 접히는지 규명할 수 있다면 질병을 보다 신속히 치료하는 약물을 설계할 수 있다.

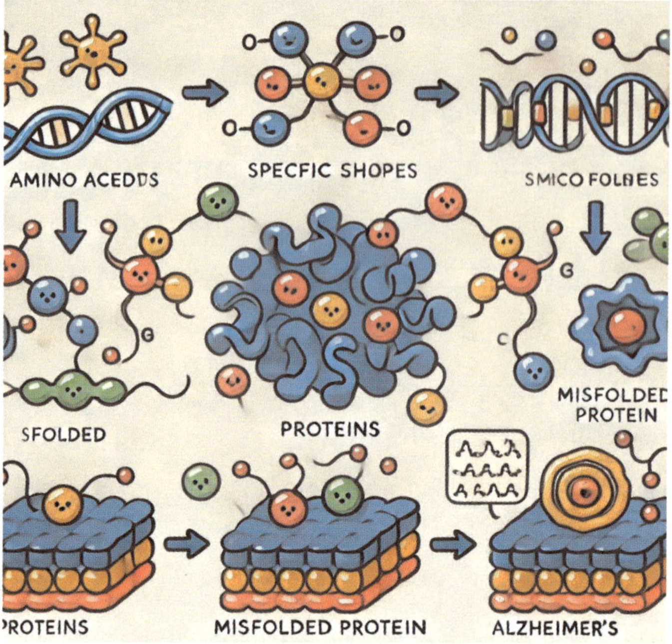

아미노산이 정상으로 접혀 단백질을 형성하는 과정을 보여준다.
하단의 잘못 접힌 단백질이 알츠하이머를 유발하는 그림이다.

다른 분자)에 맞아야 하는 작은 열쇠에 비유할 수 있다. 단백질이 올바른 방식으로 접히면 자물쇠에 완벽하게 들어 맞고 신체 기능이 원활하다. 그러나, 단백질이 잘못 접히면 자물쇠에 맞지 않아 질병을 초래한다. 잘못 접힌 단백질은 서로 뭉쳐서 손상을 일으킨다. 알츠하이머병은 뇌의 특정 단백질이 잘못 접혀 서로 뭉쳐서 기억력에 문제를 일으킬 때 발생한다. 낭포성 섬유증은 잘못 접힌 단백질로 인해 염분과 수분이 세포 안팎으로 제대로 이동하지 못해 발생한다.

따라서 단백질 접힘 규명에는 여전히 운과 힘든 노력에 의존하고 있으며, 최적의 솔루션은 아직 발견되지 않았다. 이는 오랫동안 새로운 약제를 만드는 데 주요 장애물 중 하나였다. 바로 이 부분에서 AI의 패턴 인식 기능이 기여할 것이다.

2018년 구글의 DeepMind딥마인드는 알파폴드 프로그램을 개발, 주요 단백질 접힘 규명 모델과 경쟁했다. 알파폴드AlphaFold는 인간의 종래 지식에 의존하지 않는 접근 방식을 사용했다. 알파폴드의 초기 버전은 43개의 단백질 중 25개의 구조를 정확하게 분석하여 다른 프로그램보다 뛰어난 성능을 보였으며 98개의 경쟁자 중 1위를 차지했다. 2위를 차지한 경쟁 프로그램은 43개 중 3개만 분석했다. 그러나, AI 분석은 여전히 실험실 실험만큼 정확하지 않기 때문에 딥마인드는 다시 원점으로 돌아갔다.

정확도를 높이기 위해 딥마인드는 모델을 재검토하고 딥러닝 트랜스포머 기술을 도입했다. 이에 따라 AI는 이제 거의 모든 단백질에 대해 실험실 수준의 정확도로 단백질 구조 규명의 속도를 높일 수 있었다. 이는 18만 개 이상에서 수억 개에 이르는 수준이며, 곧 수십억 개에 이를 것이다. 향후 수십 년 동안 AI는 고난도의 검색 역량을 갖출 것이다.

예를 들어, AI는 인간 임상의가 발견하지 못한 문제를 식별할 수 있다.(예, 특정 질병은 표준 치료에 잘 반응하지 않는다는 점) AI는 이를 파악하여 새로운 치료법을 제안할 수 있다.

지난 10여 년 동안 CAR-T, BiTE 등 면역 요법을 포함한 많은 유망한 암 치료법이 도입되었다. 이를 통해 수천 명의 생명을 구했지만 암 세포 역시 저항하는 방법을 배우기 때문에 실패하는 경우가 적지 않다. 종양 세포는 현재의 치료 기술로는 완전히 이해할 수 없는 방식으로 환경을 바꾼다. 몸 속 종양은 나름대로 적응하고 내성을 키운다는 말이다. 내성은 종양 미세환경(TME)이라고 하는 국소 환경을 변화시키는 것과 관련이 있다. TME는 면역 체계를 회피하고 치료에 저항하는데 주요 역할을 한다. 종양은 면역 체계의 표적이 되지 않기 위해 여러 가지 방법으로 미세 환경을 수정한다.

종양이 어떻게 면역 체계를 무력화하는지에 대해 설명을 덧붙인다.

먼저 면역 억제이다. 종양은 면역 세포(T세포, CAR-T 등)를 억제하는 TGF-β(형질 전환 성장 인자-베타)와 같은 물질을 분비한다. 이는 종양 주변의 면역 반응을 약화시키는 역할이다. 의학계는 이에 저항하고 암세포와 싸우는 능력을 키우는 각종 치료법을 개발하고 있다.

둘째, 물리적 장벽이다. 종양은 물리적 장벽으로 작용하여 면역 세포나 치료제가 종양에 침투하는 것을 막는 조밀한 섬유 조직 네트워크를 만든다. CAR-T 세포가 암세포에 도달하여 죽이는 것을 어렵게 한다.

셋째, 내성 강화다. 종양 세포는 PD-L1 등의 고단백질을 발현하며, 면역 반응을 무력화 한다. 일부 종양은 시간이 지남에 따라 내성을 강화하기도 한다.

치매와 파킨슨병 발병

뇌에서 잘못 접힌 단백질은 알츠하이머와 파킨슨병 등 신경 퇴행성 질환을 유발한다. 세포를 건강하게 유지하는 데 필수적인 물질인 단백질이 제대로 기능하려면 정상으로 접혀야 한다. 마치 자물쇠에 맞도록 열쇠의 모양이 딱 맞아야 하는 것과 같다.

잘못된 단백질 접힘

유전적 돌연변이, 환경적 스트레스, 노화로 인해 단백질이 올바르게 접히지 않는 경우가 있다. 모양이 휘어진 열쇠처럼 잘못 접힌다.

단백질이 제대로 작동하려면 종이접기처럼 올바른 모양으로 접혀야 한다. 잘못 접힌 단백질은 제대로 기능하지 못하고, 심하면 서로 달라붙어 응집체라는 덩어리를 형성한다.[24]

알츠하이머병 환자에게서 발견되는 잘못 접히는 두 가지는 베타 아밀로이드Beta-amyloid와 타우Tau proteins 단백질이다. 베타 아밀로이드는 뇌 세포 사이에 끈적한 플라크를 형성하고, 베타 아밀로이드가 너무 많이 축적되면 신경세포 간의 소통을 방해하고 염증을 유발하여 뇌 조직을 손상시킨다. 타우는 서로 엉켜서 세포 간 소통을 방해하고 종국에는 뇌 세포를 죽인다. 신경세포 내 타우 단백질은 세포의 구조를 안정화시키는 역할을 한다.

파킨슨병 환자의 경우 알파-시누클레인alpha-synuclein이라는

---

24 단백질이 '정상으로 접혀야 한다'는 말은 이렇다. 단백질의 최종 모양(형태)에 따라 단백질이 다른 분자와 상호작용하는 방식과 특정 기능을 수행하는 방식이 결정된다. 그래서 접힘은 매우 중요하다. 단백질의 기능은 단백질의 모양과 직접적으로 연관되어 있다. 단백질이 잘못 접히면 제 역할을 수행하지 못하거나 더 심하게는 응집되어 질병을 일으킨다. 단백질은 DNA 지시에 따라 서로 연결된 아미노산의 선형 사슬에서 시작된다. 이 사슬은 평평하거나 곧게 유지되지 않고 복잡한 3차원 구조로 접힌다. 접힘은 아미노산 사슬의 서로 다른 부분이 수소결합, 소수성 상호작용, 이온 결합 등의 인력과 반발력을 통해 발생하며, 단백질은 자연스럽게 접힌다. 단백질이 단계적으로 접히는 순서는 1.기본 구조: 아미노산 순서대로 형성 2. 2차 구조: 사슬의 일부가 알파 헬리(나선형 모양), 또는 베타 시트(평평하고 주름진 모양) 등 단순한 모양을 형성. 3. 3차 구조: 2차 구조는 더 복잡한 3D 모양으로 접혀 단백질의 기능을 만들어낸다. 종이를 매우 특정한 방식으로 구겨서 조각품을 만드는 것과 같다. 4. 4차 구조 : 일부 단백질은 여러 개의 접힌 사슬이 모여 더 큰 복합체를 형성한다. 3차원 형태는 단백질이 다른 분자와 상호 작용할 수 있도록 하기 때문에 매우 중요하다. 3차원 형태로 접힌다는 것은 단백질이 고도로 조직화되고 조밀한 구조를 취하여 생물학적 기능을 수행할 수 있다는 것을 의미한다. 폴딩이 잘못되면 단백질의 오작동과 알츠하이머나 파킨슨병 등 질병으로 이어진다. 3차원 형태는 단백질이 완전한 기능을 발휘하기 위해 취하는 최종 구조이다. 마치 실이 꼬이는 것처럼 폴딩이 올바르지 않으면 양말이나 스카프로 사용할 수 없다.

단백질이 잘못 접혀 루이체Lewy bodies라는 덩어리를 형성한다. 루이체는 뇌 중앙 부위에 축적되어 떨림, 경직과 같은 파킨슨병의 전형적인 증상을 유발한다.

잘못 접힌 단백질 덩어리가 커지면 뇌 세포의 정상적인 기능을 방해한다. 세포 간 통신을 차단하고 세포 노폐물 처리 시스템을 방해하며 염증을 유발하며, 뇌 세포는 손상되어 죽는다.

시간이 지남에 따라 더 많은 뇌세포가 죽으면서 뇌는 중요한 기능을 수행하는 능력을 잃게 된다. 알츠하이머병은 기억력과 인지 능력에 영향을 미치고, 파킨슨병은 운동 능력에 악영향을 미친다. 잘못 접힌 단백질의 축적은 느린 과정으로 증상이 나타나기까지 수 년이 걸리지만 일단 손상이 시작되면 뇌 스스로 복구하기 어렵다.

현재 살아있는 뇌(인체 실험)에서 이러한 효과를 면밀히 연구하기란 불가능하기에 연구는 매우 느리고 어렵다.

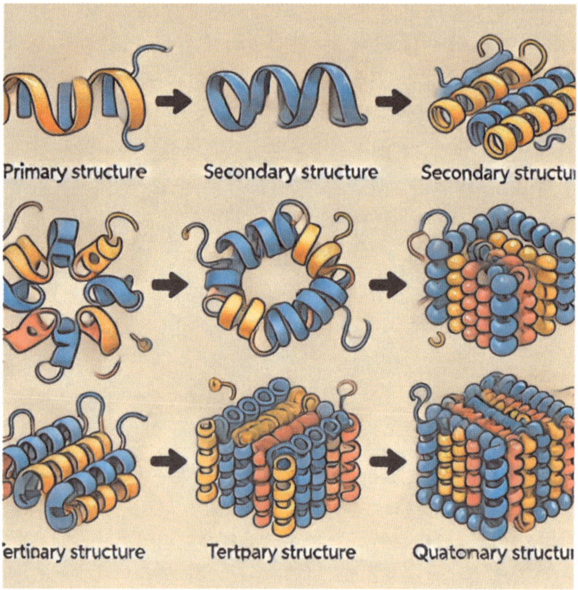

몸속에서 단백질이 접히는 단계를 화살표로 표시하여 1차 구조에서 4차 구조까지 진행 과정을 시각화한 그림이다.

지금까지 의사들은 일시적으로 화학적 균형을 조절하지만 효과가 미미하고 일부 환자에게는 전혀 효과가 없었다. 전문의들은 SSRI 및 SNRI와 같은 부작용을 유발하는 무딘 접근 방식의 약물에 의존해 왔다.

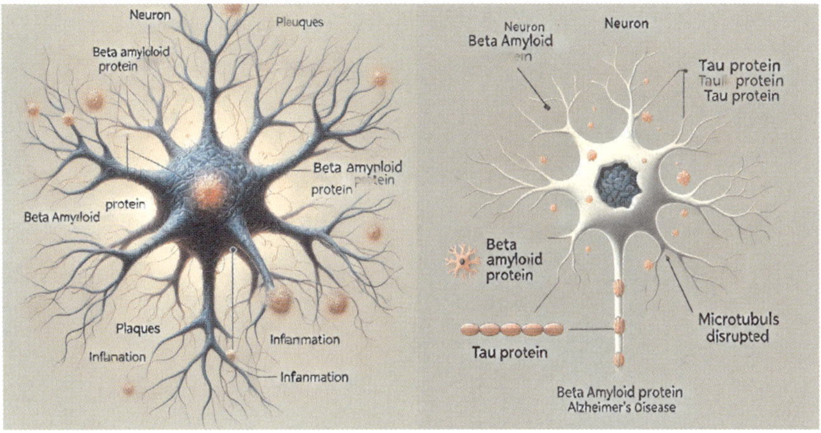

건강한 뇌에서 베타 아밀로이드 단백질은 정상적인 신경세포 작동 과정의 부산물이다. 보통은 분해되어 제거되지만, 제대로 제거되지 않으면 신경세포(뉴런) 외부에 달라붙어 축적되고 플라크를 형성한다. 플라크는 뉴런 간의 통신을 방해하여 염증을 일으켜 주변 신경세포를 손상시킨다. 타우 단백질은 뉴런 내부의 기찻길처럼 작용하여 영양분과 기타 중요한 물질을 운반하는 미세소관을 안정화시키는 역할을 한다. 알츠하이머병 환자에게서 발견된 타우 단백질은 비정상적으로 변하여 미세소관을 분해하여 수송 시스템을 방해하며, 불안정성과 기능 상실을 유발하여 뉴런의 사멸로 초래한다. 베타 아밀로이드 플라크와 타우 엉킴은 모두 알츠하이머병으로 이어진다. 타우는 기억력 상실과 인지력 저하 등을 유발한다.

뇌에 대한 AI 시뮬레이션 기술은 뇌질환 치료에서 매우 중요하다. 치매의 근본 원인을 제대로 이해한다면, 환자가 쇠약해지기 이전에 치료 가능한 길을 열 것이다. 정신 건강 장애에 대한 획기적인 성과도 가능하다.

AI가 우주에서 가장 복잡한 인간 뇌를 기능적 이해한다면, 많은 정신 건강 문제를 근본적으로 해결할 수 있다. 새로운 치료법을 발견하는 데 있어 AI의 무한 가능성과 더불어, 이를 검증하기 위해 사용하는 임상시험에서도 혁신을 향해 나아가고 있다. FDA는 현재 시뮬레이션 결과를 규제 승인 절차에 통합하고 있다.[25]

향후 코로나19 팬데믹과 같이 새로운 바이러스 위협이 갑자기 나타날 때 AI 시뮬레이션이 큰 역할을 할 것이다. 임상시험 과정을 완전히 디지털화하여 AI를 사용하여 수만 명의(시뮬레이션) 환자에게 약물이 몇 년 동안 어떻게 작용할지 평가한다. 이 모든 과정을 단 몇 시간 또는 며칠 만에 완료할 수 있다면 의료혁명이 일어날 것이다.

현재 인간 대상 임상시험의 가장 큰 단점은 소수라는 점이다. 약물의 종류와 임상시험의 단계에 따라 수십 명에서 수천 명 정도의 피험자만 대상으로 한다는 것이다. 이런 특정 피험자 그룹에서는 수년간이나 걸리는 시간도 문제이지만, 통계적으로 정확하게 약물에 반응할 가능성이 있는 피험자는 거의 없다는 것이다. 유전, 식단, 생활 방식, 호르몬 균형, 미생물 군집, 질병, 복용 중인 다른 약물과의 작용 및 기타 질병 등 많은 요인이 변수이기 때문이다.

그러나, AI 시뮬레이션 임상시험은 이런 단점을 극적으로 보완한다. 즉 숨겨진 인체 개개인의 세부 사항을 밝혀낼 수 있다.

---

25 미국 FDA는 의약품과 의료 기기 승인 프로세스에 AI 시뮬레이션 시스템을 점차 도입하고 있다. AI 시뮬레이션은 코로나-19 팬데믹과 같은 긴급 상황에서 승인 프로세스의 속도를 높였다. 인체 임상시험에 들어가기 전에 AI는 분자 수준에서 약물의 거동을 시뮬레이션으로 관찰한다. 약물이 신체의 각 부분과 어떻게 상호 작용하는지, 특히 부작용 등 약물의 작동 여부를 확인한다. 전통적으로 임상시험은 실제 환자를 대상으로 여러 단계(1, 2, 3상)에 걸쳐 약물의 안전성과 효능을 테스트한다. AI는 이 과정을 디지털화 해서 수년간의 환자 데이터를 기다리는 대신 단 몇 시간, 몇 일 내 각기 다른 특성(연령, 성별, 기존 질환)을 가진 수만 명의 환자를 시뮬레이션할 수 있다. FDA는 정확성을 보장하기 위해 AI 모델을 실제 데이터와 비교 검증하는 과정을 거친다. 동시에 AI는 노약자나 면역 체계가 약한 사람에게 약물이 미치는 영향 등 다양한 시나리오를 시뮬레이션한다.

예를 들어 1,000명의 피험자를 대상으로 새로 개발된 신약을 시험한다고 가정해 보자. 일반적으로 의사는 전체적으로 얼마나 많은 사람이 좋아지거나 나빠졌는지 살펴볼 수 있다. 하지만, 전체 그림만 확인했지 중요한 것을 놓칠 수 있다. 반면 AI는 매우 영리한 탐정처럼 행동한다. 큰 그림만 보는 것이 아니라 모든 데이터에 파고 들어 의사가 놓칠 수 있는 개인별 패턴을 찾아낸다. 찾아내는 속도 역시 순간적이다. 유전자, 기타 건강 상태 및 기타 요인 등을 확인할 수 있다. AI는 각 개인의 고유한 신체와 건강에 필요한 사항에 따라 치료할 수 있도록 매우 개인화된 의약을 만들 수 있다. 이를 통해 '모든 사람에게 적용되는 일률적인' 접근 방식이 아니라 각 개인에 가장 적합한 치료나 약물을 제공할 수 있다.

AI로 치매 조기 발견 전망

치매, 특히 알츠하이머 병증의 초기 징후 중 하나는 언어 능력의 미묘한 변화이다. 구절을 반복하거나, 비정상적인 단어 선택을 하는 등의 어려움이 우선 나타난다. 언어에 대한 기존의 임상 진단은 상당한 시간과 돈이 소요된다. AI 기술을 적용해 스마트폰이나 스마트홈 디바이스에 축적된 데이터를 통한 자가 진단법을 소개해 본다.

누구나 전화통화 시 스스로 일정 기간 동안 음성을 녹음한다. AI 알고리즘, 특히 딥러닝 모델은 이러한 오디오 샘플을 분석한다. AI는 방대한 데이터 세트를 학습해 놓았기에 치매와 관련된 언어 패턴을 인식할 수 있다.

AI가 추출해놓은 종래 치매 환자들의 특징은 다음과 같다.

단어 사이의 머뭇거림 또는 긴 멈춤, 어휘 다양성 감소, 특정 단어나 구의 빈번한 반복, 문장의 복잡성 감소, 운율(말의 리듬, 강세, 억양)의 변화, 발음의 부정확성 등이다. 이를 AI는 자신의 음성 패턴과 비교, 초기 치매 또는 징후를 감지할 수 있다.

자가 진단은 무엇보다도 지속적인 모니터링이 중요하다. 주기적으로 의사에게 가야 하는 임상 평가에 의존하는 대신, 지속적인 모니터링을 통해 스스로 진행 상황에 대해 보다 세분화된 데이터를 접할 수 있다. AI 알고리즘은 비교적 객관성을 갖는다. 이는 초기 징후를 간과하지 않도록 보장하는 것이다. 음성 기능의 저하는 피로나 스트레스 등에 의해서도 초래할 수 있기에 스스로 본인의 상태를 전체적으로 파악하는 것이 필수적이다.

충분히 큰 데이터 세트를 사용하면 나이와 관련된 정상적인 언어 변화와 치매를 나타내는 언어 변화를 구분하도록 AI 모델을 학습시킬 수 있다. 정확성을 보장하려면 다양한 데이터 세트로 AI 모델을 훈련시키는 것이 중요하다.

초기 치매 증상을 구분하는 법

사실 통상적으로 70~80대에 이르러 치매 초기 증상을 스스로 자각하기란 쉽지 않다. 정상적인 노화와 초기 치매를 구분하는 것은 둘 다 인지 기능 저하를 수반할 수 있기 때문에 구별하기 쉽지 않다. 다만, 치매로 인한 인지 기능 저하는 일반적으로 더 심하고 훨씬 빠른 속도로 진행된다는 점이다. 사람의 노화 진행은 저마다 다르다. 따라서 AI를 통해 다양한 소스(의료 영상, 유전자 데이터, 인지 테스트)의 데이터를 통합하여 분석되어야 보다 확실한 진단을 할 수 있을 것이다. 앞에서 몇 번 언급했지만, AI는 대량의 데이터를 분석하고 사람이 인지할 수 없거나 미묘한 패턴을 인식하는데 능하다. 이를 통해 각 개인에 대한 보다 포괄적인 프로필을 생성할 수 있다. AI는 특히 개인별로 치매에 걸릴 위험도를 평가할 수 있다. 아직은 초기 단계에 있지만, 몇 년 내 상용화가 가능할 것이다. 유전자, 라이프스타일, 생체인식 데이터를 결합하여 개인에게 치매에 걸릴 위험도를 알려주는 맞춤형 평가를 제공한다. 이를 통해 조기 치료나 생활 습관 변화, 즉 라이프스타일에 변화를 줘서 치매 예방과 적기의 치료가 가능할 것이다. 의료, 건강 관련 기업들은 스마트폰이나 스마트 홈 기기에 AI 기반 애플리케이션을 설치해 사용자의 인지 건강을 스스로 모니터링하는 시대를 열고 있다. 아직 해결해야 할 과제가 남아 있지만, 정상 노화와 치매의 조기 발견 및 감별에 혁신을 일으킬 AI의 잠재력은 무궁무진하다 할 수 있다.

실제 임상 현장에서 통해 인공지능이 질환 여부를 어떻게 구분할 수 있는지 몇 가지 예시를 들어본다.

첫째, 신경 영상 분석이다.

치매에 노출되는 연령층에 이르면, 정기적으로 뇌 MRI 스캔을 받는다. 수 년에 걸쳐 모든 사람의 뇌는 전체적인 부피가 약간 감소하는 등 노화의 징후를 보인다. 그러나, AI 알고리즘을 사용하면 기억과 관련된 영역인 해마와 같은 특정 영역이 더 빠르게 축소되는 것을 볼 수 있다. 이러한 위축 패턴은 일반적인 치매 유형인 초기 알츠하이머 질환과 일치한다. AI는 수천 건의 MRI 스캔을 분석하여 시간이 지남에 따라 전문의가 놓치는 뇌의 미묘한 구조 변화를 감지하고 정량화할 수 있다. 그런 다음 표준 데이터베이스와 비교하여 노화의 전형적인 변화인지 아니면 치매를 암시하는 변화인지 확인이 가능하다.

둘째, 인지 테스트이다.

이는 기억력, 주의력, 실행 기능을 포함한 여러 영역을 평가한다.

정상적인 노화에서도 미세한 변동이 발생하지만, AI는 기억력과 같은 특정 영역의 감소가 나이와 교육 수준에 비해 예상보다 가파른지 감지할 수 있다. AI를 통해 수많은 사람의 인지 테스트 결과를 분석하여 표준 데이터를 구축한다. 그런 다음 주어진 연령과 교육 수준에서 '정상적인' 감퇴가 무엇인지 판별해낸다. 이 표준에서 벗어난 개인의 경우, 초기 치매일 수 있다. 인지 기능을 측정하기 위해 간이 정신 상태 검사(MMSE) 또는 '몬트리올 인지평가'(MoCA)와 같은 전통적인 인지 테스트가 자주 사용된다.

이를테면 75세 남성이 테스트에서 평균보다 약간 낮은 점수를 받을 수 있다. 이것만으로는 판별하는데 부족하다. 그러나, 수 천 건의 테스트 결과를 분석한 AI는 오류 패턴(목록에서 단어를 지속적으로 잊어버리는 것)이 자주 나타나는 환자를 식별할 수 있다.

셋째, 음성 녹음이다. 가정에서 몇 달에 걸쳐 녹음한다. 누구나 가끔 단어를 잊어버리거나 생각의 흐름을 잃을 수 있지만, AI 알고리즘은 이 환자가 이전보다 자주 말을 멈추고, 문장을 반복하며, 비특정 용어를 더 많이 사용하는 것을 감지한다. AI는 음성 데이터를 분석하여 시간에 따른 음성 패턴, 단어 사용, 일관성의 미묘한 변화를 감지한다. 이를 통해 사용자의 인지 건강 상태와 치매 초기 징후에 대한 정보를 얻을 수 있다.

넷째, 웨어러블 기술이다. 요사이 일상 활동과 수면 패턴을 추적하는 스마트워치를 착용하는 것이 일반화 되어 있다. AI는 환자의 활동량이 줄어들고 수면 패턴이 흐트러지며 낮 동안 활동하지 않는 시간이 늘어나는 것을 감지한다. AI는 웨어러블의 데이터를 분석하여 이러한 변화를 감지하고 일반적인 노화 관련 변화와 치매의 초기 징후를 구분해낸다.

다섯째, 전자기록부이다. 편저자 본인이 지난 10년간 환자의 의료기록을 분석해보니 기억력 문제, 물건 분실, 재정 관리의 어려움과 관련된 불만이 점차 증가하는 것으로 나타났다. 건망증은 정상적인 노화의 일부일 수 있지만, 이러한 사항의 빈도와 특성을 AI로 분석하면 초기 치매 증상을 알아낼 수 있다.

미국 UCLA 공중보건대학 생물통계학과 론 브룩마이어 교수는 최근 정교한 컴퓨터 모델을 사용하여 2060년 9천800만 명이 알츠하이머 질환에 시달릴 것으로 예상했다. 전 세계 대부분의 국가에서도 마찬가지 수준이라고 했다. 2050년엔 1억6백만명 이상이 이 질환에 걸릴 것으로 예측한다. 그는 알츠하이머 질환 진단을 받는 비율이 5년마다 두 배씩 증가한다는 사실을 발견했다. 이는 가족 구성원의 정서적 부담과 함께 질병을 앓고 있는 환자를 돌보는 데 드는 비용을 고려할 때 엄청난 사회적 공중 보건 비용의 발생을 초래한다는 것이다. 따라서 초기 진단이 무엇보다 중요하다고 강조한다.

임상시험을 대체하는 AI 시뮬레이션

인간 임상시험을 대체하는 AI 시뮬레이션 기술은 빠르게 발전하고 있다. 주로 단일 분자로 구성된 약물이 가장 쉽게 시뮬레이션되고 있다. 그러려면 인체 전체를 '분자 단위의 해상도로 디지털화'해야 한다. 인체 내 모든 분자가 어떻게 행동하고 상호 작용하는지 파악하기 위해 신체의 상세한 컴퓨터 복사물을 만드는 것이다.

예를 들어 간 기능에 문제가 있는 사람에게는 어떤 약물이 도움될지 알아내려면 어떻게 할까. 신체의 모든 기관은 서로 연결되어 있어 간 기능만 보는 것으로는 문제를 파악하기 어렵다. 만약 약물이 우리가 예상하지 못한 방식으로 폐, 심장 또는 신장에 좋지 않은 영향을 미친다면 어떻게 될까. 따라서 약이 안전한지 확인하기 위해 신체 전체를 매우 세밀하게 모델링해야 한다.

이러한 '분자 해상도(그림 참조)'는 거대한 레고 세트의 모든 레고 블록을 하나하나 쪼개는 식으로 표현된다. 마치 슈퍼 현미경으로 확대하여 신체의 모든 작은 조각을 보는 것과 같다. AI는 실제 실험 없이도 부작용, 위험 및 이점을 매우 정확하게 예측할 수 있다. 약물이 신체의 한 부분에만 작용하는 것이 아니라 다른 모든 부위에도 어떤 영향을 미치는지 파악할 수 있다. 따라서 실제 사람을 대상으로 먼저 테스트하지 않고도 어떤 부분에 집중해야 하는지 확실하게 알 수 있다.

AI 기반 분자 시뮬레이션은 이미 활용 중이다. 약물이 체내 단백질과 상호 작용하는 방식과 거동을 분석하고 있다. 하지만, 인체 대상의 약물 실험을 완전히 대체하려면 지금보다 더 정밀하게 분자부터 장기, 신체 시스템에 이르기까지 훨씬 더 자세한 분석이 이뤄져야 한다.

전신을 분자 해상도로 모델링하려면 모든 세포, 조직, 기관의 구조와 동작을 원자 및 분자 수준에서 매핑해야 한다. 여기에는 단백질, 지질, DNA 및 신체 내에서 상호 작용하는 기타 모든 생물학적 구성 요소가 포함된다. 마치 첨단 이미징 기술과 연구를 통해 얻은 데이터는 인체의 디지털 복사본을 만드는 것과 같다.

인체의 분자, 특히 약물 거동과 관련된 분자는 매우 복잡한 방식으로 상호 작용한다. 예를 들어 간 질환에 복용하는 약물은 간에서 효소에 의해 대사되지만, 혈류 분자와 상호 작용하여 신장이나 폐에 영향을 미칠 수 있다.

AI는 분자 상호작용에 대한 방대한 데이터 세트를 학습한 다음, 다양한 조건에서 이러한 분자가 어떻게 작용할지 예측한다. 여기에는 흡수(약물이 혈류로 들어가는 방법), 분포(다른 조직으로 이동하는 방법),

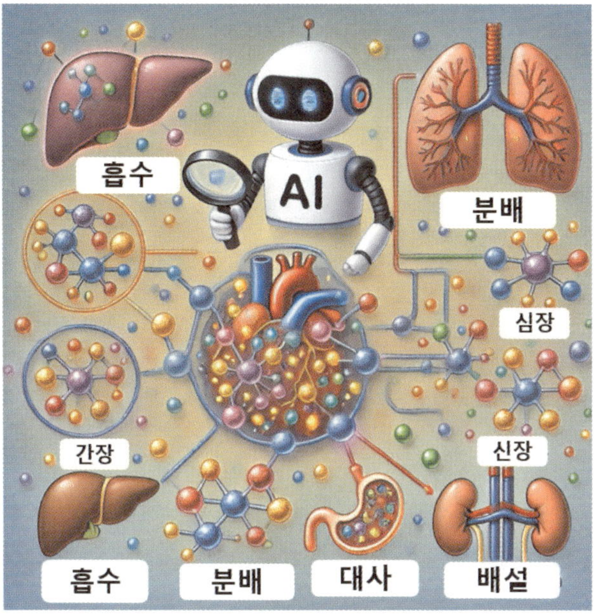

대사(간이나 다른 기관에서 약물을 분해하는 방법), 배설(주로 신장을 통해 제거되는 방법) 작용을 분석하는 것이 포함된다. 모든 장기는 주로 혈액 순환을 통해 간, 폐, 심장, 신장 등 인체 내 모든 기관과 연결된다.

이를 토대로 연구자들은 약물이 목표 장기에 대한 효과뿐만 아니라, 신체 다른 부위에도 안전한지 확인할 수 있다. 예를 들어 간 질환에 도움되는 약물이 심장이나 폐에 의도하지 않은 부작용을 초래하는지 그 위험을 인체 임상시험 전에 파악할 수 있다. 이런 방식으로 AI는 수 천 가지의 가능한 결과를 모델링하여 기존 테스트에서는 발견하기 어려운 숨겨진 부작용을 찾아낼 수 있다. 특히 개별 환자의 변이(유전 또는 기존 질환)에 따라 예측을 조정하여 개인 맞춤형 치료법도 제안할 수 있다.

AI 시뮬레이션의 장점이란 분석의 속도와 효율성에 있다. 분자 해상도라는 가상 신체에서 수천 가지 약물 변형 또는 용량을 빠르게 테

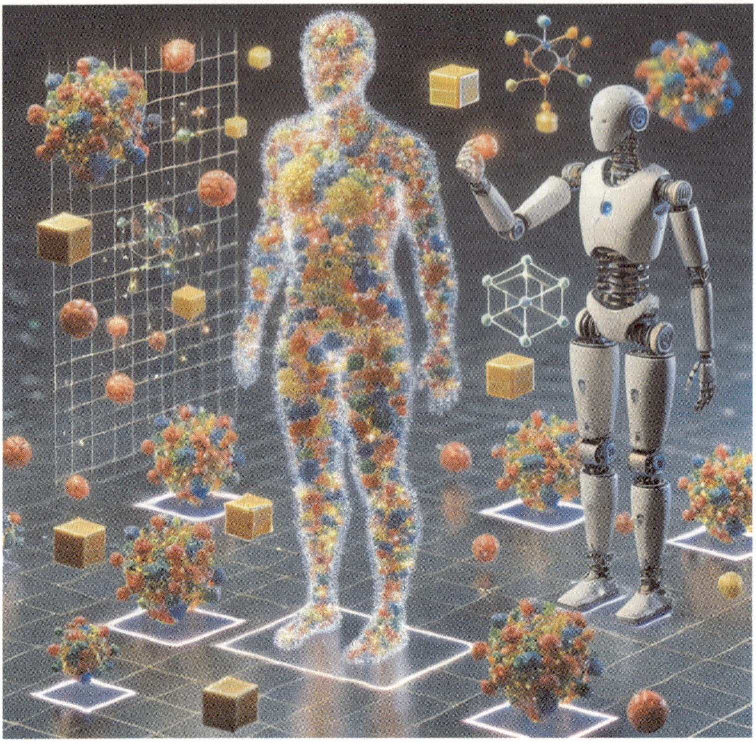

인체 구조를 작고 다채로운 블록(분자)으로 나눠 시각화한 그림이다. AI는 각 블록(인체 내부 분자)이 어떻게 서로 맞는지 살펴보고 신약이 어떻게 작용하는지 시뮬레이션하여 약물을 안전하게 테스트할 수 있도록 도와준다.

스트하여 부작용이 가장 적고 가장 효과적인 약물을 결정할 수 있다. 반면, 유전자 발현에 영향을 미치려는 CRISPR(유전자 가위)과 같은 기술은 시뮬레이션하는 데 시간이 더 오래 걸린다.[26]

---

26 유전자는 세포에 어떤 단백질을 만들어야 하는지 알려주는 레시피와 같다. 유전자가 '발현'된다는 것은 그 지시가 단백질을 만드는 데 사용된다는 것을 의미한다. 각 레시피(유전자)는 요리(단백질)를 만드는 방법을 알려준다. 하지만 요리책이 있다고 해서 음식이 만들어지는 것이 아니다. 책을 펼쳐 레시피에 따라 요리를 만들어야 하는 것과 마찬가지로 우리 몸은 유전자 정보를 사용하여 단백질을 만든다. 근육 형성을 위한 단백질을 만드는 레시피가 있다면, 근육이 더 많이 필요해지면 신체는 근육을 만드는 레시피를 더 많이 사용한다. 유전자 발현

에서 mRNA와 같은 분자는 유전자(DNA)의 지시를 단백질이 만들어지는 곳으로 전달하는 메신저 역할을 하고, 다른 분자들은 요리 과정을 돕는다. 연구자들은 CRISPR(유전자 가위)와 같은 도구를 사용하여 유전자 발현에 영향을 주고, 이를 통해 신체가 올바른 단백질을 생산할 수 있도록 레시피의 일부를 변경한다. 유전자와 단백질은 신체에서 매우 중요한 역할을 하기 때문에 시간이 걸린다.

AI는 유전자 발현이나 CRISPR을 시뮬레이션할 때 모든 작은 단계와 상호작용을 모델링해야 한다. 설탕을 너무 많이 넣으면 음식의 맛이 망가지는 것처럼, 유전자의 한 부분(레시피)을 변경하면 신체의 다른 부분에 어떤 영향을 미치는지 AI가 이해하고 예측해야 한다.

05

나노 기술과 건강 장수

건강 장수를 위한 길

사람은 누구나 가능한 한 오래 살고자 한다. 그것도 병에 걸리지 않고 건강하게 오래 사는 것이다. 노화란 생활 습관이나 질병의 발병이 아닌 자연적으로 발생하는 경우라고 보통 생각한다. 시간이 지나면 점차 몸이 망가지기 시작하는 것과 같은 개념이다. 지난 10년 동안 과학자들과 투자자들은 그 이유를 알아내기 위해 매우 진지한 관심을 기울였다.

이 분야의 연구자 중 한 명인 생물노년학자 오브리 드 그레이는 LEV(Longevity Escape Velocity) 재단을 설립했다. 드 그레이는 신체의 노화를 자동차 엔진의 마모에 비유했다. 즉 시스템의 정상 작동으로 인해 누적되는 손상이라고 했다. 손상은 주로 세포 대사(신진대사, 생존을 위한 에너지 사용)와 세포 생식(자기 복제 메커니즘)의 결합으로 인해 발생한다. 신진대사는 세포 안팎에서 노폐물을 생성하고 산화 작용으로 구조를 손상시킨다(자동차가 녹슬어가는 것과 비슷).

오브리 드 그레이에 따르면 노화는 피할 수 없는 것이 아니라 통제하고 지연시킬 수 있는 일련의 생물학적 과정이다. 노화를 누적된 손상으로 인해 발생하는 일종의 '질병'으로 보아야 한다는 가설이다.

그의 이론에 따르면 첫째, 수명 탈출 속도(LEV)이다. 그는 '수명 탈출 속도'라는 용어를 처음 만들었다. 노화 속도보다 더 빨리 복구할 수 있을 만큼 기술이 빠르게 발전하는 과정을 의미한다. 미래 어느 한 때에 이르면 매년 새로운 치료법이 등장하여 건강한 수명을 더욱 연장할 수 있다는 것이다. 노화가 초래한 질병의 치료에 초점을 맞춘 기존의 접근 방식과는 다르다. 그는 마치 자동차 엔진을 수리하듯, 노화로 인해 자연 발생하는 손상을 '수리'하는 것이 낫다고 주장한다. 세포 단계에서 신체를 복구하는 데 필수적인 도구, 이를테면 분자 크기의 나노로봇이 노폐물을 제거하거나 손상된 미토콘드리아를 고치는 데 활용할 수 있다고 주장한다. 노화는 생물학적인 신비로운 것이 아니라 관리 가능한 공학적 문제라는 것이다. 세포가 어떻게 분해되고 고장 나는지 이해하면 생명공학을 이용해 세포를 더 젊은 상태로 회복시킬 수 있다고 강조한다. 사람은 불멸의 존재가 아니다. 하지만, 젊은이와 같은 건강과 활력을 가능한 한 오래 유지하여 기대 수명을 크게 연장할 수 있다고 주장한다.

정리하면 젊을 때는 우리 몸이 이러한 노폐물을 제거하고 손상을 효율적으로 복구한다. 하지만, 나이가 들면서 대부분의 세포는 신체가 고칠 수 있는 속도보다 더 빨리 손상되어 간다.

결국 모든 것이 한꺼번에 고장 나기 시작하면 노화로 인한 손상을 치료하는 것은 더 이상 효과적이지 않다. 장수 연구자들은 노화 자체를 치료하는 것이 유용한 해결책이라고 주장한다. 요컨대, 개별 세포와 국소 조직 수준에서 노화로 인한 손상을 복구하는 기술이다. 이를 달성하기 위해 여러 가지 가능성이 모색되고 있지만, 가장 유망한 궁극적인 해결책은 체내로 들어가 직접 복구 작업을 수행할 수 있는 나노로봇을 생각할 수 있다. 우리는 여전히 불의 사고로 인해 사망할 수 있지만, 그렇지 않다면 많은 사람들이 건강하게 120세를 훨씬 넘겨 살 수 있다.

2050년 무렵 나노기술의 발달로 인해 100세가 150세까지 살 수 있을 만큼 노화 문제가 해결된다면, 2100년까지는 그 나이에 발생할 수 있는 새로운 문제들을 해결할 것이다. 그때까지 AI가 연구에서 핵심적인 역할을 하게 되면 생명 연장의 연구는 기하급수적으로 발전할 것이다.[27]

27 AI가 인간 수명 연장에 기여하는 방법에 대해 다시 한번 정리한다.

건강 학계에서는 생명 연장 연구 그룹을 크게 3세대로 구분한다.

생명 연장 연구의 세대별 구분

먼저 1세대이다. 생명 연장 연구가 본격화된 2000년 초~2020년까지이다.

이 단계에서는 인류가 그간 축적한 의약품, 영양, 예방적 지식을 활용하는 단계였다. 예를 들어, 기대 수명을 단축시키는 암, 심장병, 당뇨병 등 질병을 관리하는 데 초점을 맞췄다. 진정한 '수명 연장'은 아니지만 콜레스테롤 수치를 낮추는 스타틴, 암에 대한 면역 요법, 노

---

1. 분자 수준에서의 노화 분석: AI는 방대한 양의 생물학적 데이터를 순간 분석하여 노화 세포, 조직, 유전자의 패턴을 파악할 수 있다. 예를 들어, AI 알고리즘은 세포 이미지를 스캔하여 알츠하이머병 등 에 연관된 DNA 손상이나 단백질 오접힘 등 노화의 초기 징후를 감지한다. 이러한 패턴을 발견하면, 노화의 근본 원인을 찾아 표적 치료법을 개발할 수 있다.
2. 노화 관련 질병에 대한 약물 발견: AI는 다양한 분자가 노화 세포와 어떻게 상호 작용할지 분석, 약물 발견 과정을 가속화한다. 이를 테면 AI는 오랜 실험 없이도 새로운 화합물이 손상된 세포에 어떤 영향을 미칠지 시뮬레이션할 수 있다. 현재 이 프로세스는 세포 손상을 줄이고 건강한 수명을 연장하는 약물의 발견을 가속화하고 있다.
3. 개인 맞춤형 치료법 개발: AI는 개인의 유전학, 라이프스타일, 건강 기록을 분석하여 노화 방지 치료법을 개인화한다. AI는 개인에게 고유한 세포 변화에 대응하기 위해 특정 약물이나 치료법을 추천하여 노화에 대한 맞춤형 접근 방식을 제공할 수 있다.
4. 나노로봇 설계 및 배치 최적화: 조만간 AI는 나노로봇을 설계하고 프로그래밍하여 손상된 세포를 효율적으로 표적하고 복구하는 역할을 할 것이다. 간단히 말해, AI는 노화 관련, 방대한 양의 데이터를 학습, 초스피드로 약물과 치료법을 찾아내며, 개인 맞춤형 치료를 돕는 초스마트 비서와 같은 존재이다. AI는 분석, 예측, 최적화하는데 탁월한 성능을 발휘할 것이다.

화를 늦추는 치료법(메트포르민이나 레스베라트롤) 등은 건강을 유지하고 수명의 한계를 뛰어 넘으려는 시도였다. 레드 와인에서 발견되는 레스베라트롤 등의 보충제는 미토콘드리아 기능을 개선하고 노화 과정을 늦추는 능력으로 인해 인기가 높아지고 있다. 그러나, 인체내 상호 작용하는 복잡성에 대해서는 아직 연구중이다.

또한, 유전자 데이터를 활용한 개인 맞춤형 식단 선택도 이러한 흐름의 일부이다. 첫 번째 단계에서는 건강한 삶을 지원하기 위한 의약품, 보충제 및 개인 맞춤형 식이 전략도 지속적으로 연구되고 있다.

이어 2세대(2020년~2029년)로, 생명공학과 AI 융합의 시대이다.

AI가 생명공학과 융합하여 의학에 혁신을 가져오는 시대에 접어들었다. 이 단계에서는 AI 시뮬레이션을 통해 치료법을 인간에게 적용하기 전에 디지털 환경에서 테스트하고 개선하는 단계이다. 노화의 유전적 기초를 학습한 AI가 어떤 유전자 치료법이 인체 노화를 늦추는지 분석하고 있다. 최근 CRISPR 유전자 편집과 mRNA 기술은 AI와 바이오테크 협업으로 이뤄낸 혁신이 덕분이다. 현재 AI는 신경 퇴행성 질환에서 줄기세포가 손상된 조직을 복구하거나 재생하는 방법을 예측하는 데 도움을 주고 있다.

3세대(2030년~2040년)는 나노기술이 인간의 생물학적 한계를 극복하는 단계이다.

2030년대에 가속할 것으로 예상되는 세 번째 단계에서는 나노기술을 이용해 인체 장기의 한계를 극복하는 아이디어가 나올 것이다. 나노기술은 분자 수준의 미세한 기계나 물질을 설계하여 우리 몸과 상호작용 하도록 하는 기술이다.

예를 들어 혈류를 순회하며 동맥의 플라그를 제거하거나 세포 수준에서 손상된 조직을 복구할 수 있는 정밀 나노봇을 개발할 수 있다. 이러한 나노 크기의 도구는 표적 약물을 전달하여 건강한 조직은

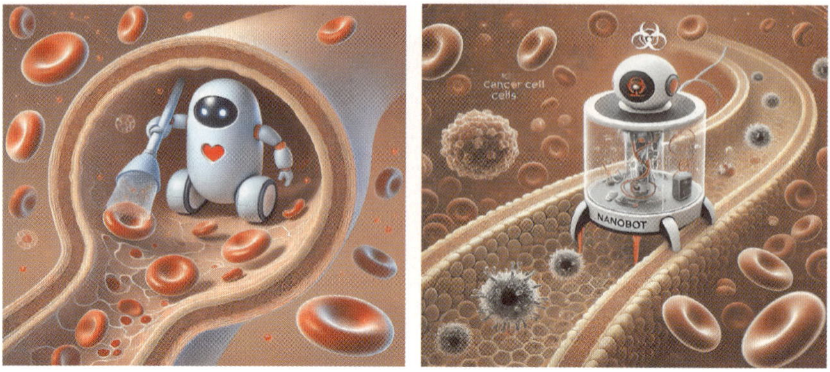

나노로봇이 혈관에서 플라그를 제거하는 모습이며 우측은 암세포를 죽이는 장면을 상상한 그림이다.

그대로 둔 채 암세포를 정확하게 죽인다. 지금의 화학 요법과는 비교할 수 없을 정도로 부작용이 적을 것이다.

또한 나노 기술은 인공 장기를 끼워넣거나 기존 장기를 재생하는 데도 큰 힘이 될 것이다. 2030년대에는 나노 기계가 생물학적 세포와 함께 작동하여 DNA 수준에서 손상을 복구한다면, 노화 과정을 근본적으로 되돌리고 인간 수명을 120년 이상으로 늘리는 길이 열릴 것이다.

2000년에 태어난 사람은 20대가 되는 2020년대에는 개인 맞춤형 의약품과 AI가 분석한 식단의 혜택을 누린다. 2030년에 접어들어 30대가 되면 AI 시뮬레이션 유전자 치료와 맞춤형 약물을 처방받아 증상이 나타나기 이전에 질병 치료가 가능하다. 사실상 공상과학 소설에나 등장하던 것을 일상 현실로 만드는 것을 목표로 한다.

122세까지 생존한 프랑스 여성 잔느 칼망[28]의 사례는 특별한 케

---

28 잔느 칼망Jeanne Calment은 122세 164일이라는 놀라운 수명을 기록했다. 1875년 2월 21일 프랑스 아를에서 태어난 그녀는 빈센트 반 고흐 등과 교류하면서도 전기, 자동차, 인터넷 등 현대 가장 중요한 사건들을 겪으며 살았다. 110세에 이르러서도 혼자 살았다.
잔느 칼망의 놀라운 장수 비결에는 몇 가지 요인이 있다. 먼저 활동적인 라이프

이스이다.

110세 이상 초고령자의 노화는 80~90대 노인들과는 질적으로 다르다.

대략 110세가 되면 노화 과정은 일반적으로 8~90대 노인들과는 다른 방식으로 변화한다. 이 시기를 '슈퍼 노화super-aging'의 한 형태이다. 다양한 생물학적 쇠퇴를 수반하며, 질적으로 다른 이유는 다음과 같다.

110세가 되면 몸의 노화 세포가 분열을 멈추면서도 정상적으로 죽지 않는다. 대신 주변 세포를 손상시키는 유해 물질을 내뿜는다. 시간이 지남에 따라 노화 세포가 훨씬 더 많이 축적되어 조직을 손상시키고 기능 장애를 광범위하게 유발한다. 세포 속 DNA는 환경적 요인, 복제 오류, 산화 스트레스로 인해 돌연변이를 축적한다. 각각 세포는 축적된 돌연변이의 양이 너무 많아 정상적인 세포 기능이 점점 더 어려워지는 임계점에 이른다. 돌연변이의 양적 증가뿐만 아니라,

---

스타일이다. 85세에 펜싱을 시작했고 100세까지 자전거를 탔다. 그녀는 자신의 장수를 유머 감각 때문이라고 했다. 그녀는 낙관적인 태도로 유명했고 사회적 상호작용을 즐겼다. 운동선수는 아니었지만 산책하고 나이에 맞는 신체 활동을 하는 등 활동적으로 생활했다. 매일 걷기와 스트레칭은 그녀의 이동성을 유지하는 데 도움이 되었다. 칼망의 식단은 당시 프랑스 남부 지중해식 전형적인 식단이었지만 몇 가지 특이한 점이 있다. 매일 올리브 오일을 섭취했으며, 피부 건강을 유지하는 데 도움이 되었다고 한다. 레드 와인을 적당히 즐기고 매일 소량의 초콜릿을 먹는 습관이 있었다. 잔느는 일주일에 약 1kg의 초콜릿을 섭취했다고 한다. 과일, 채소, 저지방 단백질을 균형 있게 섭취하는 전통적인 프랑스 식단을 즐겼으나, 특별한 식단이나 유행하는 건강 트렌드를 따르지 않았다. 매일 여러 잔의 커피를 마셨다. 특히 말년에 이르기까지 심각한 질병을 앓은 적이 없었다고 한다. 그녀는 21세부터 117세까지 담배를 피웠다고 한다. 그녀의 장수는 가족력이라는 분석도 있다. 그녀의 아버지는 93세, 어머니는 86세까지 살았다. 그녀의 삶은 활동적인 습관, 균형 잡힌 영양 섭취, 즐거운 시각이 어우러진 것으로, 이는 미래의 수명 연장이 어떤 모습일지 엿볼 수 있게 해준다.

면역계나 심혈관계 등 전체 시스템에 장애를 일으키기 시작하는 질적 변화가 진행된다.

이어 초고령자에게는 줄기세포 기능이 전신적으로 손실된다. 줄기세포는 오래되거나 손상된 세포를 대체하는 데 매우 중요하지만, 초고령자의 경우 줄기세포가 고갈되거나 재생 능력을 잃는다. 80세 또는 90세 전후의 사람들에게서 나타나는 점진적인 감소와는 다른 양상이다. 즉 110세의 신체는 스스로 치유하고 재생하는 능력을 상실하여 갑작스러운 시스템 장애라는 위험이 증가하며, 면역 체계가 점차 약해져 감염과 질병에 더욱 취약해진다. 결국 면역 붕괴에 이르며, 사망을 맞는다.

110세 이상의 노화는 단순히 나이가 드는 것의 극단적인 버전이 아니라 독특한 생리적 변화를 수반한다는 점이다. 점진적인 쇠퇴 대신 세포 메커니즘의 고갈, 극단적인 유전적 돌연변이, 전신 기능 장애, 만성 염증 등이 나타난다. 이러한 노화의 단계를 설명하는 이유는 간단하다. 그 뚜렷한 단계를 이해하면 노년기의 건강을 유지하는 방법을 찾을 수 있다.

70~90대의 경우 세포 손상은 비교적 단순하다. 예를 들어 80세 노인이 암에 걸리면 성공적인 치료로 다른 노화 관련 문제가 발생하기 전까지 최소한 10년은 더 생존할 수 있다. 하지만, 110세가 되면 모든 것이 한꺼번에 고장 나기 시작하고 치료하는 것이 더 이상 효과적이지 않다. 그렇기 때문에 노화의 결과로 안게 되는 병치료 대신, 근본 원인인 노화 자체를 연구해야 한다는 주장이 더 힘을 얻고 있다.

현재 제시된 한 가지 유망한 해결책은 초소형 로봇이다. 체내에 들어가 세포와 조직을 직접 수리할 수 있는 작은 로봇인 나노로봇(나노봇)을 개발하는 것이다. 나노로봇은 혈관을 통해 몸속에 주입되어 노화의 원인이 되는 문제를 지속적으로 해결할 수 있다. AI 기술의 도움을 받아 노화 자체를 지연시켜 건강한 노화로 유도할 수 있다.

나노로봇의 작동 원리

의료용으로 설계되는 나노로봇 부품에는 내장 센서, 매퓰레이터(정밀한 움직임을 위한 작은 팔), 컴퓨터, 통신기, 전원 공급 장치 등이 포함된다. 나노로봇은 혈류를 타고 이동하는 작은 로봇 잠수함에 비유한다. 하지만, 나노 단위의 물리적 특성은 매우 다르다. 이 작은 물체에서 수분은 강력한 용매가 되고, 산화제 분자(산소 등)는 반응성이 높기 때문에 부식을 방지하기 위해 다이아몬드와 같은 내구성 강한 소재가 좋다. 군사용 잠수함은 바닷물속에서 부드럽게 미끄러지지만, 나노 크기의 물체가 운행하는 혈관 속은 마치 땅콩버터 사이를 헤엄치는 것과 같다. 따라서 나노로봇은 전자기력이나 진동 기반 운동과 같은 다른 추진 방법을 사용해야 한다. 나노로봇은 작업을 수행하는 충분한 에너지나 컴퓨팅 성능이 내장되어 있지 않으므로, 주변 환경으로부터 에너지를 끌어와야 한다. 따라서 의료용 나노로봇은 다음과 같은 조건이 필요할 것이다.

- 주변 환경(포도당이나 혈류 속 다른 분자로부터)에서 에너지를 획득한다
- 몸 밖의 컴퓨터가 보내는 외부 제어 신호로 제어된다
- 정보와 계산을 공유하기 위해 의사와 상호 협력한다

인체는 대략 100조 개의 세포로 구성되어 있어 세포를 고치기 위

해서는 수십억 또는 수천억 개의 나노로봇이 필요하다. 대략 세포 100개당 1개의 나노로봇이 필요하지만 아직 이론 연구 수준이다.

나노로봇은 특히 노화에 따른 신체 유지 및 회복과 관련한 혁신을 가져올 것이다. 모세혈관까지 이동하는 작고 탄력적인 로봇이 혈류를 따라 움직이는 모습을 상상해 보자. 나노로봇은 현재 노화가 진행되는 손상 부위를 고치거나 줄여주면 신체 나이 120세를 훨씬 넘길 수 있다. 나노로봇은 첨단 센서를 장착하여 플라그 축적, 손상된 조직, 심지어 암세포와 같은 세포 이상 징후를 손쉽게 감지할 수 있다.

동맥에서 플라크 제거

나노로봇의 중요한 임무 중 하나는 동맥 벽에서 플라크를 제거하는 일이다. 예컨대 심장 질환의 주요 원인인 동맥 경화(동맥이 좁아지는 것)을 예방하는 것 등이다. 나노로봇은 플라크에 달라붙어 주변 조직에 해가 가지 않도록 초음파 또는 효소를 사용하여 플라크를 분해하고 제거한다.

나노로봇은 종양과 같은 문제 부위에 직접 약물을 운반해 치료하도록 프로그래밍할 수 있다. 암 치료를 훨씬 더 정밀하게 할 수 있으며, 암세포만 죽이고 건강한 조직은 그대로 두는 방식으로 화학 요법의 부작용을 피할 수 있을 것이다.

나노로봇은 혈류를 통해 이동하면서 손상된 세포를 식별하고 그 자리에서 수리할 수 있다. 예를 들어, 심장 질환의 경우 나노로봇이 재생화합물을 주입하거나 작은 파열을 치료해 손상된 심장 근육 세포를 복구하거나 재생할 수 있다.

나노로봇은 몸 속에서 작동에 필요한 전원을 세포처럼 공급받을 수 있다. 즉 포도당이나 산소를 연료로 사용하여 혈류 자체에서 추진동력을 끌어오거나 혈액의 움직임에서 에너지를 획득할 수 있다.

장기 기능을 증강할 수도 있다. 예를 들어, 노화된 신장에서 나노로봇은 독소를 제거하거나, 뇌에서 화학적 불균형을 모니터링하고 조정하여 알츠하이머병같은 난치병을 예방할 수 있다.

나노로봇은 개별적으로 작동하기보다는 대규모 군집으로 복잡한 작업을 협업하는 것이 효과적이다. 예를 들어, 한 무리의 나노로봇이 손상된 동맥의 조직을 수리하는데 동원되고, 다른 나노로봇 무리는 정찰대 역할을 하며 수리가 필요한 추가 부위를 찾아낸다.

수많은 나노로봇 무리가 혈관 속의 손상된 세포를 수리하는 모습을 상상한 그림이다

나노로봇 개발 현황

나노로봇 공학은 빠르게 발전하는 분야이지만, 아직 초기 단계에

있다. 의료에 쓸 수 있는 완전 자율적이고 복잡한 나노로봇은 대부분 이론 단계에 머물러 있다. 몇 가지 주요 기술 개발 단계를 소개한다.

먼저 약물 전달 시스템이다. 나노 크기의 약물 운반체는 이미 의학에서 사용되고 있다. 완전 자율 나노봇은 아니지만, 종양 부위로 약물을 운반하는 표적 전달 시스템이다. 현재 극히 일부 암 치료법에서는 지질 나노입자가 주입되어 암세포에 직접 화학 약물을 전달함으로써 정상 조직의 손상을 최소화하고 있다.

이어 자기 제어 나노입자이다. 자기장을 이용해 신체의 특정 부위로 가는 나노 입자가 개발되었는데, 현재 약물 전달을 개선하거나 혈전을 분해하는 실험을 하고 있다.

분자 기계는 화학, 전기 또는 빛 신호에 반응하여 조종되는 합성 분자이다. 아직 기초 수준이지만, 나노로봇을 만들기 위한 첫걸음이다.

최근 특정 자극에 반응하여 접고 펼 수 있는 나노봇이 개발되었다. 이러한 나노로봇은 분자를 특정 위치로 운반하고 방출할 수 있다. 조만간 상용화될 것이다.

마이크로 및 나노 스케일 모터 역시 개발되었다. 예를 들어, 마이크로 모터는 화학 반응이나 빛으로 추진되는 작은 기계로, 미생물이 액체 속에서 이동하는 방식을 모방한 것이다. 현재 테스트 중이며 곧 인체 혈류를 탐색할 것이다.

현재 나노로봇 개발에서 가장 빠른 분야는 자기 제어 쪽이다. 현재 동맥을 뚫거나 진단을 위한 생체 조직 채취와 같은 섬세한 작업을 수행하는 초소형 로봇을 실험 중인데, 안정적인 전원을 만들고, 제어 시스템을 소형화하며, 인체 안전성을 보장하는 등의 과제에 몰두하고 있다.

나노로봇 제작에서 가장 유망한 소재로 거론되는 다이아몬드오이

드는 다이아몬드와 유사한 분자 구조를 가진 탄소 물질이다. 화학 반응에 강하며 독특한 전기적 특성을 가지고 있어 미래의 나노로봇 소재로 이상적이다. 혈류의 산화 스트레스를 견디고 생체 조직과 안전하게 상호작용할 수 있어야 한다. 현재 나노로봇은 약물 전달 시스템, 분자 기계, 나노 크기의 모터 등 3개 분야에서 중점 개발되고 있다.

단백질 디자인으로 난치병 치료

AI 미래학자 래이 커즈와일은 AI의 치매 등 난치 질환에 낙관적 견해를 밝히고 있다. 최근 openAI의 연구 성과는 커즈와일의 견해와 궤를 같이하고 있다.

2024년 10월 구글 딥마인드Google DeepMind는 단백질 접힘

프로그램 알파폴드AlphaFold의 개발로 노벨상을 받았다. 현재 OpenAI는 장수 과학을 위한 AI 모델을 만드는데 집중하고 있다. 단백질 엔지니어링 모델을 만드는 것이다. 일반 세포를 줄기세포로 변형하는 단백질을 구상하는 언어 모델 개발이다. 새로운 단백질 설계에 AI(특히 GPT-4와 같은 언어 모델)를 사용하는 것에 대한 연구는 지난 몇 년 동안 대단한 성과를 이뤄냈다. 애초 인간의 언어, 자연어를 처리하기 위해 만들어진 AI 모델이 아미노산 서열을 학습해 응용하는 단계에 도달하고 있다. 단백질은 20글자 알파벳(아미노산)으로 이루어진 생물학적 문장과 같으며, AI는 인간이 결코 포착할 수 없는 패턴을 발견할 것이다.

이에 대해 알기쉽게 설명을 덧붙인다.

단백질은 우리 몸에서 거의 모든 중요한 일을 하는 작은 기계와 같다. 예를 들면 헤모글로빈 단백질은 혈액에 산소를 운반하며, 인슐린은 혈당 조절을 돕고, 콜라겐은 피부와 조직을 돕는다. 단백질은 아미노산이라고 불리는 작은 요소로 구성된다. 20가지의 서로 다른 아미노산은 배열 순서에 따라 수만 가지의 서로 다른 단백질을 구성한다. 마치 알파벳의 글자가 결합해 단어를 형성하고 단어가 문장을 구성하는 것과 같은 이치다.

AI, 즉 ChatGPT 같은 언어 모델은 단백질 관련 수 많은 텍스트를 읽고 학습한다. 통상 AI는 패턴을 이해하고, 문법 규칙을 배우고, 문장에서 다음에 나올 내용을 예측한다. 수 많은 예제를 읽은 후 의미 있는 새로운 문장을 생성할 수 있다. 마찬가지로 수백만 개의 알려진 단백질 서열을 AI에게 훈련시킨다. AI는 아미노산에 일반적으로 나타나는 패턴을 학습한다. 다시 말해 어떤 서열이 우리 신체에 기능적이고 안정적인 단백질을 생성하는지, 어떤 서열이 그렇지 않은지를 이해한다. 결국, AI는 질병과 싸우거나 세포를 치유하는 것 등 사람이 원하는 기능을 수행하는 새로운 단백질 서열을 예측하거나 생성할 수 있다.

단백질 설계에 언어 모델(GPT-4)을 사용하는 것은 매우 강력한 힘을 발휘할 것이다.

첫째, 패턴 인식이다. 문법 규칙을 인식하는 것처럼, AI는 생물학적 규칙을 감지할 수 있다. 둘째, 예측력이다. 우리가 문장에서 다음 단어를 예측하는 것과 유사하게, AI도 새로운 단백질을 예측한다. 우리가 새롭고 의미 있는 텍스트를 작성하는 것처럼, AI도 지금까지 존재하지 않았지만 완벽하게 작동할 수 있는 단백질을 생성할 수 있다.

따라서 난치 질병을 치료할 수 있는 새로운 약물을 설계하고, 손상된 조직을 치유하는 단백질을 만들 수 있다.

이미 선도 기업들은 난치병 치료를 위한 단백질 설계에 착수한지 꽤 시간을 보내고 있다.

구글의 알파폴드AlphaFold(DeepMind)는 2020년에 이미 실험실 수준의 정확도로 단백질의 3D 형태를 분석함으로써 세계를 놀라게 했다. 이로써 종래 생물학이 50년 동안 해결하지 못한 난제를 해결했다.[29] 현재까지 2억 개가 넘는 단백질 구조를 분석했는데, 이는 지구

---

29 구글 알파폴드AlphaFold는 딥마인드DeepMind가 개발한 AI 프로그램을 사용했다. 알파폴드는 수천 개의 알려진 단백질 형태(수십 년 동안 실험을 통해 규명)로부터 학습, 아미노산이 상호작용하는 방식에 대한 패턴과 규칙을 파악했다. 이러한 규칙을 활용함으로써, AlphaFold는 새로운 단백질이 어떻게 접힐지 예측할 수 있었다. 이미 수천 개의 유사한 퍼즐을 풀었기 때문에 복잡한 퍼즐을 즉시 풀 수 있다. AlphaFold는 단백질이 어떻게 접혀 있는지 정확히 분석하고, 단백질의 각 부분이 공간에서 어디에 있는지 파악하며, 단백질이 다른 분자와 어떻게 상호 작용하는지 확인했다. 마치 퍼즐 조각을 맞추는 것과 같다. 이를 통해 개별 단백질이 신체 내에서 어떻게 작용하는지 명확하게 볼 수 있다.
마치 각 열쇠가 특정 자물쇠에 어떻게 들어가는지를 보는 것과 같다. 구글은 현재 2억 개가 넘는 단백질에 대한 상세한 지도를 가지고 있다. 이를 통해 질병을

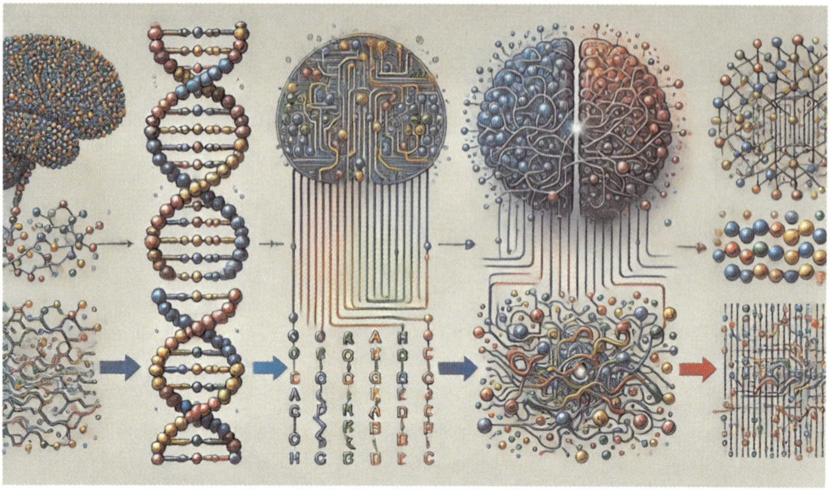

상에 존재하는 모든 알려진 단백질을 대부분 분석한 것이다.

구글이나 메타(ESMFold) 등은 항체 단백질을 집중 연구 중이다. AI는 이미 암, 전염병(COVID-19 등), 심지어 자가면역 질환에 대한 맞춤형 항체를 디자인하고 있다. 이들은 우리 신체 내부 또는 바이러스의 매우 특정한 분자를 표적으로 삼는 단백질이다.

이에 따라 더 빠르고 저렴한 신약 개발이 가능해졌다. 실험실에서 수백만 개의 무작위 분자를 테스트하는 데 수 년을 소비하는 대신, AI는 단 며칠 만에 단백질 후보를 생성하고 시뮬레이션할 수 있다. 비용과 시간을 크게 줄일 수 있게 되었다. 특히 플라스틱 폐기물을 청소하거나, 더 나은 작물을 만들거나, 독소를 감지하는 등 아직 생각하지 못했던 일을 하는 완전히 새로운 단백질을 발명할 수 있다.

아직 초기 단계에 있지만, AI는 이미 실제로 작동하는 단백질을 디자인하고 있다. 5-10년 후에는 다음과 같은 일이 일어날 것이 분

유발하는 단백질 모양과 정확히 일치하는 약을 신속하게 설계하고 항체를 만들 수 있다.

명하다.

> 현재 치료법이 없는 질병에 대한 AI가 디자인한 치료법
> 조직 복구, 암 표적화 또는 면역 재프로그래밍을 위한 공학 단백질
> 합성 단백질을 이용한 노화 방지 또는 장기 재생 도구

이는 AGI(인공일반지능)으로 가는 길목으로 평가받기도 한다. 단백질 엔지니어링 프로젝트는 1년 전 장수 연구 기업 레트로 바이오사이언스(Retro Biosciences, 샌프란시스코)와 오픈AI가 손잡으면서 시작됐다. OpenAI의 CEO인 샘 알트만Sam Altman은 2023년 레트로에 개인적으로 1억 8천만 달러를 투자했다. 죽음을 지연시키려는 회사에 1억 8천만 달러를 투자한 것이다.

과연 늙음을 지연시켜 인간 수명을 연장할 수 있을까?

우선 레트로는 인간의 정상적인 수명을 10년 연장하는 것을 목표로 하고 있다. 그 연구 중심에는 야마나카Yamanaka 요인이 있다. 이 단백질들은 인간의 피부 세포에 첨가될 때, 그 세포가 젊어 보이는 줄기세포로 변형할 수 있다. 줄기세포는 신체에서 다른 어떤 조직이라도 생산할 수 있다. 동물을 젊어지게 하거나, 인간의 장기를 만들거나, 대체 세포를 공급하는 시작점이다.

야마나카 인자는 Oct4, Sox2, Klf4, c-Myc 등 네 가지 단백질로 구성되어 있다. 모두 세포 재프로그래밍에 결정적인 역할을 한다. 이들이 성인 체세포(피부 세포)에 도입되면, 이 인자들은 세포를 배아와 같은 상태로 다시 프로그래밍, 유도 만능 줄기세포(iPSC)로 변형시킨다. 이로 인해 심장, 신경, 간세포 등 신체의 다른 모든 세포 유형으로 분화할 수 있다.

'GPT-4b 마이크로'라 불리는 OpenAI의 신작 AI 모델은 단백질

인자를 재설계하는 방법을 도출하도록 훈련되었다. 연구원들은 AI 모델의 제안을 사용하여 적어도 Yamanaka 요인 중 두 가지를 50배 이상 변형할 수 있었다.

이에 대한 최근 연구성과는 다음과 같다.

Oct4와 Sox2 : 배아와 같은 상태를 유지하는 데 필요한 유전자를 활성화시켜, 다능성을 조절하는 '마스터 조절자' 역할을 한다.

Klf4 : 이 과정을 안정화하고 체세포의 재프로그래밍을 촉진한다.

c-Myc : 세포 증식을 촉진하여 재프로그래밍의 효율성을 향상시키지만, 종양 발생 위험이 증가하는 것으로 알려져 있어 치료적 사용에 대한 우려가 있다.

그러나, 단점도 수두룩하다. 이런 세포 재프로그래밍은 그다지 효율적이지 않다. 우선 변형하는 과정에 몇 주가 걸리며, 실험실 접시에서 처리된 세포의 1% 미만이 회춘 여정을 완료한다. 즉 처리된 세포의 1% 정도만이 줄기세포로 변형된다. 이 처럼 낮은 효율성은 치료를 위한 응용 분야에서 실용성을 제한한다. 둘째, 시간 소모이다. 이 과정은 일반적으로 몇 주가 걸리므로 연구와 임상 응용의 속도가 느려진다. 셋째, 유전적 불안정성이다. 재프로그래밍된 세포는 때때로 이 과정에서 돌연변이를 얻게 되어 암과 같은 위험이 증가한다. 넷째, 불완전한 재생이다. 일부 세포는 부분적으로만 변형되어, 제어하기 어려운 혼합 세포 집단을 초래할 수 있다.

여기서 인공지능의 역할을 기대할 수 있다. 즉 GPT-4b 마이크로 Micro가 야마나카 인자를 개선할 수 있는 방법은 있는지 여부이다. AI를 사용하여 단백질 구조를 분석하고 더 나은 성능을 위해 최적화하는지 검토해본다.

먼저 효율성 향상을 기대할 수 있다. 앞에서 먼저 언급했지만, AI

모델은 야마나카 인자의 변형을 제안하여 그 활동을 50배 이상 향상시킨 바 있다. 이는 프로세스를 더 안정적이고 빠르게 만드는 데 중요한 단계이다. 이어 시간 단축이다. 세포 재프로그래밍 프로세스를 가속화함으로써 몇 주에 걸친 기간을 단 며칠로 단축할 수 있다. 안전성 향상도 기할 수 있다. AI는 단백질의 더 안전한 버전을 식별하고 설계할 수 있으며, c-Myc와 같은 인자와 관련된 암 위험을 잠재적으로 줄여준다.

최적화된 야마나카 인자의 활용 가능성

1. **조직과 장기의 재생** : 심장마비 후 심장 조직을 복구하는 등 손상된 조직의 기능을 회복하기 위해 재프로그래밍
2. **장기 생성** : 이식을 위해 줄기세포에서 완전한 기능을 갖춘 장기를 생성
3. **노화 방지**: 이러한 인자를 살아있는 유기체에 도입하면 노화된 조직을 젊어지게 하고, 수명을 연장하며, 건강 수명을 향상시킬 수 있다
4. **질병 모델링 및 약물 테스트** : 환자에게서 얻은 iPSC를 사용하여 실험실에서 질병을 연구하고 개인 맞춤형 치료법을 개발한다
5. **야마나카를 넘어선 최신 연구**

부분 재프로그래밍 : 연구자들은 세포가 배아 상태로 완전히 되돌아가지 않고 약간만 젊어지는 부분 재프로그래밍 개념을 탐구하고 있다. 이 개념은 완전한 탈분화 및 통제되지 않은 성장의 위험을 피할 수 있다.

생체 내 재프로그래밍 : 동물 실험에 따르면, 재프로그래밍 요인을 살아있는 유기체에 직접 도입하면 외부 세포 배양 없이도 조직

을 젊어지게 할 수 있다.

세포 재프로그래밍의 부작용

이같은 장수 연구에서 AI는 세포 재프로그래밍을 위한 단백질 엔지니어링에서 아주 유효하다. 단백질 공학에 AI를 접목하는 것은 장수 연구의 발전을 위한 중요한 가능성을 제시한다. AI의 활용은 체세포를 유도만능줄기세포(iPSC)로 변환하는 효율성을 향상시키며, 지금의 재프로그래밍 과정의 한계를 극복할 수 있다. AI 모델은 방대한 데이터 세트를 신속하게 분석하여 최적화된 단백질 변형을 식별할 수 있기 때문이다. 거듭 설명하면, 지금의 전통적인 방법으로는 따라잡을 수 없는 방식으로 연구 및 개발 과정을 가속화할 수 있다. 이는 개발 과정을 간소화하며, 재정적, 시간적 투자를 줄이며, 결국 인간의 기술로 신체의 노화를 늦출 수 있다.

이 연구는 미래 잠재력이 크다. OpenAI와 레트로가 재프로그래밍의 어려움을 극복하면, 최소한 10년 수명 연장 목표가 실현될 가능성이 높아 보인다. 그러나, 이러한 혁신이 효과적이고 안전한지 확인하기 위해서는 임상 시험과 안전성 검증이 필수적이다.

특히 세포 재프로그래밍 기법을 인체에 적용할 때의 부작용을 고려해야 한다. 줄기세포 iPSCs는 체내에 도입될 때 기형종을 포함한 종양을 형성하는 경향이 있다. 종양 유발성은 임상 적용에 큰 걸림돌이 된다. 특히 세포 재프로그래밍 과정은 유전적 및 후성적 이상을 초래할 우려가 있으며, 이로 인해 악성 변형이나 기타 의도하지 않은 결과가 발생할 수 있다.

AI를 이용한 단백질 공학은 장수 연구의 발전을 위한 중요한 가능성을 가지고 있지만, 포괄적인 전임상 연구와 엄격한 임상 시험이 필수적이다.

암 치료의 어려움과 극복하는 방법

사람은 노년기에 들면서 장기가 퇴화하여 기능이 저하된다. 심장병, 신부전, 간 기능 장애와 같은 많은 노화 관련 질병의 주요 원인이 된다. 나노로봇이 비교적 접근하기 쉬운 분야는 주로 비감각 기관이다. 예를 들면, 혈액 공급(또는 림프계)에 물질을 효율적으로 배치하거나 제거하도록 돕는 역할이다. 폐는 산소를 공급하고 이산화탄소를 배출한다. 간과 신장은 독소를 제거한다. 소화관 전체는 영양분을 혈액 공급에 투입한다. 췌장과 같은 다양한 기관은 신진대사를 조절하는 호르몬을 생산한다. 호르몬 수치의 변화는 당뇨병 같은 질병의 원인이 된다.(실제 췌장처럼 혈중 인슐린 수치를 측정하고 인슐린을 혈류로 전달하는 의료용 외부 장치가 이미 존재한다)

나노봇은 이러한 필수 물질의 공급을 모니터링하고, 필요에 따라 수치를 조절하며, 장기 구조를 유지함으로써 사람의 신체를 건강하게 유지할 수 있다. 나노봇은 필요하거나 원하는 경우 생물학적 장기를 완전히 대체할 수 있을 것이다.

암 치료 의학은 지난 10년간 놀라운 발전을 이루었고 앞으로 10년 동안 AI의 도움으로 더욱 발전하겠지만, 여전히 종래 무딘 도구를 사용하여 암을 치료하고 있다. 화학 요법은 종종 암을 근절하지 못한 채 몸 전체의 다른 건강 세포에 심각한 손상을 입힌다. 이로 인해 많은 암 환자에게 잔인한 부작용이 발생할 뿐만 아니라 면역 체계가 약화되어 다른 질병 감염에 더욱 취약해진다. 첨단 면역 요법과 표적 약물조차도 완전한 효과와 정밀도에 훨씬 못 미친다. 반면 의료용 나노봇은 개별 세포를 검사하여 암인지 아닌지를 판단한 다음 악성 세포를 모두 제거할 수 있다. 그러면 의학은 오랫동안 열망해왔던 정확한 과학이 될 것이다.

몇 년 안에 나노로봇이 신체 유지 및 최적화에 적용되어 주요 질병의 발생을 사전 예방할 수 있다. 그러나, 아직 모든 사람에게 가능한 것은 아니다. 암과 같은 질환은 미리 정확한 진단을 받은 후에 대처해야 할 것이다. 특히 암을 제거하기 어려운 이유 중 하나는 암세포의 자기 복제 능력이다. 면역 체계는 종종 암 세포 분열의 초기 단계를 제어할 수 있지만, 일단 종양이 형성되면 면역 세포를 제압하는 내성을 갖게 된다. 암 치료를 통해 대부분의 암세포가 파괴되더라도 살아남은 암 줄기세포는 새로운 종양으로 성장하기 십상이다. 정상 줄기세포와 마찬가지로 암 줄기세포 역시 수 많은 세포를 분열하고 생성된다. 이는 종양의 많은 부분이 파괴되더라도 살아남은 암 줄기세포 몇 개가 새로운 종양을 일으킬 수 있음을 의미한다.

암세포, 특히 암 줄기세포는 종종 화학 요법 및 방사선과 같은 치료법에 대한 내성을 갖게 된다. 모든 세포는 DNA 손상을 복구하거나 약물을 배출하는 메커니즘을 가지고 있어, 종양의 다른 세포를 대부분 죽이는 치료법에서도 살아남을 수 있다. 지금까지 알려진 의학적 지식을 토대로 암세포의 특징을 정리한다.

첫째, 암 종양 초기 단계에서는 면역 체계가 암세포를 인식하고 공격할 수 있지만 종양이 성장함에 따라 암세포는 종종 면역 탐지를 회피하는 방법을 습득한다. 다시 말해 표면 단백질을 변형하여 면역 세포의 공격을 회피하거나 면역 활동을 억제하는 환경을 만들어낸다. 즉 종양을 보호하는 복잡한 환경이 만들어진다. 이 미세 환경에는 암세포의 생존과 확산을 돕는 주변 세포, 혈관 및 신호 분자가 포함된다. 성공적인 치료 후에도 일부 암세포, 특히 암 줄기세포가 생존하면 암이 재발한다. 살아남은 세포는 내성이 강하고 공격적이다. 두 번째 암 치료가 더욱 어려운 이유다.

둘째, 통제할 수 없는 세포의 성장이다. 암세포에는 폭주하는 복제 기계처럼 통제할 수 없을 정도로 빠르게 분열하는 돌연변이적 특성이 있다. 정상 세포와 달리 암세포는 이러한 규칙을 우회하여 무분별하게 계속 성장한다. 암 치료의 어려움은 암세포의 급속한 성장, 면역 체계에 저항 향상, 암 줄기세포의 생존 능력의 조합에 있다. 이러한 각 요소는 암의 생존력에 기여하며, 심지어 겉보기에 성공적인 치료 후에도 재발할 수 있음을 의미한다.

DNA 돌연변이를 방지하는 아이디어

자연 상태에서 신체의 각 세포는 개별적으로 DNA를 복제한다. 한 세포에서 돌연변이가 발생하면 해당 세포 또는 소규모 세포 그룹에 고립된 상태로 유지된다. 이는 돌연변이가 유발할 손상의 정도를 제한한다. 신체의 모든 세포에서 한꺼번에 동일한 DNA 돌연변이가 발생하면 인체에 치명적일 수 있기 때문에 우리 몸 속 세포들이 스스로 이런 시스템을 갖고 있다. 우리 몸의 세포는 독립적으로 DNA를 복제하는 '분산형' 시스템이다. 돌연변이로 인한 대규모 위험을 최소화하여 견고함을 유지한다.

몇 가지 실제 사례를 통해 이를 좀 더 쉽게 설명해 보겠다. 우리 몸의 각 세포는 독립적인 작업자처럼 작동한다. 세포는 자신의 DNA를 복사할 때 스스로 복제한다. 이는 중요한 장점이다. 한 세포에 암으로 이어질 수 있는 나쁜 DNA 돌연변이가 발생하더라도 그 세포 또는 소규모 그룹에만 피해가도록 제한된다. 즉 '분산형'으로 각 세포가 자체 DNA를 관리하므로 단일 돌연변이가 몸 전체에 퍼져 해를 끼치기 어렵다.

그러면 외부에서 명령을 하달하는 식으로 중앙 집중식 DNA 제어가 필요한 이유에 대해 설명해 보겠다. 신체의 모든 세포가 '중앙 서버'(몸 밖의 서버)로부터 돌연변이를 수정하라는 지시를 받는다. 이 메시지는 몸속에 주입되어 있는 작은 로봇, 즉 나노봇이 수신한다. 나노봇은 각 세포가 가지고 있는 조력자로서 몸 전체의 DNA를 건강하게 유지하도록 작동한다.

나노봇이 우선적으로 실제 도움 되는 분야는 암 치료다. 암은 종종 세포 DNA가 돌연변이를 일으켜 통제 불능 상태로 성장하기 시작할 때 발병한다. 나노봇은 결함 있는 DNA를 인식하고 이를 '끄도록' 프로그래밍하여 암이 자라기 전에 막을 수 있다. 다시 말해 나노봇은 세포가 악의적으로 변하는 것을 막는 몸 속 보안 요원이다.

나노 기술은 암이나 유전 질환 등을 유발하는 오작동 DNA를 막는 등 세포 기능을 향상시킬 수 있다. 이러한 나노봇은 악성 단백질 합성을 제어함으로써 결함 있는 유전자를 끄거나 실시간으로 DNA를 복구할 수 있다. 미래의 나노봇은 단순히 DNA를 복구하는 것 이상의 역할을 할 수 있다. 혈류를 순찰하여 뇌졸중이나 심장마비를 일으킬 수 있는 박테리아, 바이러스, 혈전 같은 위협을 찾아내어 무력화할 수도 있다.

예를 들어, 동맥에서 플라크를 만드는(동맥경화 유발) 유해 세포를 찾아 파괴하는 나노 입자에 대한 연구가 이미 진행 중이다.

2020년 스탠포드 대학과 미시간 주립 대학의 연구진은 동맥에 플라크가 쌓여 심장마비와 뇌졸중을 유발하는 죽상동맥경화증을 표적으로 하는 나노 입자 치료법을 개발했다. 플라크 형성을 촉발하는 유해 세포를 선택적으로 표적해 제거하는 식이다.

동맥 플라크에서 병든 세포가 방출하는 "나를 먹지 말라"는 신호를 차단하는 분자를 전달하는 나노 입자가 개발되었다. 연구팀은 심혈관계가 인간과 매우 유사한 돼지에게 나노 입자 치료법을 실험한 바, 실험용 돼지 동맥에서 염증을 효과적으로 감소시키고 플라크를 감소시킨다는 사실을 입증했다. 인체 적용 가능성을 시사한 것이다. 빈혈이나 기타 부작용을 유발하지 않아 안전성도 확인했다. 이런 실험 결과는 나노 입자 치료법이 인간의 죽상동맥경화증에 대한 실행 가능한 치료법이 될 수 있음을 시사한다. 다음 단계는 인간 환자를 대상으로 효능과 안전성을 평가하는 임상시험을 수행하는 것이다.

이 접근법이 성공하면, 동맥 플라그를 줄이고 심장마비와 뇌졸중을 예방하는 표적 방법이 개발되어 심혈관 질환 치료에 혁신을 가져올 것이다.

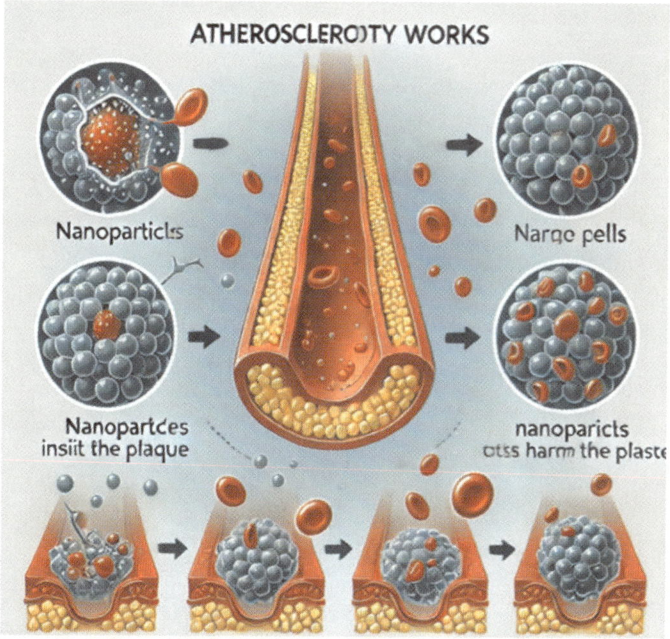

2020년 스탠포드 대학과 미시간 주립 대학의 연구진이 개발한 나노입자가 플라크를 제거하는 과정을 화살표로 표현했다.

현재 기술로는 DNA의 돌연변이를 막을 방법이 없다. 그러나, 각 세포의 DNA 코드를 중앙 서버(몸 밖)에서 제어하는 기술을 개발한다면, '중앙 서버'에서 한 번만 업데이트하면 DNA 코드를 변경할 수 있다. 각 세포의 핵을 중앙 서버로부터 DNA 코드를 수신한 다음 이 코드에서 일련의 아미노산을 생성하는 시스템을 보강할 수 있다. 리보 단백질과 같은 단백질 합성 시스템의 다른 부분도 같은 방식으로 증강될 수 있다. 이러한 방식으로 암이나 유전 질환을 유발할 수 있는 오작동 DNA의 활동을 끌 수 있다.

이 개념이 실제 활용되려면 좀 더 시간과 연구가 필요하다.

유전자 치료와 같이 개별 세포의 DNA를 편집할 수는 있지만, 몸 전체의 DNA를 정밀 편집하는 기술은 아직 없다. 세포의 DNA 코드를 '중앙 서버'로 제어하는 방식은 훨씬 뛰어난 나노 기술을 필요로 한다. 세포에는 리보솜이라는 구조가 있는데, 이는 DNA 명령을 '읽

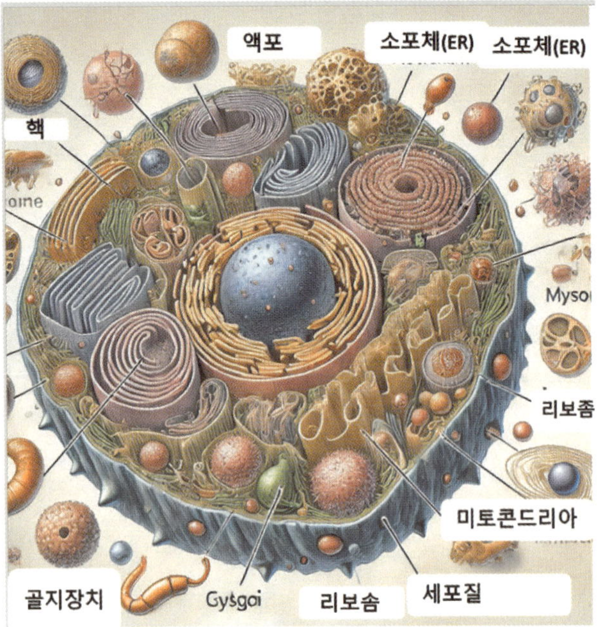

고' 단백질을 만드는 작은 기계와 같다. 특히 나노 기술로 리보솜(또는 이 단백질 생성 과정의 다른 부분)을 강화하여 '중앙 명령'의 지시에 더 쉽게 반응하도록 하는 것이다. 이렇게 하면 신체가 단백질 생성을 보다 직접적으로 제어하고 유해 단백질의 생성을 방지할 수 있다.

이를 테면 각 교실에 고유한 수업 계획이 있는 학교를 상상해 보자. 일반적으로 교장(중앙 서버)이 수업 계획을 변경하려면 모든 교실을 개별적으로 방문해야 한다. 하지만 모든 교실에 교장실과 연결된 스피커 시스템이 있다면, 모든 교실에 업데이트된 수업 계획서(DNA)를 즉시 전달할 수 있다. 즉 나노 기술을 통해 DNA를 더 쉽고 빠르게 제어할 수 있으며, 암과 같은 질병을 보다 중앙 집중적이고 통제된 방식으로 예방하거나 치료할 수 있다.

나노봇이 가꿀 인간 외모

나노봇은 전례 없이 사람의 외모를 아름답게 변화시킬 수 있다. 현실화 된다면, 아름다움을 추구하는 여성들에겐 희소식이 아닐 수 없다. 이미 채팅방이나 온라인 롤플레잉 게임에서 자신의 닮은 아바타를 자유롭게 꾸미고 있다. 나노 기술을 통해 사람의 신체를 근본적으로 커스터마이징할 수 있다. 과연 게임에서처럼 급격한 외형적 변화를 주는 것이 일반화될 것인가. 미래 펼쳐질 기술을 대략 정리해본다.

우선 중요한 것은 프로그래밍 가능한 나노봇의 개발이다. 나노봇은 사용자의 지시를 해석하고 신체 내부의 복잡한 변화를 실행하기 위해 매우 정밀한 제어 메커니즘과 프로그래밍이 필요하다. 아울러 생체 적합성 재료가 필요하다. 나노봇은 인체에 안전하고 독성 없는 재료로 만들어져야 한다. 특정 단백질, 실리콘 기반 나노 물질 또는 합성 폴리머, 다이아몬드오이드 등은 인체 조직 내에서 비교적 안전하다는 것이 검증되고 있다. 이외에 나노봇은 지속적인 조정을 수행하기 위해 안정적인 전원이 필요하다. 혈관내 포도당에서 에너지를 활용하거나, 체온을 이용하거나, 외부 무선 에너지 전송으로 충전되는 소형 온보드 배터리도 에너지원으로 가능하다. 이와 관련한 연구 성과를 정리한다.

첫째, 프로그래밍 가능한 AI 기반 나노봇의 개발이다. 각 나노봇에는 복잡한 작업을 수행하는 AI 알고리즘이 탑재된다. AI 알고리즘을 통해 나노봇은 세포 유형을 인식하고, 구조적 변화를 이해하고, 특정 지시에 따라 조직을 변경할 수 있다. 예를 들어, AI 알고리즘은 근육과 지방 세포를 구별하여 근육을 키우거나 지방을 재분배하도록 안내할 수 있다. 이어 뇌-컴퓨터 인터페이스(BCI) 개념이다. 뇌에 이식된 작은 센서는 신경 신호(생각)를 해석하고 이를 디지털 명령으로 변환, 나노봇에 무선으로 전송되어 원하는 변환을 실시간으로 실행할 수 있다. 나노봇은 개미처럼 군집으로 작동하는게 효과적이다. 서로 통신하여 작업을 분담하고 팀처럼 작동하여 균일하고 정확한 변형을 보장할 수 있다.

둘째, 나노봇은 생체 적합성 재료로 제작된다. 나노봇은 생체 적합성, 무독성, 생분해성을 갖도록 설계된 엔지니어링 단백질로 만들거나 코팅해야 한다. 새로 만들어지는 단백질은 자연 세포의 행동을 모방하도록 맞춤화할 수 있다. 이를 통해 나노봇이 신체 세포와 유기적이어서 면역 거부를 피할 수 있다. 몸 속 세포와 나노봇의 상호 작용성은 필수적이다. 실리콘은 전자제품에 흔히 사용되는 소재이지만, 나노 규모에서는 인체 세포와 만나 부작용이 없어야 한다. 합성 폴리머, PEG(폴리에틸렌 글리콜) 또는 PCL(폴리카프로락톤)과 같은 폴리머는 유연성과 생체 적합성으로 인해 약물 전달 및 조직 공학용 의료 응용 분야에 사용된다. 폴리머는 나노봇 주위에 부드러운 외피를 형성하여 연조직에서 더 안전하고 적응력이 뛰어난 나노봇을 제조할 수 있다. 이를 통해 나노봇은 염증 또는 거부 반응없이 장시간 체내에서 작동할 수 있다. 또한 성능을 다한 나노봇은 시간이 지남에 따라 안전하게 몸 밖으로 배출되어야 한다.

셋째, 나노봇의 에너지원이다. 나노봇은 포도당을 전기로 변환하는 작은 연료 전지로 움직일 것이다. 포도당 연료 전지는 포도당 분자를 산화시켜 나노봇에 추진력을 공급하는 전자를 방출하는 방식으로 작동한다. 이는 신체 세포가 포도당을 에너지로 사용하는 방식과 유사, 나노봇의 자연스러운 에너지원이 된다. 체열로도 가능하다. 인간의 몸은 일정한 열을 발생시키며, 각 나노봇 내부의 소형화된 열전소자의 발전으로 작동이 가능하다. 전자파(전파)를 이용한 전력 전송

기술이 개발되어 있다.

예를 들어 아름다움을 추구하는 여성이 눈동자 색이나 근육의 색조를 바꾸고 싶다면 BCI 장치는 이를 디지털 명령으로 나노봇 군집에 전송한다. 각 나노봇에 탑재된 컴퓨터가 명령을 해석하여 몸의 정확한 위치로 이동한다. "눈동자 색을 바꾸라"는 명령이 내려지면 색소 조절 기능이 프로그래밍된 나노봇이 홍채의 세포를 찾아 멜라닌 수치를 조정하여 색을 바꿀 수 있다. 마치 온라인에서 아바타를 변경하는 것처럼 즉각적이고 조화로운 변화가 이루어진다.

이러한 색소는 생체 적합성, 무독성, 제거가 가능하여 일시적인 맞춤화가 가능하다.

근육 강화 나노봇은 인체에 해를 끼치지 않으면서 임시 발판을 만들어 근육에 볼륨을 더할 수 있다. 얼굴 뼈의 구조나 근육 톤을 미묘하게 변경하여 공식 행사에서 다른 모습을 연출했다가 나중에 사용자의 기본 외모로 되돌아갈 수도 있다.

나노봇은 피부에 크게 이로울 기계이다. 우선 탄력과 탱탱함을 제공하는 물질인 엘라스틴과 히알루론산의 생성을 조절할 수도 있다. 피부가 새로운 모양으로 매끄럽게 늘어나고 윤곽이 잡혀 자연스러운 변화도 만들어 낸다. 피부의 특정 색소를 주입하거나 제거하여 피부 톤, 주근깨 또는 기타 특징을 바꿀 수도 있다. 국소 피부 세포의 멜라닌 수치를 조절하면 일시적으로 피부를 밝게 또는 어둡게 만들 수 있다.

뇌 능력을 향상시키는 나노봇

나노 기술은 향후 인간 뇌를 생물학적 요소와 비생물학적 요소(디지털)의 융합으로 초능력으로 무장해 줄 것이다. 다시 말해 뉴런과 공학적으로 설계된 디지털 부품의 융합으로 인해 인간 뇌 능력이 증강될 수 있다는 뜻이다. 이는 크게 두 가지 방식으로 가능하다.

첫째, 뇌 속에 주입된 나노봇이 뇌 손상을 복구하거나 낡은 뉴런을 교체하는 것이다.

둘째, 뇌를 외부 컴퓨터 또는 클라우드 컴퓨팅에 연결하여 생물학적 뇌가 처리하는 범위를 넘어서는 정보에 접근하고 처리하도록 하는 방식이다. 뇌는 저장 및 처리 능력이 제한된 컴퓨터이다. 슈퍼컴퓨터(클라우드)에 연결하거나 더 효율적인 부품(나노봇)으로 교체하면 훨씬 더 복잡한 정보를 처리하고 새로운 방식으로 사고할 수 있다.

앞으로 '가상 신피질'이 등장할 것이다. 인간 뇌의 신피질은 추론, 계획, 추상적 사고와 같은 고차원적 사고에 관여한다. 즉 뇌 신피질에 가상 레이어를 추가함으로써 사고력을 디지털로 확장한다는 의미다. 디지털로의 확장은 현재보다 훨씬 더 뛰어난 사고 능력을 제공할 것이다. 예를 들어, 생물학적 두뇌만으로는 상상할 수 없는 복잡하고 고차원적인 도형을 시각화하는 등 지금으로선 상상하기 어려운 방식으로 사고한다는 의미다.

현재 인간의 사고는 3차원(높이, 너비, 깊이)이다. 가상 신피질을 사용하면 10차원 이상의 도형을 이해하고 볼 수 있다는 의미다. 완전히 새로운 사고의 영역을 발견하는 것과 같다.

지금도 인간 뇌 뉴런(또는 뇌세포)은 강력하지만, 나노 공학 컴퓨팅이 훨씬 효율적이다. 빠른 연산 속도를 가진 디지털 부품을 뇌에 연결한다면, 생물학적 뉴런보다 훨씬 더 빠르고 더 많은 수의 연산을 할 수 있다. 퍼즐을 풀려고 할 때 뇌는 일반적으로 한 번에 한 조각씩 처리하지만, '터보차저' 디지털 신피질을 사용하면 수천 개의 조각을 동시에 처리할 수 있다. 이렇게 하면 보통 몇 시간 걸리는 복잡한 문제를 몇 초 만에 해결할 것이다.

인간 뇌는 초당 약 10,000번의 연산을 수행한다고 알려져 있다. 그러나, 2050년대에는 이 생물학적 뇌보다 700만 배 이상 많은 연산을 수행하게 될 것이다. 책 한 권을 몇 초 만에 읽고 이해하거나 복잡한 과학 문제를 간단한 덧셈처럼 쉽게 풀 수 있다.

우리의 뇌가 기본적인 컴퓨팅 성능을 갖춘 오래된 노트북과 같다면, 2050년대에는 슈퍼컴퓨터로 업그레이드하는 것과 같다. 업그레이드된 디지털 두뇌는 수백만 배 더 빠르고 능률적으로 수행할 수 있다. 20년 전만 해도 불가능해 보였던 자율주행차는 AI, 센서, 컴퓨팅의 발전으로 현실이 되고 있다. 마찬가지로 나노 기술을 이용한 두뇌 증강은 훨씬 더 큰 도전이지만, 기술의 기하급수적인 발전을 고려하면 곧 현실로 드러날 것이다.

뇌의 모든 부분을 디지털화하는 것은 매우 복잡하고 쉽지도 않다. 디지털화 하기 위해선 모든 뇌를 시뮬레이션해야 한다. 하지만, 모든 뉴런을 동시에 시뮬레이션할 필요는 없다. 우리의 생각과 자기 인식을 포착하는 데는 뇌의 특정 부분만 필요하기 때문이다. 이런 연구가 성공한다면, 미래 인간은 디지털로 살아가거나 추가적인 '가상 뇌' 층을 통해 능력을 확장할 수 있다.

나노 기술과 디지털 컴퓨팅이 뇌에 통합되어 뇌 능력을 증강하는 도전적 과제에 대해 좀더 설명한다. 앞서 언급했지만, 앞에서 인간 두뇌의 뉴런은 초당 약 10,000번의 연산을 수행한다. 인간 두뇌, 즉 생물학적 뉴런은 복잡하고 느리며 생화학적 과정의 제약을 많이 받는다. 이를 테면 뇌 속 뉴런은 전기화학 신호를 통해 통신하며 이온 채널 게이팅과 신경전달물질 방출로 인해 속도가 느리다.

뇌 속 뉴런의 동작을 완벽하게 복사하기 위해서는 정확한 시뮬레이션이 필요하다. 뇌의 완전한 디지털 복제본을 만드는 것은 엄청나게 복잡한 작업이다.

하지만, 다행히도 모든 뉴런의 디지털 복사본을 만들 필요는 없다. 예를 들어, 추론과 의사 결정에 관여하는 전전두피질이나 기억 및 자기 인식 관련 영역 등 핵심 영역을 디지털화하는 데 집중하면, 기능적인 '디지털 의식'을 구현할 수 있다. 앞에서 언급한대로 모든 뉴런을 시뮬레이션할 필요가 없다는 말이다.

디지털 메모리 어시스턴트DMA

이 과정에서 디지털 메모리 어시스턴트(DMA)가 필요하다. DMA란 실시간 기억력 향상, 문제 해결 보조, 지식 저장소 역할을 하는 뇌의 가상 확장판이다. USB 등 보조 기억 장치에 정보를 저장하는 것과 유사하다.

DMA는 디지털 레이어에 저장된 모든 정보에 즉시 액세스할 수 있다. 마치 구글을 머릿속에 집어넣은 것과 같다. 현재 구글을 사용하면 과학적 개념, 역사적 사실 또는 특정 지식을 단 몇 초 내에 해당 정보를 검색할 수 있다. 읽은 책의 모든 세부 사항을 기억하고 싶다면 DMA는 디지털 메모리 파일을 생성하여 보관할 수 있다.

이를 통해 인간 두뇌의 특성인 잊어버림, 즉 망각 증상은 보완될 것이다.

DMA는 중요한 경험이나 학습한 정보를 자동으로 백업해줄 수 있기 때문이다. 예를 들어, 외국어 수업에서 배운 모든 내용을 저장해놓으면 필요할 때 유창한 언어 능력을 발휘할 수 있다.

이런 디지털 저장소는 인지 증강, 실시간 의사 결정 지원, 향상된 커뮤니케이션 능력 등 다방면에서 인간 뇌의 능력을 증강시킬 것이다.

현재 MIT와 막스플랑크연구소는 디지털 메모리 어시스턴트(DMA)를 사용하여 복잡한 양자역학 등 기초 기술에서 선도를 달리고 있다. 이들 저명 연구소에서는 DMA를 연구하는데 있어, 신경과학(기억과 학습의 작동 방식 이해), 양자컴퓨팅(대규모 계산 처리), 클라우드 컴퓨팅(데이터 저장 및 공유) 등의 분야에 집중하고 있다.30

MIT미디어랩 연구소의 내부 모습이다. 자타가 공인하는 세계 최고 AI연구자들이 연구중이다.

30 MIT의 DMA 관련, 주요 연구 프로젝트는 다음과 같다. MIT 미디어랩의 교수인 패티 메이스Pattie Maes는 인간의 인지 능력을 강화하는 시스템 설계에 중점을 둔 유체 인터페이스 그룹을 이끌고 있다. 주목할 만한 프로젝트 중 하나는 웨어러블 오디오 기반 기억 보조 도구인 메모로(Memoro)이다. AI를 사용하여 청각적 상호 작용을 포착하고 검색하여 기억을 되살리는 도구이다. 유체 인터페이스 그룹의 연구원인 와지르 줄피카르Wazeer Zulfikar는 메모로 개발의 핵심이다. 그는 실시간 기억력 향상을 위한 간결한 인터페이스를 만들기 위해 대규모 언어 모델을 사용한다. 유체 인터페이스 연구원인 지미 데이Jimmy Day도 노년층이 가정 내에서 독립성과 안전성을 유지할 수 있도록 설계된 웨어러블 음성 기반 기억력 보조 장치인 메모팔의 개발을 이끌고 있다. MIT 뇌과학과 유진 맥더못 교수이자 뇌, 정신, 기계 센터의 공동 책임자인 토마스 포지오Tomaso Poggio는 신경과학 및 인공지능에 걸쳐 있으며, 첨단 DMA 개발을 주도하고 있다. 마크 하넷Mark Harnett은 맥거번 뇌 연구소(McGovern Institute for Brain Research)의 연구원인데, 포유류 뉴런이 정보를 처리하고 행동의 기초가 되는 복잡한 계산을 수행하는 과정을 연구하고 있다.

MIT 미디어랩에서 AI 기억력 회복 장치를 시험하는 모습.

막스플랑크 연구소 내부에 있는 AI 연구시설 모습

신경과학

첫째, 신경과학(기억과 학습에 대한 이해) 분야다. 뇌가 기억을 인코딩, 저장, 검색하는 방식을 규명하는 연구이다.

인간의 기억력을 향상시키거나 지원하는 기술이다. 이를 통해 앞으로 뇌가 정보를 기억하고 저장하는 방식을 모방하는 시스템이 개발될 것이다. 실제 MIT에서는 뇌 속에서 기억 형성 과정, 즉 뇌 세포와 분자 수준에서 어떻게 작동하는지 연구 중이다. 예를 들어, 시냅스(뉴런 간의 연결)가 어떻게 강화되고 정보를 저장하는지를 규명하면, AI 성능을 증강하는 효과적인 방법을 찾아낼 수 있다. 특히 인간 뇌의 기억 형성 과정을 알아낸다면, 기억 장애 치료법이나, 뇌-컴퓨터 인터페이스(BCI) 개발에 큰 지평을 열어젖힐 수 있다. 이는 생물학적 기억을 모방하여 정보를 저장하고 검색하는 DMA와 같은 기술의 결정적 토대가 될 것이다.

좀더 쉽게 설명한다면 이렇다.

새로운 것을 배울 때 뉴런은 시냅스를 통해 화학적, 전기적 신호를 보내 뉴런끼리 의사소통을 한다. 특정 연결을 더 많이 사용할수록 시냅스는 더 강해지는데, 이 과정을 '시냅스 강화'라고 한다. 뉴런은 신호를 포착하기 위해 더 많은 수용체를 생성하거나 더 강력한 메시지를 보내기 위해 더 많은 신경전달물질을 방출한다. 신경전달물질은 뇌의 작은 메신저 같은 역할을 한다.

친구에게 쪽지를 전달한다고 상상해 보자. 신경전달물질은 메시지를 전달하는 '쪽지'이다.

신경전달물질은 뉴런 내부에서 생성된다. 뉴런은 단백질과 비타민 등 섭취한 음식의 영양소를 사용하여 이러한 화학 물질을 만든다. 뉴런 내부의 특수 분자는 신경전달물질을 조립하는 공장처럼 작용한다. 신경전달물질은 이런 것이다.

도파민(학습과 동기 부여에 중요)은 티로신이라는 아미노산으로 만들어진다.
세로토닌(기분 향상과 기억력에 도움)은 칠면조나 바나나 같은 음식에서 얻는 트립토판으로 만들어진다.

뉴런이 신경전달물질을 만들면 소포라는 작은 기포에 저장된다. 메시지(쪽지=신경전달물질)를 보낼 때가 되면 뉴런은 이 작은 기포들을 뉴런 사이를 연결하는 시냅스로 방출한다. 신경전달물질은 강을

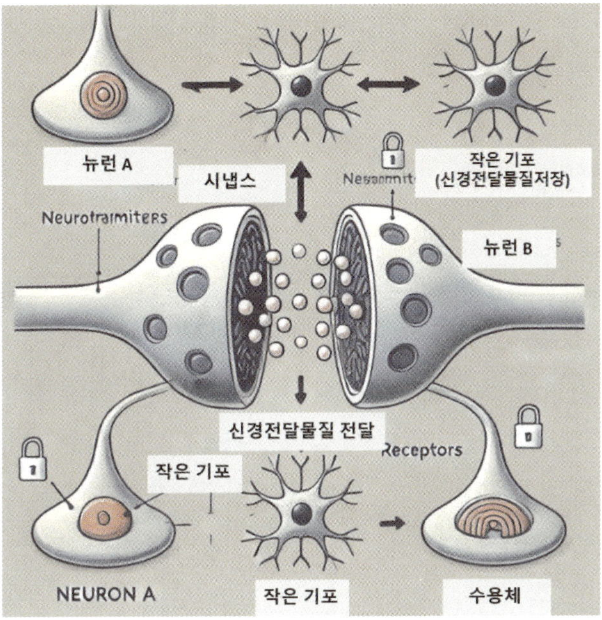

건너는 배처럼 시냅스를 가로질러 다음 뉴런에 도달할 때까지 떠다닌다. 뉴런의 표면에는 수용체라고 하는 작은 '자물쇠'가 있다. 신경전달물질이 올바른 '열쇠'라면 자물쇠에 끼워져 메시지를 전송한다. (그림 참조)

수용체가 메시지를 받으면 수신 뉴런에 메시지를 전달한다(문자에서 '보내기'를 누르는 것과 같이). 신호를 중지하기도 한다('취소'를 누르는 것과 같이).

메시지가 전송된 후 효소나 특수 단백질이 여분의 신경전달물질을 청소하여 시냅스가 다음 신호를 받을 수 있도록 준비한다.

뉴런들이 워키토키를 사용하여 서로 대화한다고 상상해보자. 신경전달물질은 무전기에 대고 말하는 단어이고, 시냅스는 소리가 이동하는 공기이며, 다음 뉴런의 수용체는 메시지를 듣는 귀에 비유할 수 있다.

이 과정을 이해하면 기억 상실이나 기분 장애와 같은 문제에 대한 치료법을 개발할 수 있다.

양자컴퓨팅

둘째, 양자 컴퓨팅(대규모 연산 처리) 분야 연구이다. 양자역학의 원리를 이용해 놀라운 속도로 정보를 처리하는 방법이다. 양자컴퓨터는 기존 컴퓨터로는 불가능하거나 수년이 걸리는 복잡한 문제를 해결할 수 있다. MIT 양자공학센터와 막스플랑크 양자광학연구소는 양자컴퓨팅 연구를 주도하고 있다. 또한 양자컴퓨터를 통해 뇌의 신경 프로세스를 시뮬레이션하면, 인간의 인지와 매우 유사한 인공 기억 시스템을 구현할 수 있다. MIT의 컴퓨터 과학 및 인공지능연구소(CSAIL)는 머신러닝 알고리즘을 연구하고 있다. 막스플랑크 지능형시스템연구소(Max Planck Institute for Intelligent Systems)도 방대한 양의 데이터로를 토대로 학습하는 AI 모델을 개발중이다.

AI는 DMA가 제시한 새로운 정보를 검색, 분석, 해석, 정리하여 제시할 수 있다.

여기에서 핵심은 양자컴퓨팅, 즉 엄청난 계산을 수행하기 위해 양자 물리학의 기본 원리인 중첩superposition, 얽힘entanglement, 양자 간섭quantum interference의 원리를 적용하는 것이다. 여기서 잠시 양자 특성의 응용에 대해 설명한다.

양자 역학의 응용 방식 중 첫 번째 '중첩'에 대한 설명이다.

종래 컴퓨터는 비트(0과 1)로 정보를 표현한다. 양자 컴퓨터는 0, 1 또는 둘 다의 상태로 동시에 존재할 수 있는 큐비트qubits를 사용한다(중첩 현상).

중첩의 작동 원리는 이렇다. 도서관에서 특정 책을 검색하고 있다고 상상해 보자. 기존 컴퓨터는 이 책을 찾을 때까지 한 번에 한 서가씩 책을 검색하며 각 제목을 살펴본다. 서가가 1,000개라면 최악의 경우 1,000단계가 걸릴 수 있다. 그러나, 중첩 원리로 작동하는 양자 컴퓨터는 1,000개의 서가를 동시 검색해 답변을 도출하는 식이다. 큐비트는 동시에 여러 가지 가능성을 나타내는 상태로 존재하기 때문이다. 아주 짧은 시간 안에 책을 찾을 수 있다.

다시 말해 양자컴퓨터는 한 번에 하나의 솔루션을 시도하는 대신 여러 솔루션을 동시에 탐색할 수 있으므로 복잡한 문제를 빠르게 해결할 수 있다.[31] 가령 암호를 해독하려고 한다고 상상해 보자. 기존 컴퓨터는 한 번에 하나의 비밀번호를 테스트하지만, 양자컴퓨터는 중첩을 통해 여러 개의 비밀번호를 동시에 테스트하여 처리 속도를 대폭 높일 수 있다.

두 번째, '얽힘'의 원리이다. 두 큐비트가 엉키면, 두 큐비트의 상태가 연결된다. 한 큐비트의 상태를 변경하면 멀리 떨어져 있더라도 다른 큐비트의 상태에 즉각적으로 영향을 미친다. 이를 테면 양자 컴

---

31 양자컴퓨팅의 중첩의 원리는 이렇다. 동전이 떨어졌을 때 앞면이 될 수도 있고 뒷면이 될 수도 있다. 즉 일반 컴퓨터에서 비트가 0(앞면) 또는 1(뒷면)일 수 밖에 없다. 하지만 동전을 돌린다면, 동전이 회전하는 동안 앞면과 뒷면이 동시에 존재한다. 이것이 바로 중첩이다. 양자 컴퓨터에서는 전자와 같은 작은 입자가 중첩되어 있는 동안 0, 1 또는 둘 다 일 수 있다. 한 번에 하나씩이 아니라 한 번에 여러 가지 가능성을 시도할 수 있다는 점이 양자컴퓨터의 원리다. 마찬가지로 광자(빛의 작은 입자)는 편광될 수 있는데, 이는 한 번에 두 방향을 가리키는 것과 같다.
손전등을 들고 있다면, 손전등 빛은 위를 똑바로 비추거나 옆으로 똑바로 비출 수 있다. 하지만 양자 물리학에서는 빛이 어떻게든 마법처럼 위쪽과 옆쪽을 동시에 비출 수 있다. 양자 컴퓨팅에서는 스핀 또는 편광, 양자 게이트를 사용하면 동시에 많은 솔루션을 탐색할 수 있다. 이것이 바로 양자컴퓨터가 일반 컴퓨터보다 훨씬 빠른 이유이다. 마치 퍼즐을 풀 때 한 번에 하나의 답만 찾는 대신 가능한 모든 답을 동시에 시도하는 초고속 수단이다.

퓨팅에서는 두 큐비트(작은 입자)를 이렇게 연결할 수 있다. 한 큐비트가 바뀌면 아무리 멀리 떨어져 있어도 다른 큐비트도 즉시 바뀐다. 이를 '얽힘'이라고 한다. 큐비트는 멀리 떨어져 있어도 함께 작동할 수 있기 때문에 정보를 매우 빠르게 공유할 수 있다.

많은 정보를 한 번에 살펴봄으로써 크고 복잡한 퍼즐을 풀 수 있다. 이러한 상호 연결성 덕분에 양자컴퓨터는 대량의 데이터를 순간적으로 처리하고 여러 변수 간의 상관관계를 규명할 수 있다.

세 번째로 양자 간섭의 원리이다. 양자컴퓨터는 간섭을 이용해 서로 다른 결과의 확률을 조작한다. 이를 통해 올바른 해답은 증폭시키고 잘못된 해답은 상쇄할 수 있다. 예를 들어, 뇌 신경망은 수십억 개의 뉴런이 서로 연결되어 수조 개의 연결을 이루고 있다. 양자 컴퓨터는 이러한 복잡성을 실시간으로 시뮬레이션하여 인간의 인지를 모방한 인공 기억 시스템을 구축할 수 있다. 양자컴퓨팅은 인간과 유사한 DMA를 만드는 데 필수적인 패턴 인식, 의사 결정, 학습과 같은 작업의 속도를 높여 AI 능력을 증강할 수 있다.

미로를 풀고 있다고 상상해 보자. 기존 컴퓨터는 모든 경로를 하나씩 탐색하지만, 양자컴퓨터는 중첩을 사용해 모든 경로를 동시에 탐색한다. 마찬가지로 뇌의 뉴런이 어떻게 소통하고 적응하는지 시뮬레이션하려면 수많은 경로와 상호 작용을 평가해야 하는데, 양자 컴퓨터는 이를 기하급수로 빠르게 수행할 수 있다.

클라우드 컴퓨팅

DMA를 구축하는데 있어, 신경과학(기억과 학습의 작동 방식 이해), 양자컴퓨팅(대규모 계산 처리)에 이어 세 번째로, 클라우드 컴퓨팅(데이터 저장 및 공유) 기술을 소개한다.

이는 클라우드 컴퓨팅을 통해 데이터를 원격 저장하고 어디서나 액세스하고 공유, 검색하는 글로벌 지식 저장소의 구축이다. MIT는 클라우드 기술 기업과 협력하여 데이터 저장 시스템을 개발하고 있다. 막스플랑크 소사이어티도 고성능 클라우드 컴퓨팅을 활용하여 연구소 전체의 연구 데이터를 저장하고 있다. 이밖에 기억 보철, 즉 기억력 향상 또는 복구 방식 연구가 매우 활발하다. DARPA, 서던 캘리포니아 대학교 등은 기억 보철물을 연구하고 있다.

글로벌 지식 저장소는 전 세계의 정보를 수집, 저장, 정리하는 거대한 가상 도서관이다. 인터넷을 통해 어디서나 접근 가능한 서버에 저장된다는 점은 물리적 건물과 다르다. 클라우드 컴퓨팅은 이 가상 라이브러리를 가능하게 한다. 정보를 컴퓨터나 휴대폰에 보관하는 대신 전 세계에 설치한 데이터 센터 안에 있는 강력 컴퓨터(서버)에 저장할 수 있다. 기능은 다음과 같다.

먼저 원격 스토리지 능력이다. 클라우드는 어디든 가지고 다닐 수 있지만 눈에 보이지 않고 무게도 없는 커다란 정보 가방이다. 모든 데이터(문서, 사진, 연구 자료)는 클라우드 서버에 안전하게 저장된다.

두 번째로, 어디서나 접근할 수 있다. 데이터가 클라우드에 저장되면 인터넷에 연결되어 있는 한 어떤 장치(휴대폰, 노트북, 태블릿)에서든 열 수 있다. 공유 및 협업이 가능하다. 클라우드를 사용하면 다른 사람들과 정보를 쉽게 공유할 수 있다. 예를 들어, 자신의 연구 데이터를 글로벌 지식 저장소에 업로드하면 다른 사람이 이를 보고, 사용하거나 추가할 수 있다.

세 번째로, 엄청난 저장(스토리지) 기능이다. 테라바이트와 페타바이트에 달하는 엄청난 양의 데이터를 보관할 수 있다. 클라우드에 데이터를 저장하는 것이 물리적 저장 하드웨어를 구입하는 것보다 저렴하고 확장성도 뛰어나다.

3D 프린팅의 혁명

20세기 3차원 고체 물체를 제조하는 방식은 보통 두 가지 형태였다. 용융된 플라스틱을 금형에 주입하거나 프레스로 가열된 금속을 성형하는 등 금형 내부에서 재료를 성형하는 공정이다. 이외에 조각가가 대리석 블록을 깎아내는 것처럼 블록이나 시트에서 재료를 선택적으로 제거하는 것이었다. 크게 이 두 가지 방법에는 큰 단점이 있었다. 몰드를 만드는 데는 비용이 들고, 일단 완성된 몰드는 수정하기가 매우 어렵다. 하지만, 1980년대부터 새 기술이 등장하기 시작했다. 이전 방식과 달리 비교적 평평한 층을 쌓거나 증착하여 입체적인 모양으로 만들어 부품을 제작하는 방식이다. 이는 적층 제조 또는 3D 프린팅으로 알려지게 되었다.

가장 일반적인 유형의 3D 프린터는 잉크젯 프린터와 비슷하게 작동한다. 일반적인 잉크젯은 종이 위를 앞뒤로 지나가면서 노즐에서 카트리지의 잉크를 소프트웨어가 지시하는 위치로 분사한다. 3D 프린터는 잉크 대신 플라스틱과 같은 재료를 사용하여 부드러워질 때까지 가열한다. 노즐은 각 레이어에 대해 소프트웨어 지시에 따라 재료를 증착하고, 물체가 점차 입체적으로 변하면서 이 과정을 여러 번 반복한다. 레이어가 굳어지면서 서로 융합되면 완성된 물체가 된 것이다. 지난 20년 동안 3D 프린팅은 더 높은 해상도, 비용 절감, 그리고 속도를 대폭 개선하고 이제 종이, 플라스틱, 세라믹, 금속 등 다양한 재료로 물체를 만들 수 있다.

이제 AI로 인해 종래 구현이 어려운 디자인도 가능하다. 3D 프린팅은 제조를 분산시켜 소비자와 지역 사회에 힘을 실어줄 수 있다. 앞으로 3D 프린팅과 AI를 결합하면 제품의 설계, 제작, 유통 방식이 혁신적으로 변화할 수 있다. 예를 들어, 의족 등이 필요한 외딴 지역

의 경우, AI가 먼저 그 사람의 정확한 치수와 필요, 특정 기후 내구성 등에 따라 맞춤형 디자인을 만들 수 있다. 그런 다음 커뮤니티 내 분산형 3D 프린터를 사용하여 필요에 따라 보철물을 인쇄할 수 있다.

AI 기반 디자인과 3D 프린팅의 결합으로 소도시와 개발도상국에서는 글로벌 공급망이나 고가의 배송에 의존하지 않고도 현장에서 개인화된 고품질 제품을 만들 수 있다. 이는 20세기 패러다임인 대도시의 거대한 대기업 공장에 제조업이 집중된 모델과는 대조적이다. 종래 모델의 경우 소도시와 개발도상국은 멀리 떨어진 곳에서 제품을 구매해야 하고 배송에 많은 비용과 시간이 소요되었지만, 분산형 3D 프린팅은 이 중 상당 부분을 불필요하게 만들 수 있다.

수직 농업과 인공지능의 발달

1만2000여년 전 최초 농업이 시작되었을 당시에는 수확 가능한 식량이 매우 적었다. 기원전 6,000년경 부터는 관개를 통해 더 많은 물을 공급받을 수 있게 되었고, 식물 육종과 비료 개발로 더 맛있고, 영양분을 더 풍부하게 만들었다.

그러나, 주어진 야외 면적에서 수확하는 식량의 양은 한계에 부닥칠 것이다. 가용 농지가 점점 줄고 있기 때문이다. 새로운 해결책 중 하나가 수직 농법이다. 여러 층의 작물을 재배하는 것이다. 토양에서 재배하는 대신 영양분이 풍부한 물이 담긴 실내 트레이에 농작물을 키우는 것이다. 이러한 트레이는 프레임에 적재되어 여러 층 높이로 쌓이기 때문에 여분의 물이 손실되지 않고 아래 층으로 흘려보낼 수 있다. 일부 수직 농장에서는 물을 안개로 대체하는 에어로포닉스 방식을 사용한다. 또한 햇빛 대신 특수 LED를 설치하여 각 식물이 완벽한 양의 빛을 받을 수 있도록 한다.

이를 테면 2003년부터 캘리포니아 로드아일랜드에 10개의 대규모 시설을 보유한 Plenty는 수직농업을 선도하는 기업이다. 단위 수확량을 비교해보니 전통적인 흙 농장보다 95% 적은 물과 97% 적은 토지를 사용할 수 있었다. 또한, 실내이니 해충이 적절하게 제어되고 일년 내내 작물을 재배할 수 있게 해준다.

무엇보다도 가장 중요한 것은 도시와 마을이 수백, 수천 마일 떨어진 곳에서 기차와 트럭으로 식량을 가져오는 대신 현지에서 직접 재배, 공급한다는 것이다.

특히 AI는 수직 농업에 새로운 농법을 제시할 것이다. 그 잇점은 다음과 같다.

첫째, 예측 분석을 통한 정밀 농업이다. AI는 재배 과정의 모든 측면을 최적화할 것이다. 농장 곳곳에 배치된 센서에서 데이터를 수집하여 식물의 건강, 성장 속도, 영양소 섭취를 최적화, 실시간 결정을 내릴 수 있다. 예를 들어, AI는 각 줄의 식물이 받는 빛의 양을 추적하고 그에 따라 LED 조명을 조정하여 에너지를 너무 많이 사용하지 않고도 빠르게 성장할 수 있는 완벽한 양의 빛을 받을 수 있도록 한다. 아울러 AI는 과거 데이터와 외부 요인(날씨 패턴, 기후 조건, 시장 동향)을 분석하여 작물을 심고 수확하고 판매하기 가장 좋은 시기를 예측할 수 있다.

둘째, AI는 수직 농업의 많은 작업을 자동화할 것이다. AI의 안내를 받는 로봇 시스템은 씨앗을 심고, 식물의 건강을 모니터링하며, 수확까지 인간 노동력을 줄일 수 있다. 또한 AI 기반 로봇을 통해 아쿠아포닉 시스템을 운용, 물고기 배설물이 식물의 영양분으로 적절히 전환되도록 할 수 있다.

셋째, 개인화된 작물 성장이다. 수직 농장은 다양한 고객이나 시장을 위해 성장 과정을 개인화할 수 있다. AI 시스템은 원하는 특성에 맞춰 특정 식물을 위한 맞춤형 재배로 생산할 수 있다. 예를 들어, 레스토랑에서 특정 풍미의 허브를 원하거나 식품점에서 유통기한이 대폭 늘어난 잎채소가 필요하다면, AI는 이러한 정확한 사양을 달성하기 위해 빛, 물, 영양분을 수정해 재배할 수 있다.

넷째, 지속 가능성 및 자원 효율성이다. AI는 수자원 재활용 시스템을 관리하여 물 낭비를 최소화하고, 비료 사용을 최적화하며, 조명이나 난방 조건을 추적해 에너지 소비를 줄일 수 있다. 또한 유해 살충제나 화학 물질을 줄일 수 있다.

다섯째, 식량 안보 환경의 개선이다. 식량 안보가 불안정한 국가나 사막, 극한대 기후, 공간이 협소한 도시 지역 등 환경과 거의 무관하게 농장물을 재배 생산할 수 있다.

딸기부터 잎채소까지 다양한 작물을 재배하는 수직 농장이 도시에 있다고 상상해 보자. 전체 농장은 실시간으로 식물의 상태를 모니터링하고 각 농작물의 줄마다 빛과 물 공급을 조절하는 AI 시스템이 관리한다. 로봇은 씨앗을 심고, 작물을 돌보고, 수확한다. AI 시스템은 데이터를 사용하여 이 모든 과정을 조정한다.

앞으로 몇 년 안에 태양광 전기, 재료 과학, 로봇 공학, 인공 지능 분야의 혁신이 진전됨에 따라 수직 농업은 현재의 농업보다 훨씬 저렴해질 것이다. 많은 시설이 태양전지로 전력을 공급받고, 현장에서 새로운 비료를 생산하며, 공기에서 물을 모으고, 자동화된 기계로 작물을 수확하게 될 것이다. 미래의 수직형 농장은 노동력이 거의 필요하지 않고 땅을 적게 차지하기 때문에 저렴하게 농작물을 생산할 수 있다.

미국 LA주변 수직 농장 PLANTY의 내부 모습이다.

잎채소 등 농작물을 실내에서 재배하는 수직 농업 시설의 미래형 농사 조감도이다.

06

다가오는 '비숙련화' 물결

점점 더 많은 업무가 AI와 로봇으로 대체되면서 일련의 비숙련화 전환nonskilling transitions이 일어날 것이다. AI를 탑재한 로봇은 일상적이고 반복적인 특정 작업을 완전히 대체할 것이다. AI는 비용적인 이유뿐만 아니라 실제로 더 나은 일을 할 수 있다.32 이를 테면

32 특히 교육 분야에서 일대 변화가 불가피하다. AI는 과제 채점, 즉각적인 피드백 제공, 특정 주제에 대한 학생 개인지도와 같은 일상적인 작업을 대신한다. 이를 통해 교사는 개인 맞춤형 교육, 커리큘럼 설계, 학생의 창의력과 비판적 사고력 배양에 더 집중할 수 있다. AI는 데이터 분석을 통해 학생의 진도를 추적하고 학습 결과를 예측하여 학생의 필요에 맞게 수업을 조정하도록 돕는다. AI 도구는 일정, 출석, 리소스 할당 등을 관리하고, 교사가 인간적인 상호작용과 멘토링에 집중하도록 한다.
저널리즘 및 콘텐츠 생산에도 변화가 올 것이다. Wordsmith나 Quill 등 AI는 이미 기본적인 뉴스 기사, 스포츠 요약, 재무 보고서를 작성하고 있다. 이러한 도구가 발전함에 따라 저널리스트는 심층 분석, 공감, 통찰력을 필요로 하는 탐사 보도, 인간 관심사 기사, 오피니언 기사 등의 업무로 전환할 것이다. 콘텐츠 큐레이션 분야는 흥미롭다. AI는 콘텐츠 큐레이션, 트렌드 분석, 관련 기사 제안 등을 지원하여 사람(편집자, 작가)은 데이터에 기반한 의사결정을 내리고 보다 복잡한 내러티브에 집중하도록 도울 것이다.
인사(HR) 분야도 변화가 올 것이다. AI 시스템은 이력서를 선별하고, 초기 면접을 진행하고, 후보자의 기술을 분석하여 편견을 줄인다. 대시 HR 전문가들은 전략적 인력 계획, 직원 참여, 기업 문화 관리에 더 집중할 것이다. AI는 직원의 성과 지표를 추적하고 개선이 필요한 부분을 강조하며 개인 맞춤형 교육 프로그램을 제안하는 한편, 사람은 인재 개발 및 리더십 코칭으로 전환할 수 있다.
리테일 분야 고객 서비스 분야도 큰 혁신이 올 것이다. 챗봇과 AI 기반 추천 시스템이 일상적인 고객 서비스 문의, 주문 처리, 반품 업무를 처리할 것이다. AI를 통해 재고 관리와 재입고 결정을 자동화하고, 사람은 개인화된 고객 경험 제공과 AI 시스템 관리에 더 집중할 수 있다. 아마존의 '저스트 워크 아웃'은 계산원의 필요성을 없애고 쇼핑 경험을 간소화하여 직원들이 고객 참여, 문제 해결 등 집중하도록 하고 있다.
AI 법률 도우미도 활발할 것이다. 가상 법률 비서가 사건 관리를 간소화하고, 회의 일정을 잡고, 고객 문의를 처리하여 법률 전문가가 복잡한 소송과 개인화된 고객 관계에 집중하도록 할 것이다.
건축 및 건설 분야 역시 변화할 것이다. 설계도 초안 작성, 건물 레이아웃 최적화, 자재 성능 시뮬레이션 등 건축 설계의 일상적인 업무는 AI가 대신할 것이

AI 운전자는 인간을 완전 대체할 것이다. 자율주행차는 인간 운전자보다 훨씬 안전할 것이며, 음주, 졸음, 주의 산만 행위는 하지 않을 것이 분명하다.

AI와 로봇은 운전, 데이터 입력, 조립 라인 등 일상적이거나 위험한 업무를 자동화할 것이다. 자동화로 인해 근로자는 더 복잡하거나 창의적인 업무에 집중할 수 있다.

예를 들어, 의료 분야에서 진단 업무나 환자 모니터링은 AI가 대신하고, 의사와 간호사는 환자 관리와 치료 계획에 더 많은 시간을 할애할 것이다. 인간 의사는 전반적인 의사 결정과 복잡한 수술에 집중하는 동안 AI는 외과의사의 정밀 작업을 보조할 것이다. ATM은 이제 많은 일상적인 현금 거래에서 인간 은행원을 대체하고 있다. 대신 은행원은 마케팅 분야에서 고객과의 개인적인 관계 구축에서 더 큰 역할을 맡고 있는 것이 현실이다.

특히 AI 시스템 개발, 관리 및 감독에 중점을 둔 새로운 직무가 등장할 것이다. AI가 보다 정확하고 공정하며 비즈니스 목표에 부합하는지 확인하는 AI 트레이너, 윤리학자, AI 유지 보수 전문가, 데이터 전문가 등이 포함될 수 있다. 앞으로 인간은 비숙련적인 창의적인 업무에 집중할 수 있다.

다만 업무와 직업을 구분하는 것이 중요하다. 사실상 업스킬링Upskilling 개념이다. 이를 테면 법률 조사 및 문서 분석용 소프트웨

다. 건축가는 창의적인 디자인 요소, 고객 참여, 환경에 대한 고려 사항 등에 집중할 것이다.

농업 분야 혁신도 가져올 것이다. AI 기반 드론과 로봇이 농작물 심기, 물주기, 수확을 대신하여 기상 조건, 토양 건강, 작물 수확량에 최적화할 것이다. 농부들은 작물 계획, 혁신, 지속 가능 농업에 중점을 두고 이를 관리하는 방향으로 전환할 것이다. AI는 센서와 드론을 사용해 작물의 건강을 모니터링하고 해충을 추적하며 수확량을 예측할 것이다.

어가 법률 보조원의 특정 기능을 대체하면서 법률 보조원은 다른 업무로 진화하는 방식이다.

현재 미국에서 대형 로펌의 법률 보조원은 대량의 문서 검토 업무를 도맡아 하고 있다. AI 기술이 발전하기 전에는 수작업으로 문서를 일일이 열람해 사건 관련 정보나 판례를 찾아야 했다. 그러나, AI 기반 법률 소프트웨어의 도입으로 이제 이러한 문서 검토의 상당 부분이 자동화 되고 있다. 키워드를 보다 빠르게 식별하고, 찾고자 하는 문서에 태그를 지정하고, 결과를 요약할 수도 있어 법률 서비스를 훨씬 신속하게 진행할 수 있다. 'Relativity' 또는 'Everlaw' 등 법률 AI 소프트웨어는 수백만 개의 문서를 스캔하여 제공하고 있어 법률 보조원의 수작업을 크게 줄여주고 있다.

현재 미국 뉴욕의 대형 로펌에서는 법률 보조원의 수작업 대신 AI로 관리하고 결과를 해석하며, 변호사에게 사건 해결에 필요한 중요 문서를 찾아 제공하고 있다. 법률 보조원은 더 복잡한 소송 초안을 작성하는 등 고도의 법률 지식과 조직적 업무를 통해 변호사의 법정 업무를 지원하고 있다. 반복적 업무는 AI로 대체하고, 고도의 판단력과 전문적 업무를 맡게 되면서 법률 보조원의 가치를 높이는 업스킬링으로 이어진다. 이 사례는 AI 자동화로 인한 직무의 변화를 보여주는 명확한 사례이다.

금융 분야에서 비숙련화는 더욱 확대될 것이다. AI는 위험 분석, 사기 탐지, 거래 처리를 전담하면서, 여타 은행원들은 데이터 기반 의사 결정 등 전략적 역할로 전환할 것이다.

예술계에서도 조만간 이런 현상이 일어날 것이다. 2022년부터 DALL-E 2, 미드저니MidJourney, 스테이블 디퓨전Stable Diffusion 등은 AI를 사용하여 고품질 그래픽 아트를 만들어낸다. 물론 인간의 텍스트 기반 프롬프트를 기반으로 한다. 이러한 기술이 발전함에 따라 인간 그래픽 디자이너는 스케치 시간을 줄이고, 고객과 아이디어를 브레인스토밍하는데 더 시간을 할애할 수 있다. AI가 생성한 샘플을 큐레이션하거나 수정하는 데 집중한다.

특히 AI 툴을 사용하면 스타일과 미학에 대한 폭넓은 탐색이 가능하다. 수동 디자인 작업 중 고려하지 못했던 새로운 영감을 얻을 수 있다. 디자이너는 수작업으로 제작하기 어려웠던 추상적인 형태, 초현실적인 이미지 또는 복잡한 텍스처를 실험할 수 있다. 현재 일부 아티스트는 미드저니를 사용하여 초현실적인 이미지를 실험하고 고품질 샘플을 생성하고 있다. AI가 생성한 비주얼에 자신의 디자인을 혼합하면 보다 독창적인 작품을 만들어 낼 수 있다.

디자이너는 시간이 많이 걸리는 작업을 AI에게 맡기고, 대신 아이디어 브레인스토밍, 고객 니즈 파악, 창의 제시 등 전략적 활동에 보다 집중할 수 있다.

AI가 점점 더 많은 일을 대신하면서 장기적으로는 자동화에 대한 경제적 인센티브가 더 많아질 것이다. 지속적인 인건비를 지불하는 것보다 기계나 AI 소프트웨어를 구입하는 것이 더 저렴하고 분쟁거리도 없어질 것이다. 그러면 사업주는 사업을 구상할 때 자본과 노동 사이의 균형에서 훨씬 유연해질 것이다. 다시 말해 임금이 상대적으로 낮은 곳에서는 노동 집약적인 프로세스를 사용하는 것이 더 합리적인 반면, 임금이 높은 곳에서는 노동력을 덜 필요로 하는 기계로 혁신할 것이다.

그러나, 불평등을 초래할 수 있다. 비숙련직 전환의 어려움 중 하나는 불평등 심화라는 사회적 리스크가 필연적으로 발생할 것이다. 즉 교육과 훈련을 받은 근로자는 기술을 향상시키고 고임금, 고난도 기술 중심 직무로 이동할 수 있지만, 그렇지 못한 근로자는 적응에 어려움을 겪을 것이다. 숙련 근로자와 신기술에 취약한 분야의 근로자 간 격차는 확대될 것이다.

영국이 산업혁명의 요람이었던 이유 중 하나는 세계 어느 곳보다 높은 임금과 풍부한 값싼 석탄이 있었기 때문이다. 이로 인해 값싼 증기 동력으로 값비싼 인간의 노동력을 대체하는 기술이 개발되었다. 오늘날의 선진국 경제에서도 비슷한 역학 관계가 존재한다. 자동화 기계는 한 번 구매하면 자산이 될 수 있지만, 직원 임금은 지속적인 비용이며 고용주는 다양한 요구 사항에서 근로자를 충족해야 한다.

따라서 기업주는 분명히 자동화를 지향할 것이다. AI가 능력 측면에서 인간, 그리고 머지않아 초인간 수준에 가까워지면 인간의 업무는 점점 줄어들 것이다. 그러면 근로자에게는 혼돈의 시대가 도래할 것이다. 새로운 직업이 등장하겠지만, 일정 기간 임금 격차는 존재할 수 밖에 없다. 이는 정치 지도자들이 사회적 합의에 의해 해결해야 할 문제이다.

생산성 저하의 수수께끼

AI와 자동화 확산에서 의문인 것은 생산성 퍼즐productivity puzzle이다. 기술 발전으로 생산성은 현저하게 증가할 것으로 예측되었다. 그러나, 1990년대 인터넷 혁명 이후 생산성 증가율은 실제로 둔화되었다. 생산성은 흔히 시간당 실질 생산량으로 측정되는데, 생산된 재화와 서비스의 총량(인플레이션 조정)을 투입된 총 노동시간으로 나눈 값이다.

1950년 1분기부터 1990년 1분기까지 미국의 시간당 실질 생산량은 분기당 평균 0.55% 증가했다. 1990년대에 개인용 컴퓨터와 인터넷이 널리 보급되면서 생산성 향상은 가속화되었다. 1990년 1분기부터 2003년 1분기까지 분기별 평균 0.68% 증가했다. 월드와이드웹(WWW)이 새로운 고속 성장의 시대를 연 것처럼 보였고, 2003년 말까지만 해도 이러한 속도가 계속될 것이라는 기대가 널리 퍼져 있었다.

그러나, 2004년부터 생산성 증가율은 현저히 둔화 되기 시작했다. 2003년 1분기부터 2022년 1분기까지 분기당 평균 0.36%에 불과했다. 이는 지난 10년간의 가장 큰 경제 미스터리 중 하나였다. 정보 기술이 다양한 방식으로 비즈니스를 변화시키고 있는 만큼, 우리는 훨씬 더 강력한 생산성 성장을 기대할 수 있었지만 그렇지 못했다. 왜 그런가?

자동화가 실생활에 정말 큰 영향을 미치는 상황에서 다음과 같은 이유가 있다.

먼저 측정 기술의 문제이다. 생산성(시간당 생산량)을 측정하는 전통적인 방법이 진보하는 기술의 진짜 영향을 포착하지 못한다는 점이다. 예를 들어, 많은 온라인 서비스와 디지털 도구(무료 앱, Google 검색 등)는 삶의 질을 향상시키고 있지만, GDP나 전통적인 생산성 통계에는 제대로 반영되지 않는다는 점이다. 다시 말해 비화폐적 가치 측정의 어려움이다. 현재 앱, 웹사이트, 온라인 플랫폼 등 디지털 서비스는 소비자의 직접적인 지불보다는 광고나 데이터 수집을 통해 간접 비즈니스 모델을 기반으로 운영되기 때문이다.

둘째, 기술 지연의 문제이다. AI, 자동화, 로봇공학 등 새로운 기술이 비즈니스 프로세스에 반영되기까지 시간이 걸린다는 점이다. 역사적으로 전기와 같은 주요 기술이 눈에 띄는 생산성 향상을 가져오는 데는 수십 년이 걸렸다. 아직 디지털 경제로의 이행 초기 단계에 있으며, AI와 자동화로 인한 본격적 생산성 향상의 단계에는 진입하지 않았음을 시사하기도 한다.

셋째, 기술의 미스매치 문제다. 사람의 기술과 신기술의 요구 사이의 '기술 미스매치'를 들 수 있다. 자동화와 AI는 생산성을 향상시킬 수 있지만, 동시에 근로자의 숙련도를 높여야 한다. 근로자가 충분히 빠르게 적응하지 못하면 기업은 전환 비용과 교육에 어려움을 겪으면서 생산성을 떨어뜨릴 수 있다.

넷째, 승자 독식의 시장이다. 기술 발전의 혜택이 소수의 고생산성 기업, 기술 대기업에 집중되는 반면, 대다수의 기업은 이러한 기술을 효과적으로 구현하는 데 어려움을 겪고 있다. 슈퍼스타 기업의 지배력이 커지면서 경쟁과 혁신을 감소시켜 전반적으로 생산성 증가를 저해한다는 점이다.

다섯째, IT 투자 수익률의 감소이다. 인터넷과 초기 IT 혁신으로 인한 빠른 생산성 향상은 이미 정점을 찍었으며, 추가 투자는 수익률 감소를 가져온다.

정리하면 디지털 및 정보 제품의 시대에 생산성과 경제적 가치를 측정하는 방법을 모른다는 점이다. 디지털 경제로 탈바꿈하려는 현대 경제가 과연 생산성 측정에서 놓치고 있는 것은 무엇인가.

보통 국내총생산(GDP)은 한 국가에서 생산된 상품과 서비스의 가격을 추적하여 계산한다. 그런데 현대 생활의 필수품인 수 많은 디지털 제품 및 서비스에 드는 사용자의 비용은 거의 들지 않거나 거의 무료이다. Google, Facebook, Wikipedia 등은 수십억 명의 사람들에게 막대한 가치를 제공하지만 무료로 이용한다. 반면 GDP에 대한 기여도는 미미하거나 존재하지 않는 것이나 다름 없다. 우리는 이 플랫폼에서 지식을 얻고, 사회적 관계를 맺거나, 비즈니스를 수행한다. 반면 이러한 플랫폼이 광고를 통해 창출하는 수익은 상대적으로 적다. 현 제도에서는 이같은 적은 수익만이 GDP에 반영되며, 사용자가 서비스 이용으로 창출하는 가치는 포함되어 있지 않다.

이를 테면 자동차를 운전할 때 네이버나 Google 지도를 사용하면 시간 절약과 효율성으로 교통비를 절약할 수 있다. 이 서비스는 무료로 사용하기 때문에 수치로 나타내기 어렵다.

특히 스마트폰이나 컴퓨터 등 디지털 상품의 경우 수준 높은 기능에 비해 가격은 급격히 하락했다. 예를 들어, 누구나 갖고 있는 스마트폰은 1963년 MIT에서 사용하던 IBM7094보다 훨씬 더 뛰어난 컴퓨팅 성능, 기능 및 연결성을 갖추고 있지만, 값은 비교할 수 없을 정도로 싸다. 당시 IBM7094의 가격은 310만 달러(현재 가치로는 3천만 달러)였다. 모든 면에서 이를 훨씬 능가하는 최신 스마트폰의 가격은 몇 백 달러에 불과하다. 이러한 기능과 생산성의 엄청난 증가에도, 사용으로 발생되는 가치가 GDP에 반영되지 않는 이유는 효용이나 기능성이 아닌 가격에 초점이 맞춰져 있기 때문이다. Wikipedia의 실생활 기여도가 실재하지만 무료이기 때문에 GDP에 포함되지 않는다. Spotify는 구독료를 받고 있지만 소액이다. 과거 CD나 음반 등이 창출하는 막대한 가치에 비해 수백만 곡을 값싸게 이용할 수 있다. 하지만, GDP 기여도는 미미하다.

코세라, 칸 아카데미 등의 양질의 교육 플랫폼도 무료 또는 매우 저렴하게 운영한다. 전 세계 교육에 미치는 광범위한 영향력과 혜택에도 불구, 경제적 기여도 수치에서는 실제 대학들보다 훨씬 낮다. 사람들은 이제 Zoom, Slack, GoogleDrive 등 플랫폼을 통해 소통하고 협업하며 업무 효율성을 높일 수 있다. 하지만 이러한 서비스를 통해 창출되는 경제적 성과가 GDP에 충분히 반영되지 못하고 있다.

현대 경제의 생산성 지표는 '시간당 실질 생산량'에 초점을 맞춘다. 이는 가치가 물리적 생산과 명확하게 연결되어 있는 제조업 중심의 경제에서는 잘 먹혔지만, 소프트웨어, 디지털 플랫폼, 데이터 기반 서비스에 적용하기란 쉽지 않다.

디지털 시대 생산성 측정 기법

2015년 포브스 추정에 따르면 페이스북Facebook의 미국내 매출은 약 80억 달러로, GDP에 반영된 공식 기록이다. 2020년 한 해 동안 미국의 소셜 미디어 사용 성인들은 매일 평균 35분을 페이스북에 소비했다. 미국 성인 약 2억5,800만 명 중 약 72%가 소셜 미디어를 사용한다는 걸 감안하면, 그 해 페이스북의 경제적 가치는 2,870억 달러에 달한다.(Tim Worstall)

그리고 2019년 미국 인터넷 사용자들은 하루 평균 2시간 3분(123분)을 소셜 미디어에 소비하며 약 36달러를 지출했다. GDP에 잡히는 광고 수익은 10억 달러에 불과하지만 사용자들은 연간 총 1조 달러 이상의 이득을 얻었다. 극단적인 예를 들면 위키피디아의 GDP

기여도는 기본적으로 0이다. 수많은 웹 및 앱 기반 서비스에도 동일한 분석이 적용된다.

그러면, 앞으로 생산성 지표를 어떻게 측정해야 하는가. 우선 새로운 측정 기법이 필요하다. 웰빙, 정보 접근성, 디지털 참여도 등의 지표를 통합하는 기술이 필요하다. 미래에는 AI 기반 자동화가 생산성 향상에 절대적으로 기여할 가능성이 높다. 디지털 서비스와 마찬가지로 더 나은 의사결정이나 고객 경험 개선과 같은 무형의 결과물이 대부분을 차지할 것이다.

이를 테면 AI는 의료, 법률, 고객 서비스 분야의 일상적인 업무를 자동화하여 전문가들의 생산성을 높일 수 있다. 그러나, 무형의 가치가 많은 경우 GDP에 반영되지 않을 수 있다. 현대 경제는 주로 상품과 서비스에 지출하는 돈으로 정량화 한다. 하지만, Google 검색이나 YouTube 등의 무료 디지털 도구와 AI 등이 우리 삶에 얼마나 기여하는지 수치로 환산하기란 쉽지 않다.

경제학계에서는 디지털 상품, 무료 서비스, 무형의 혜택의 가치를 더 잘 포착할 수 있는 새로운 경제 지표로서, 디지털 가치 지수(DVI)가 제안되고 있다. 직접 비용을 지불하지 않더라도 Google, Facebook, Wikipedia 등을 사용함으로써 얼마나 많은 가치를 얻는지를 측정하는 기법이다. 이를 테면 Google의 도움으로 매달 숙제를 10시간 더 빨리 끝낼 수 있다면 이를 정량화할 수 있다.

AI 도구나 자동화 및 디지털 서비스로 인해 사용자가 절약한 평균 시간을 계산할 수 있다. Google 지도의 경우 사용자당 평균 절약 시간을 추정하고 여기에 사용자 수를 곱하면 시간 절약 가치를 정량화할 수 있다.

AI는 고객의 질문에 답하거나 데이터 분석 등을 저렴하게 처리한다. 직원들은 더 어려운 문제를 가진 고객을 돕는 데 더 많은 시간을

할애한다. DVI는 AI를 사용하여 절약된 시간을 계산한다.

YouTube 동영상, 팟캐스트, 온라인 강좌 등 무료 디지털 콘텐츠에서 얻는 가치를 측정하는 방법도 있다. 온라인 뱅킹이나 원격 의료 등도 시간을 절약하고 삶을 더 편리하게 만드는 방법이다. 병원에 가는 대신 원격 의료 앱을 사용하여 집에서 의사와 채팅한다. 시간과 비용이 절약된다. DVI는 이러한 절감 효과를 가치로 계산한다.

'소비자 잉여'에 대한 문제

디지털 기술이 경제에서 차지하는 비중이 점점 커지면서 소비자 잉여Consumer surplus가 GDP보다 훨씬 빠르게 증가하고 있다. '소비자 잉여'란 사람들이 제품이나 서비스를 통해 지불한 가격 이상으로 얻는 추가적인 가치나 만족을 의미한다. 주로 디지털 기술, 즉 무료 앱이나 서비스로 획득하는 이득이다. 비용을 거의 또는 전혀 들이지 않고 상대적 높은 가치를 얻는 것이다. 많은 디지털 도구와 서비스가 무료이거나 저렴하지만, 사람들의 삶을 개선하는 데 상당한 가치를 제공하기 때문에 그 규모는 점점 커지고 있다.

이를 테면, 구글에서 무료로 정보를 빠르게 찾는다면, 비용을 지불하지 않고도 시간 절약의

가치를 얻는다. 과거에는 도서관에서 몇 시간을 보내거나 전문가에 서비스 비용을 지불해야 했다. 이 추가 혜택은 돈으로 환산하기 쉽지 않기 때문에 GDP에는 나타나지 않는다. 한 학생이 코딩이나 새로운 기술을 배우기 위해 무료 YouTube 튜토리얼을 시청한다. 과거에는 강의나 교재 비용을 지불해야 했지만, 학생은 돈을 들이지 않고도 교육적 가치를 얻는다. 눈에 보이지 않는 이런 가치는 개인에게 이득이지만 GDP에는 반영되지 않는다. 이런 가치가 앞으로 GDP상에 나타나는 것보다 훨씬 빠르게 증가할 것이다.

소비자 잉여는 첨단 기술이 어떻게 삶을 개선하고 있는지를 보다 명확하게 보여주는 증거이다. 이에 집중하면 GDP에 포착되지 않더라도 삶의 질, 정보 접근성, 편의성이 빠르게 성장하는 상황을 유추할 수 있다.

특히 지식에 대한 접근성은 바람직하다. 코세라Coursera, 칸 아카데미Khan Academy, 에드엑스edX 등의 디지털 플랫폼은 아이비리그 수준 명문 대학의 고품질 강좌를 무료 또는 저렴한 비용으로 이용할 수 있게 해준다.

명문 대학의 강좌를 무료로(또는 매우 적은 비용으로) 수강할 수 있다는 가치는 실제 지불하는 가격을 훨씬 뛰어 넘는다. 이는 사실상 GDP에 반영되지 않은 고등 교육이다.

헬스케어 및 원격 의료 역시 '소비자 잉여'의 좋은 사례이다. 원격 의료 앱(텔라닥Teladoc, 암웰Amwell)을 통해 환자는 집에서 편안하게 의사와 상담할 수 있다. 기존의 경제 지표에 반영되지 않는 편리함을 제공한다. 또한 웨어러블 기술과 건강 앱은 지속적인 모니터링을 제공하여 예방 치료를 개선하고 값비싼 응급 치료의 필요성을 줄여준다.

문화 분야에서 소비자 잉여의 혜택은 독보적이다. 디지털 기술은 Spotify, 넷플릭스, 유튜브 등을 통해 문화 콘텐츠에 대한 전례 없는 접근성을 제공한다. 사용자는 무료 또는 저렴한 구독료로 방대한 음악, 영화, 교육 동영상 라이브러리를 이용할 수 있다. 한 달에 몇 달러만 내면 스트리밍 플랫폼을 통해 세계 각지의 희귀 영화나 문화 다큐멘터리를 감상할 수 있다. 과거에는 이러한 액세스가 제한적이

고 비용이 많이 들었지만, 이제는 최소한의 비용으로 널리 이용할 수 있다.

연구 분야에서 소비자 잉여 혜택은 대단하다. 연구자, 학생, 전문가가 과학 논문, 연구 결과, 학술 콘텐츠에 무료 액세스할 수 있다(arXiv, PubMed, Google Scholar). 비싼 학술지 구독료를 지불하지 않고도 최첨단 연구에 접근할 수 있다는 것은 연구자, 교육자, 혁신가에게 엄청난 가치를 제공한다. 이를 테면 개발도상국의 연구자는 상당한 액수의 구독료를 지불하지 않고도 부유한 국가의 연구자와 동일한 학술 논문에 접근할 수 있다. 이는 글로벌 혁신 경쟁에서 공평한 경쟁의 장을 마련한다는 의미다.

업무 생산성 및 협업 분야도 주목된다. 줌, Slack, 구글 워크스페이스 등의 플랫폼은 국경을 넘어 원활하게 작업할 수 있게 해준다. 원격 근무 기능은 업무 환경을 변화시키고 생산성을 향상시킨다. 이로 인한 시간 절약과 효율성 향상은 기존의 경제 지표에는 반영되지 않는 생산성 향상으로 이어진다.

이밖에 사회운동 분야도 있다. GoFundMe, Change.org, Kickstarter 등 전 세계 사람들을 연결하여 공동의 목표를 향해 일할 수 있도록 지원한다. 도움이 필요한 커뮤니티는 크라우드펀딩 플랫폼을 통해 재난 구호 또는 사회적 지원을 위한 자금을 모금할 수 있다. 태양광 패널과 스마트 홈 시스템을 사용하여 탄소 배출을 줄인 가정은 에너지 비용을 절감하는 것 이상의 이득을 얻는다.

황색 저널리즘의 발호

그러나, 소비자 잉여에 대한 비판도 상당하다. 지금 디지털 기술이 현대인의 삶의 질을 높이는 것에 대해선 대부분 긍정적이다. 하지만, 깔끔하지 않은 단점도 적지않다. 디지털 기술이 첨단으로 달릴수록 구글이나 페이스북 등 기술 대기업에 자본이 쏠리고 있는 것은 물론이고 황색저널리즘의 발호도 큰 사회문제로 등장한다.

첫째, 구글, 페이스북, 유튜브 등의 무료 디지털 서비스는 데이터 수집과 광고 수입을 기반으로 운영한다. 사용자는 비용을 지불하지 않지만, 제3자에게 판매될 수 있는 개인 데이터를 제공한다. 다시 말해 프라이버시, 보안, 심지어 정신 건강에도 나쁜 영향을 미칠 수 있다. 이러한 의미에서 소비자 잉여는 생각보다 이득이 크지 않을 수 있다. 사용자가 그 장단점을 잘 이해하지 못한 채 가치 있는 재료(개인정보)를 포기하는 경우 등이다. 소셜 미디어 플랫폼은 무료 연결과 엔터테인먼트를 제공하지만, 개인은 자신의 데이터가 수익화 되는 대가를 치러야 한다. 즉 사용자는 엔터테인먼트나 연결의 가치를 얻을 수 있지만 수치로 표시할 수 없는 데이터 통제권을 넘겨주는 꼴이다.

둘째, 디지털 중독과 시간의 남용이다. 소셜 미디어 앱이나 동영상 플랫폼 등 대다수 무료 서비스는 사용자의 관심을 최대한 많이 끌도록 설계되어 있다. 사용자는 오락이나 정보를 얻을 수 있지만, 과도한 사용은 생산성 저하, 중독, 정신 및 건강 문제와 같은 부정적인 결과를 초래할 수 있다.

셋째, 접근성과 기술의 불평등 문제이다. 디지털 기술은 무작위 대중에게 소비자 잉여를 창출하지만, 접근성은 균등하게 분배되지 않는다. 첨단 기술에 접근하기 어려운 빈곤층이나 시골 지역의 경우 초고속 인터넷이나 디지털 도구를 사용하는 데 제한적이다. 소비자 잉

여란 디지털 도구에 접근하고 활용 가능 통신 인프라가 구축된 사람에게만 혜택이 주어진다. 안정적인 인터넷 접속이나 디지털 리터러시가 없는 사람들에게 애초에 이러한 도구를 활용할 수 없다. 디지털 기술의 혜택은 부유하거나 도시 지역에 집중되기 십상이다.

넷째, 매스미디어, 즉 언론의 경우 특히 사회적 문제가 된다. 온라인 뉴스의 무료 배포로 인해 신문이 쇠퇴하고 양질의 저널리즘이 쇠퇴할 우려가 커지고 있다. 무료 콘텐츠는 소비자 잉여를 창출하지만, 자본 투입이 필요한 고품질 저널리즘의 후퇴를 초래하고 '황색 저널리즘을 부채질할 우려가 크다. 지금도 말초 신경을 자극하는 저급한 뉴스를 생산하는 부작용이 적지 않은 실정이다.

다섯째, 독점력의 강화이다. 무료 서비스를 제공하는 대형 IT 기술 기업은 종종 시장을 지배하여 소비자의 경쟁과 선택권을 감소시킨다. 단기적으로는 소비자 잉여가 증가하지만, 독점력은 장기적으로 부정적인 결과를 초래할 수 있다. 예를 들어 구글이나 페이스북 등 시장 지배력은 혁신을 저해하고 경쟁을 제한하여 소비자 선택권을 감소시킬 우려가 있다. 구글은 무료 검색 서비스를 제공하여 소비자 잉여를 창출하지만, 온라인 광고의 지배력은 경쟁을 제한하고, 검색 엔진 시장의 혁신을 저해할 수 있다.

암호화폐의 미래 전망

디지털 경제를 이끌어갈 비트코인을 비롯한 암호화폐의 미래는 밝다. 특히 2030년에 이르면 암호화폐는 일상적인 거래의 결제 수단으로 훨씬 더 널리 사용될 것이다. 미국 정부는 스테이블코인(법정 화폐에 연동된 암호화폐) 및 중앙은행 디지털 화폐(CBDC)를 적극 장려할 것이다. 시장을 안정시키고 비트코인 등 변동성이 큰 암호화폐를 안정화 하기 위해 CBDC를 도입하거나 스테이블코인의 사용을 지원할 것이다. 트럼프 행정부는 디지털 경제를 견인하는 가치 척도 수단으로 암호화폐를 꼽고 있다.

2030년대에는 규제의 명확성이 높아질 것이다. 각국 정부는 디지털 화폐의 기술을 따라잡기 위해 특히 자금세탁방지(AML), 세금 준수, 소비자 보호와 관련된 규제 제도를 도입할 것이다. 이는 암호화폐에 대한 신뢰를 높여줄 것이 분명하다. 이 시점이 되면 미국 인구의 절반 이상은 암호화폐 연동 퇴직 계좌 등을 통해 어떤 형태로든 암호화폐를 보유할 것이다. 예를 들어 비트코인은 발행 개수가 2000만개로 제한되고, 이른바 반감기를 통해 채굴된 코인을 현금으로 지급하고 있어 향후 희소 가치도 높다.

2040년대에 이르면 글로벌 통합 및 다각화가 이뤄질 것이다. 암

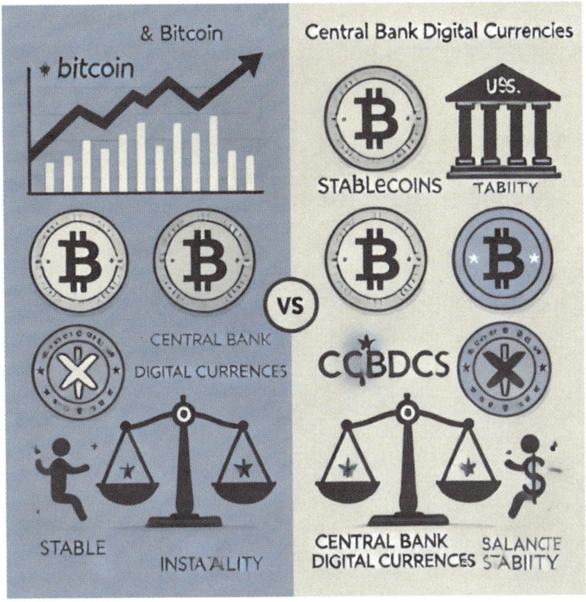

호화폐는 글로벌 무역과 국경 간 거래에서 보다 중심 역할을 할 것이다. 블록체인 기술의 탈중앙화 특성으로 인해 기업과 개인은 점점 더 암호화폐를 사용할 것이다. 국경을 넘어 가치를 이전하고, 기존 은행 시스템을 우회하여 거래 수수료를 절감할 것이다. 암호화폐와 블록체인 기술은 결제 기능을 넘어 그 이상의 용도로 사용될 것이다.

스마트 계약(계약 조건이 코드로 작성된 자체 실행 계약)은 안전하고 자동화된 국제무역 계약을 촉진할 것이다. 그러면서 탈중앙화 금융(DeFi)이 번성할 것이다. 재테크에 능한 사람들은 실물 자산의 소유권을 토큰화하고 거래하는 능력을 발휘할 것이다. 이는 자본을 투자하고 관리하는 방식을 혁신적으로 변화시킬 것이다. 2040년대에는 특히 국경 간 거래에서 암호화폐가 금융 시스템에서 큰 비중을 차지할 것이다. 탈중앙화된 마켓플레이스, 데이터 공유, 블록체인을 통한 AI 자동화 등 첨단 디지털 서비스는 GDP 성장에 크게 기여할 것이다.

2050년대에는 디지털 경제 정착과 금융 시스템이 재편될 것이다.

암호화폐와 블록체인 기술이 글로벌 금융 시스템에 깊숙이 자리 잡으며 기존 법정 화폐에 버금가는 비중을 차지할 것이다. 암호화폐는 금융 시스템의 핵심 구성 요소로서 가치 저장소이자 교환 수단의 중추가 될 것이다. 중앙은행은 디지털 화폐를 발행하고 기업은 주로 암호화폐 또는 토큰화된 자산을 사용해 거래할 것이며, 반면 현금의 역할은 미미하거나 없어질 수 있다. 프라이버시 및 보안 기술도 크게 발전할 것이다. 개인정보를 공개하지 않고 거래를 검증할 수 있는 기술이 표준화 되어 사용자의 프라이버시를 유지할 것이다. 이처럼 강화된 보안 및 개인정보 보호 조치는 암호화폐 거래의 신뢰도를 높일 것이다.

그러나, 자금세탁, 테러 자금 조달, 시장 조작과 관련된 위험도 존재할 것이다. 따라서 혁신과 기존 금융 시장 보호의 균형을 맞추는 것이 각국 정책의 핵심이다.

종합하면 2030년대에는 암호화폐가 주류 금융에 편입되어 접근성이 높아질 것이다. 2040년대에는 금융 서비스 및 국경 간 거래에서 상당한 통합을 이루며 글로벌 산업 전반에 걸쳐 널리 사용될 것이며, 2050년대에는 암호화폐가 미국을 포함한 전 세계의 금융 시스템과 경제를 근본적으로 재편하여 완전한 디지털 경제로 이끌 것이다.

AI와 2050년 디지털 경제

현재 JP모건 체이스, 웰스 파고, 골드만삭스 등 미국 대형 은행들은 '은행없는 미래'를 착실하게 준비하고 있다. 이에 맞춰 미국 와이오밍 주에서는 블록체인과 암호화폐 기반의 DeFi 시스템을 위한 선제적 법적 환경을 구축, 관련된 첨단 금융기업의 유치에 적극적이다. 와이오밍주는 기업이나 자본가가 규제의 불확실성과 시장 변동성에 대한 두려움이 없도록 하기 위해 기존 주 법을 뜯어고치거나 신설했다.

와이오밍 주는 역사적으로 에너지, 광업, 농업과 같은 산업에 의존해왔다. 이들 산업은 변동성이 크고, 사양 산업으로 쇠퇴하고 있다. 따라서 성장과 혁신을 약속하는 블록체인과 암호화폐를 비롯한 첨단 산업을 유치하는데 적극적이다. 와이오밍 주의 조치를 소개한다.

첫째, '특수목적예탁기관(SPDI)'이라는 새로운 유형의 금융기관(은행 라이선스) 신설이다. 이를 통해 은행은 디지털 자산 수탁 서비스를 제공하고 탈중앙 금융 프로젝트를 지원할 수 있다. 예를 들어, 주요 암호화폐 거래소인 크라켄Kraken[33]은 주정부 라이선스를 받은

---

33 크라켄은 미국에서 최초의 암호화폐 은행이다. 2020년 9월 와이오밍 은행위원

첫 번째 기업 중 하나로서, 고객에게 직접 암호화폐 뱅킹 서비스를 제공할 수 있도록 했다. 블록체인 옹호자인 케이틀린 롱Caitlin Long's Avanti이 설립한 아반티파이낸셜그룹도 디지털 자산과 전통적인 금융 서비스를 연결하는 데 중점을 둔 SPDI 인가를 받았다.

기존 은행과 유사하게 운영할 수 있으며, 디지털 서비스와 법정화폐 서비스 모두를 제공할 수 있다. 아울러 와이오밍 주는 디지털 자산의 법적 지위를 인정하는 등 12개 이상의 블록체인 관련 법률을 만들어 기업과 투자자들에게 법적 확실성을 제공하고 있다. 적잖은 수의 블록체인 기업이 와이오밍주에 본사를 설립하여 DeFi(탈중앙화 금융) 분야 혁신과 성장을 촉진하고 있다.

둘째, 넥서스 뮤추얼의 보험 솔루션이다. 보험은 디파이 활성화와 관련된 위험을 관리하는 데 매우 중요하다. 넥서스 뮤추얼은 탈중앙화 보험을 제공하여 스마트 컨트랙트 실패 및 기타 디파이 생태계의 위험으로부터 사용자를 보호한다. 넥서스 뮤추얼은 탈중앙화 보험펀드로 운영된다. 사용자는 일정 상품에 가입, 탈중앙화 금융 프로토콜에 잠긴 내 자산을 보장할 수 있다. 예를 들어 컴파운드Compound나 에이브Aave, 유니스왑Uniswap 등 플랫폼이 영업중이다. 스마트 컨트랙트 해킹이나 익스플로잇이 발생하면 보험 가입자는 넥서스 뮤추얼을 통해 보상을 청구할 수 있다.

셋째, 폴카닷Polkadot 같은 상호 운용성 프로토콜이 널리 활용된다. 서로 다른 블록체인 네트워크 간의 상호운용성은 디파이 활성화에 필수적이다. 예를 들어, 폴카닷은 다른 앱에 자산 전송과 데이터 공유를 용이하게 한다. 이는 서로 다른 블록체인 생태계 간의 사일로

회는 샌프란시스코에 본사를 둔 암호화폐 거래소의 특수목적예탁기관(SPDI) 인가를 승인했다.

를 허물어 디파이DeFi 플랫폼의 유용성과 도달 범위를 향상시킨다. 이러한 상호운용성을 통해 사용자는 더 넓은 범위의 서비스와 자산에 접근할 수 있다.

넷째, 블록체인 교육 네트워크(BEN)이 중요성이다. BEN은 학생, 개발자, 일반 대중을 대상으로 블록체인과 디파이 기술을 확산하는데 중요하다. 여러 대학에서 해커톤, 워크샵, 세미나를 개최하여 학생들에게 블록체인과 DeFi 기술을 교육하고 참여를 유도하고 있다. 참가자들은 직접 DeFi 앱을 구축하여 실무 경험을 쌓고 실습 프로젝트를 진행한다.

사라지는 일자리와 새 일자리

미국에서는 아이폰이 출시된 이후 앱 경제의 성장은 실로 놀랍다. 먼저 2007~2018년 사이 앱 경제는 미국에서 불과 10년 만에 수백만 개의 일자리를 창출했다. 2012년 50만 개였던 일자리는 2020년에는 590만 개로 급증했다. 모바일 앱의 급속한 확장으로 직접(개발자, 마케터)과 간접(클라우드 컴퓨팅, 디지털 마케팅, 플랫폼 관리)으로 고용 기회를 창출했다. 이 기간 동안 경제적 영향으로 다른 부문에 대한 파급 효과를 포함하여 81조7천억 달러를 기록했다.(영국 파이낸셜타임FT, 2024년 11월11일자 보도)

2030년대에는 보다 전문화된 앱과 새로운 플랫폼으로의 진화할 것이다. 2030년대 전반에 걸쳐 앱 경제는 전 세계적으로 1,000만~1,500만 개의 일자리를 창출할 것이다. 의료, 핀테크, AI 기반 앱 등 모바일 앱의 지속적인 성장에 기인한다.[34]

- 증강 현실(AR) 및 가상 현실(VR) 앱의 부상.
- 분산된 인력을 위한 긱 이코노미 플랫폼 gig-economy platforms과 앱의 성장.

AR/VR이 주류가 되면서 앱 개발, 디지털 콘텐츠 제작, 사용자 인터페이스 디자인 분야의 일자리가 급증할 것이다. Facebook Horizon 등의 플랫폼과 기타 몰입형 디지털 경험은 새로운 일자리를 창출할 것이다. AR/VR 앱은 엔터테인먼트, 교육, 서비스 부문(AR 쇼핑 앱)에서 일자리를 늘릴 것이다.

2040년대에는 AI 기반의 탈중앙화 앱의 지배력이 전반적으로 확산할 것이다. 전 세계적으로 앱 경제와 관련된 2,000만~3,000만 개의 일자리가 창출될 것이다. AI 통합 분야의 경우 AI 전문가, 데이터 엔지니어, 윤리적 감독 역할에 대한 수요를 창출할 것이다.

탈중앙화 금융 분야의 경우 블록체인 기반 앱(dApp)은 금융, 의료, 물류 등의 산업을 변화시키며 개발자와 생태계 관리자 수요가 급증할 것이다. 이를 테면 탈중앙화 금융(DeFi) 앱의 성장으로 블록체인 전문가가 더욱 필요해질 것이다. 특히 AI 기반 가상비서가 고객 서비스 앱에 혁신을 일으키면서 AI 유지 관리, 규제 관련 일자리가 모두 급증할 것이다. 특히 로봇 변호사부터 AI 교사까지 법률, 금융, 교육 서비스의 대규모 자동화는 앱 생태계의 일자리로 이어질 것이다.

2050년대 앱 경제가 전 세계적으로 4000만~5000만 개의 일자리를 창출할 것이다. 앱과 디지털 플랫폼이 거의 모든 산업에 필수

34 https://time.com/7174892/a-roadmap-to-ai-utopia/?utm_source=chatgpt.com

요소가 된다. 완전한 디지털 경제 시스템이 구축되면서, 대부분의 직업에 앱이 핵심으로 자리 잡을 것이다. 많은 일자리가 자동화될 수 있지만, AI 윤리, 거버넌스, 감독 분야 전문가를 필요로 하는 수요는 크게 늘어날 것이다. 양자 컴퓨팅 앱은 제약, 금융, 과학 연구 산업을 재편하여 수천만 개의 일자리를 창출할 것이다. 앱 서비스와 물리적 인프라가 완전 통합되어, 스마트 시티, 스마트 홈, 앱으로 구동되는 상호 연결된 생태계가 될 것이다.

블록체인 기반 앱과 탈중앙화 금융(DeFi)은 전통적인 은행업에 지각변동을 일으키며 전 세계적으로 새로운 금융이 창출될 것이다.

디파이 금융과 은행업 지각 변동

블록체인 기술과 탈중앙화 금융(DeFi)은 기존 금융업에 지각 변동을 가져올 것이다. 우선 2030년대에 이르면 기존 은행들은 안전한 거래 처리, 디지털 신원 확인, 국경 간 결제와 같은 업무에 블록체인 기술을 서서히 도입할 것이다. 블록체인은 더 빠르고 저렴한 거래가 가능하다. 시중은행들은 현재 몇 일이 걸리는 내부 프로세스(검토, 결제, 송금 등)를 간소화하기 위해 블록체인 기술을 점차 도입하고 있다.

탈중앙화 금융(DeFi) 플랫폼이 더욱 확산할 것이다. 사용자 간 직접 대출, 대출, 보험, 거래 등이다. 대출이나 투자에서 은행을 거치지 않고 DeFi 앱을 통해 자산을 더 직접적으로 통제하게 될 것이다. 각종 스마트 컨트랙트, 즉 코드에 직접 작성된 조건으로 스스로 실행되는 자동화 계약도 더욱 확산할 것이다. 자동화는 많은 거래에서 중개자(변호사, 중개인) 단계를 거치지 않아 사용자의 비용을 절감할 수 있다.

2040년대에는 광범위한 탈중앙화와 함께 P2P 또는 P2B, B2B 등 탈중앙화된 뱅킹 서비스가 일반화될 것이다. 디파이 플랫폼은 인간 은행원 대신 알고리즘과 스마트 계약에 의해 관리되는 대규모 대출, 저축 업무를 처리할 것이다. 은행은 경쟁력 유지를 위해 점점 더 블록체인 기반 플랫폼과 파트너 관계를 맺거나 탈중앙화 서비스를 자체 개발할 것이다.

특히 은행 점포들이 대폭 줄 것이다. 금융 서비스가 온라인과 블록체인 플랫폼으로 이동함에 따라 은행들은 점포를 철수하거나 업무 전환할 것이다. 대부분의 은행 서비스는 모바일 앱이나 디파이 플랫폼으로 이용할 것이다. 그러면서 은행은 금융 중개자에서 디지털 신원을 관리하고 규정을 준수하는 수탁자 역할로 전환된다.

P2P 대출이 보편화할 것이다. 시장 수요에 따라 스마트 컨트랙트에 의해 이자율이 자동 설정되며, 모기지 승인과 부동산 거래는 몇 시간 내에 블록체인으로 처리된다.

2040년대에는 탈중앙화된 은행이 널리 보급되어 점포들이 줄어들고, 프로그래밍 가능한 화폐가 등장하며, 2050년대에는 탈중앙화 금융 시스템과 디파이DeFi 플랫폼이 세계경제를 지배하면서 지금의 기존 은행 시스템은 더 이상 존재하지 않을 것이다. 따라서 블록체인 개발, 디지털 금융, 스마트 계약이 일반화하면서 전통적인 은행들은 새로운 기회를 창출해야 할 것이다.

2050년대에는 금융 시스템의 재창조 시기가 될 것이다.

우선 글로벌 탈중앙화 금융 네트워크이다. 개인 뱅킹부터 국제 무역까지 사용자는 은행이나 정부 같은 중앙기관 대신, 블록체인 기술을 통해 처리될 것이다. 블록체인을 사용하면 금융 거래가 더 이상 중앙 은행이나 기관을 거치지 않아도 될 것이다.

요약하자면, 2030 ~ 2050년대 스마트 컨트랙트가 프로세스를 자동화하고, 디파이 플랫폼이 은행 서비스의 대안을 제공하면서, 블록체인과 디파이가 기존 은행업에 지각변동을 일으킬 것이다.

부록

양자컴퓨터와 AI

이온과 전자의 특성 이해[35]

양자컴퓨터가 디지털 세상을 바꿀 게임체인저로 등장할 순간이 곧 닥칠 것이다. 양자컴퓨터를 이해하기 위해서는 먼저 양자 상태가 무엇을 의미하는지, 전자와 비교해 알아 둘 필요가 있다.

일반적으로 전자란 음전하를 띤 작은 입자로서, 물(전자)이 파이프(전선)를 통과하듯이 전선과 회로를 통해 이동한다. 이런 현상을 전류 흐름이라고 한다. 대부분 금속 물질을 따라 이동한다. 마치 자동차처럼 경로를 따라 움직인다. 따라서 그들의 움직임은 예측 가능하며 물리적 규칙을 따른다. 반면 이온이란 '부유하는' 작은 입자인데, 이온은 전자를 잃거나 얻어 전하를 갖게 된 원자를 가리킨다. 양자컴퓨터에서 이온은 전기장과 자기장을 이용하여 공간에 고정한다. 이온은 어떤 표면에도 닿지 않고, 칩 위에 놓여 있지 않으며, 전선을 통해 이동하지도 않는다.

이온은 '부유, 즉 공간에 떠있다. 전기장에 의해 정지된 공중에 떠 있는 구슬처럼 보이지 않는 힘(전기장, 자기장)에 의해 고정되고 이동한다. 물리적으로 이것을 '트랩'이라고 한다. 자기장을 조정하거나 레이저 광선을 콘트롤하여 부드럽게 움직일 수 있다. 그래서 이온상태로 존재하고, 지시가 없으면 움직이지 않는다.

좀더 세밀한 설명을 곁들인다.

전자의 이동은 전기를 생성하고 이진법(0과 1)으로 정보를 전달한다. 따라서 일반 컴퓨터 등 전자 제품은 수백만 개의 전자를 전선을

35 부록은 래리 커즈와일 저서에 없는 내용이지만, 한국 독자들의 이해를 돕기 위해 양자컴퓨터와 암호화폐 관계를 규명해 실었다. 본인은 현직 의사로서 암호화폐 전문가는 아니지만, 일반인 수준에서 미래 디지털 경제에 대한 이해를 돕고자 양자와 양자컴퓨터를 쉽게 설명해놓았다.

통해 보내고, 전등 스위치처럼 트랜지스터를 켜고 끄는 방식으로 작동한다.

이온은 전자를 잃거나 얻음으로써 전하를 띠게 된 원자이다. 전하를 띠고 있기 때문에 원격 조종 입자처럼 전기장이나 자기장으로 이온을 제어할 수 있다. 마치 공기 중에 떠다니는 육안으로는 볼 수 없는 아주 작은 먼지 입자와 유사하다. 공기 중에 떠다니는 이온은 공상과학 영화에 나오는 견인 빔처럼 눈에 보이지 않는 전기력과 자기력에 의해 고정된다. '이온 트랩'이다. 이온은 아무것도 건드리지 않으므로 충돌하거나 흔들리지 않아서 정보가 순수하게 유지된다. 레이저 빔을 사용하여 이온을 제어할 수 있다.

이온, 즉 양자는 한 번에 두 가지 상태를 나타낸다. '중첩' 개념이다. 이를 통해 양자컴퓨터는 여러 가지 답을 동시에 시도할 수 있어 특정 작업에 매우 강력하다. 두 번째로 '얽힘', 즉 즉각적인 연결성을 갖는다. 보통 전자는 한 방에서 전등 스위치를 켜면 그 전등만 켜진다. 하지만, 양자 세계에서는 한 방의 스위치를 켜면 다른 방의 전등이 동시에 켜진다. 멀리 떨어져 있어도 그렇다. 얽힘이란 특성은 이온

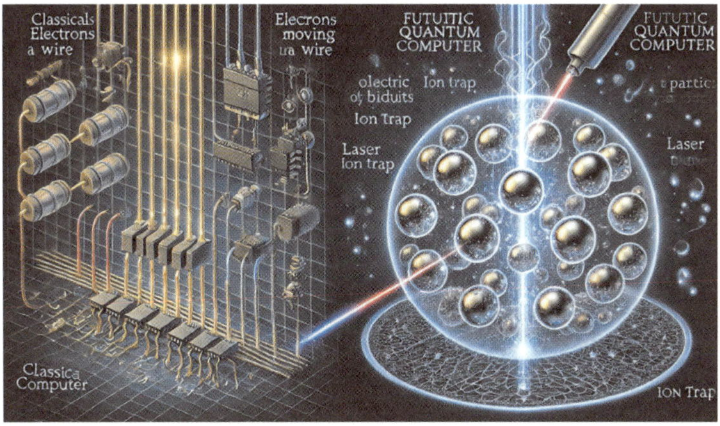

기존 컴퓨터에서 전자가 전선으로 이동하는 방식(왼쪽)과 양자컴퓨터에서 이온이 전기장(자기장) 트랩에 떠 있는 방식을 보여준다.

이 마법처럼 연결되어, 하나가 바뀌면 즉시 다른 하나에도 영향을 미친다는 개념이다. 그러나, 깨지기 쉽고, 접촉이나 소음에 의해 쉽게 방해받아 만지면 쉽게 터지는 특성이 있다. 양자컴퓨터가 외부 자극에 민감한 이유도 이같은 이온 특성 때문이다.

이온은 물리적 입자(전하를 띤 원자)이지만, 양자 컴퓨팅에서 우리가 관심을 갖는 것은 이온의 정보 저장과 처리 방식이다. 이온에서 입자는 에너지 차이에 의해 이동하며, 에너지 차이는 개별적인 단계로 나뉜다. 이러한 단계를 '양자'라고 한다. 좀 더 정확하게 말하면, 양자 정보는 이온의 개별적인 에너지 상태에 저장된다. 바로 양자 상태라고 하며, 양자 역학의 규칙을 따른다. 양자라는 단어는 '얼마나 많은(그래서 셀 수 없는)'이라는 의미의 라틴어 콴투스quantus에서 유래되었다. 물리학에서 양자라는 단어는 이온의 에너지 수준 또는 내부 상태가 양자이다. 이온을 악기(피아노 건반)에 비유할 수 있다. 키를 누르면 특정 음(가능한 모든 음이 아니라)만 나온다. 이러한 음을 양자라고 한다. 즉 특정 음만 허용된 상태이다. 이온은 이러한 음(에너지 수준)을 보유하고 있으며, 레이저 빔을 사용하여 키를 누르면, 특정 음(또는 양자 상태)을 제어할 수 있다. 요약하면, '양자'라는 단어는 이러한 상태를 정확히 나눌 수 없는 양으로 존재하지만, 양자역학의 강력한 법칙(중첩, 얽힘)을 따른다. 양자컴퓨터는 이러한 양자 상태의 특성에 따라 큐비트라는 단위를 통해 초고속 계산을 수행한다.

이온 트랩 양자컴퓨터의 이미지다. 전기장에 의해 제자리에 고정되고 레이저 빔에 의해 조작되는 부유 이온, 즉 양자 상태를 나타낸다.

윌로우칩과 이온 트랩 방식의 비교

양자 컴퓨팅에서 최근 이온 트랩 방식이 주목받고 있다. 그러나, 구글, IBM, 리게티 등은 초전도 큐비트 방식에 주력하고 있다. 앞에서 설명한 이온 트랩의 특성을 상기하면서, 구글의 윌로우칩과 비교하여 각각 장,단점을 비교하고 설명해본다.

현재 양자 컴퓨팅에서 IonQ의 이온 트랩 방식과 초전도 큐비트 방식인 구글 Willow칩이 두각을 나타내기 시작했다. 두 가지의 차이점은 분명하다. 위에 그림처럼 공중에 떠다니는 구슬이 있다. 이 구슬들은 머리카락이 쭈뼛 서게 만드는 정전기 같은 작은 '전기적 전하'를

푸른색 챔버 : 초전도 회로에 필요한 극도로 차가운 환경을 조성한다
무지개 파동 : 다채로운 마이크로파 펄스가 회로와 활발하게 상호 작용하여 빛을 발하며 제어 상태를 보여준다
동적 선 : 빛을 발하며 물결치는 선이 회로를 연결하여 팀워크와 양자 얽힘을 나타낸다

띠고 있다. 이 전하를 띤 구슬이 '이온'이다. 구슬을 한곳에 떠 있게 하려면 전기장과 자기장으로 만들어진 보이지 않는 상자를 사용한다. 이 상자는 마치 마법 벽과 같은 것으로, 구슬이 떨어지거나 흩어지지 않도록 공중에 포획 고정시킨다.

이어 작은 손전등 같은 다채로운 레이저로 구슬을 비추면, 레이저는 구슬을 특별한 방식으로 흔들게 한다. 각각의 흔들림은 작은 스위치와 같다. 켜짐, 꺼짐, 또는 그 사이의 상태이다. 이러한 흔들림은 구슬이 정보를 저장하는 방법이다.

구슬은 전하를 띠고 있기 때문에 서로 대화할 수 있다. 서로에게서 부드러운 밀림이나 당김을 느끼는데, 마치 자석이 서로 밀어내거나 끌어당기는 원리와 유사하다. 좀더 전문적으로 설명한다.

IonQ는 포획된 이온을 큐비트로 사용한다. 큐비트 상태, 즉 이온의 양자 상태는 에너지 레벨 사이의 전이를 유도하는 정밀하게 제어된 레이저로 조작된다. 이온은 쿨롱 힘(정전기 반발력)을 통해 상호 작용하여 다중 큐비트 작업을 가능하게 한다.

위 그림은 구글의 윌로우 칩(초전도 큐비트)의 작동 원리를 쉽게 그림으로 표시했다.

초전도 큐비트는 절대 0도에 가까운 온도로 냉각된 초전도 재료로 만들어진 작은 회로이다. 이 회로는 인공 원자처럼 작동한다. 양자 상태(큐비트 상태)는 마이크로파 펄스로 제어되는 회로에서 전류 또는 전압의 진동으로 나타난다. 인접한 큐비트는 커플링 메커니즘을 통해 상호 작용하며, 주로 공진기를 공유한다.

이온 트랩(IonQ) 방식은 높은 정확도가 장점이다. 포획된 이온은 동일하며 제조 결함에 거의 영향을 받지 않으므로 계산 중 오류가 적다. 아울러 이온은 오랜 시간 동안 양자 상태에 머물러 있어 계산에 더 많은 시간이 필요하다. 이온은 물리적 위치에 관계없이 얽힐 수 있어 연결성을 가능하게 하고, 이로 인해 알고리즘 설계가 단순해진다.

이에 비해 초전도 큐비트(구글 윌로우)는 매우 빠르기 때문에 신속한 계산에 적합하다. 구글, IBM, 리게티 등은 초전도 큐비트를 위한 강력한 인프라, 컴파일러, 오류 수정 프로토콜을 개발했다. 제조 기술은 반도체 산업과 유사하기 때문에 기존 칩 기술에 쉽게 통합할 수 있다.

반면, 이온 트랩(IonQ) 방식은 확장성의 한계가 있다. 즉 동일한 시스템에서 많은 수의 이온을 포획하고 제어하는 것은 기술적으로 어렵다. 레이저 시스템도 문제다. 정밀한 레이저 제어는 복잡성을 더해주며, 정교한 광학 장치와 보정이 필요하기 때문에 확장성에 방해가 될 수 있다. 아울러 이온 트랩의 게이트 작동은 초전도 큐비트에 비해 느리기 때문에 처리량이 제한될 수 있다.

초전도 큐비트(구글 윌로우)는 디코히어런스 문제가 있다. 초전도 큐비트는 잡음에 매우 민감하여 이온 트랩에 비해 일관성 시간이 짧다. 제조 변동성도 있다. 제조 과정에서 약간의 불완전성이 큐비트 전체에 걸쳐 성능 불일치를 유발할 수 있으며, 특정 알고리즘을 위해서는 더 복잡한 라우팅이 필요하다.

두 유형의 비교

기능	IonQ(이온 트랩)	Google Willow(초전도 큐비트)
큐비트 품질	고품질, 균일한 이온	제조과정상 약간 변동성
속도	느린 게이트 작동	매우 빠른 게이트 작동
연결성	All-to-all connectivity 전-전 연결성	가장 가까운 이웃 연결성
일관성 시간	긴 일관성 시간(초)	짧은 일관성(마이크로초)
확장성	대형이온배열 경우 확장성 떨어짐	반도체 방식- 더 쉬운 확장성
제어 메커니즘	레이저기반	마이크로웨이브 기반
생태계 성숙도	개발 중	확립됨

결론적으로 IonQ(이온 트랩 방식)의 경우, 정밀도와 긴 일관성 시간이 필요한 고충실도 계산과 개념 증명 양자 알고리즘에 가장 적합하다. 전-전 연결성 덕분에 특정 양자 응용 프로그램에 강력하지만, 확장성이 떨어지고 느리다.

구글 윌로우(초전도 큐비트)는 속도와 확장성에 중점을 두어 양자 우위 한계를 뛰어넘는 데 이상적이다. 그러나, 노이즈와 제한된 연결성과 같은 문제는 고급 오류 수정이 필요하다. 두 방법 모두 고유한 강점과 약점을 가지고 있으며, 사용처에 따라 선택해야 한다. IonQ

는 작고 신뢰성이 높은 시스템에 유망한 반면, 구글 윌로우는 단기적으로 확장하는 데 더 적합하다 할 것이다.

구글, 양자칩 윌로우 개발

구글이 일반 사용할 수 있는 양자컴퓨터 출시에 한 발 더 다가섰다. 현재 기술로 가장 빠른 수퍼컴퓨터로 10×25(10셉틸리언)년 걸리는 계산을 단 5분 이내 해낼 수 있는 양자칩을 내놓았다.

구글 퀀텀AI의 창업자인 하르트무트 네벤은 2024년 12월 9일 최신 양자칩 윌로우Willow를 발표했다. 양자컴퓨팅의 최대 난제로 꼽히는 오류 문제를 크게 줄이는 기술을 개발했기 때문이다.

현존 컴퓨터는 0과 1 두 가지로 구성된 '비트(Bit)' 단위로 정보를 처리한다. 이에 비해 양자컴퓨터는 0과 1을 혼합하는 '큐비트(Qubit)' 단위로 정보를 처리한다. 큐비트를 여러 개 중첩하면 계산 가능한 정보의 수를 얼마든지 늘릴 수 있고, 비트 단위인 기존 컴퓨터에 비해 수만 배 빠르게 계산할 수 있다. 그러나, 양자컴퓨터 상용화가 '꿈의 영역'인 것은 오류를 바로잡지 못하는 기술적 한계 때문이다. 큐비트를 늘릴수록 입자의 상태가 전파·자기장·열과 같은 외부 영향에 취약해져 계산 오류를 일으키기 때문이다. 연구자들 사이에 오류를 얼마나 효과적으로 보정할 수 있느냐는 게 양자컴퓨터 상용화의 조건이었다.

이런 가운데, 구글 퀀텀AI가 과학전문지 네이처Nature 게재한 논문에 따르면 큐비트를 3x3에서 5x5, 7x7... 등 격자무늬로 배치함으로써 양자컴퓨팅 오류의 '임계값(threshold) 이하'에서 작동하는 방법이 개발됐다. 영국 파이낸셜타임즈FT는 "양자컴퓨터 상용화 경쟁에서 가장 큰 기술적 장애물 중 하나가 제거됐다"고 평했다.

이에 대해 좀 더 쉽게 설명하면 이렇다. 현존 컴퓨터는 2진법으로 정보를 처리하며, 0 또는 1의 두 가지 상태 중 하나만 사용하는 비트 단위로 정보를 처리한다. 마치 전등 스위치를 ON(1) 또는 OFF(0)로 설정하는 것과 같다. 현 컴퓨터의 모든 계산과 데이터 저장은 이러한 간단한 ON/OFF 상태로 구성된다. 양자컴퓨터는 정보 단위로서 비트 대신 큐비트로 처리한다. 큐비트는 먼저 중첩이라는 양자적 특성이 있다. 회전하는 동전을 상상해보자. 동전은 멈출 때까지 앞면도 뒷면도 아닌 앞면과 뒷면의 혼합 상태이다. 마치 큐비트는 0, 1 또는 0과 1의 조합 상태에 동시에 있을 수 있는 것과 같은 이치다. 둘째, 큐비트는 얽힘이라는 속성을 통해 서로 상호 작용할 수 있어 멀리 떨어

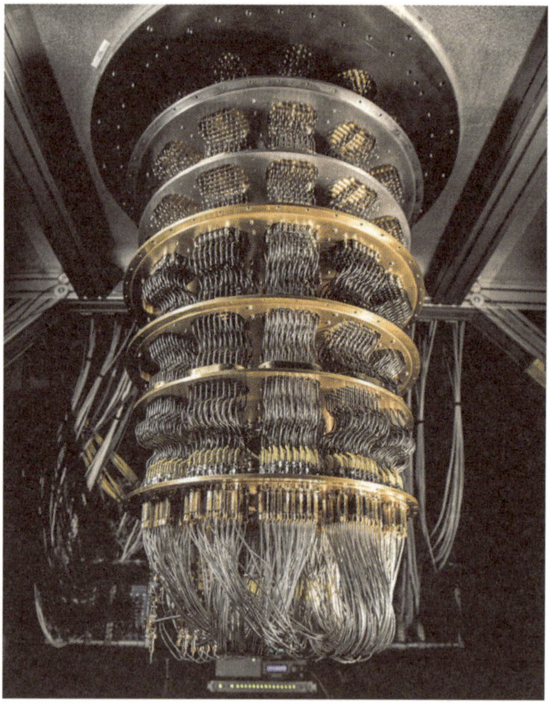

미국 샌타바버라의 구글양자인공지능 연구소에 설치된 '윌로우'의 냉각시스템. 구글 제공

져 있는 큐비트끼리도 정보를 즉시 공유할 수 있다.

현존 컴퓨터보다 훨씬 더 빠르고 복잡한 계산을 처리할 수 있는 이유가 이 것이다. 그러나, 큐비트는 환경에 매우 민감하다. 열, 전자기장, 진동 같은 외부 영향에 민감하다. 이는 큐비트의 상태를 교란시켜 계산 오류를 촉발한다.

구글 퀀텀AI 연구팀이 개발한 격자 패턴은 이런 것이다. 오류를 감지하고 수정하는 데 도움 되도록 큐비트를 격자 구조(예: 3x3, 5x5)로 배열하는 방법이다. 하나의 큐비트가 실수하면, 주변의 큐비트가 그 오류를 식별하는 방식이다. 이러한 배열로 인해 시스템이 오류 임계값 아래에서 작동하도록 보장한다. 즉, 오류가 발생하는 것보다 더

미로 풀기와 책 검색을 시각적으로 보여준다. 종래 컴퓨터는 단계별로 처리하는 반면, 양자 컴퓨터는 모든 가능성을 동시에 탐색하는 그림이다.

빨리 오류를 수정하기에 컴퓨터를 안정적으로 작동할 수 있다.

그러면 연구팀은 격자 패턴을 어떻게 알아냈을까. 큐비트의 무작위적이거나 구조화되지 않은 배열이 오류를 감지하고 수정하는 데 비효율적이다. 연구팀은 고전 시스템에서 영감을 얻었다. 그리드 또는 격자의 개념은 과학 분야에서 일반적이다. 예를 들어, 물리학에서 격자 구조는 안정적인 결정 구조를 모델링하는 데 사용된다. 연구팀은 이 개념을 큐비트 안정화에 적용했다. 컴퓨터 시뮬레이션을 사용하여 다양한 큐비트 배열을 테스트한 결과, 3x3 또는 5x5 등 격자형 패턴이 안정성과 효율성의 최상의 균형을 제공한다는 것을 발견했고, 격자 배열이 오류율을 현저하게 감소시킨다는 것을 밝혀냈다.

모든 양자컴퓨터에는 오류 임계값(오류 한계치)이 존재한다. 오류율이 높으면 컴퓨터가 오류를 충분히 빨리 수정할 수 없어 전체 시스템이 붕괴된다(먹통이 된다). "임계값 이하"에서는 수정할 수 있다. 연구원들은 특정 디자인(윌로우)을 사용하여 이러한 패턴으로 큐비트를 배열했다.

마치 연필 끝으로 오랫동안 균형을 잡는 방법을 발견한 것과 같다. 양자 컴퓨터가 마침내 오류에 의해 방해받지 않고 대규모의 정확한 계산을 수행할 수 있음을 의미한다. 종합하면, 윌로우는 큐비트가 서로 연결되는 방식을 개선하여 시스템이 문제를 일으키기 전에 오류를 감지하고 수정하는 능력을 향상시켰다.

구글이 내놓은 윌로우 성능은 기존 컴퓨터를 압도한다. 구글이 오늘날 가장 빠른 수퍼컴퓨터인 프론티어(Frontier)와 윌로우에 계산(RCS)을 입력했을 때, 프론티어가 10셉틸리언 년이 걸리는 계산을 윌로우는 5분 이내에 수행했다.

왼쪽부터 윌로우칩 큐비트 3x3, 5x5, 7x7 격자 배열의 모습이다. 큐비트가 바둑판과 유사한 격자 모양으로 배열되어 있다. 각 노드는 큐비트를 나타내고, 선은 큐비트를 연결하며 상호 작용하며, 오류를 감지하고 수정하는 데 필수적이다. 맨 오른쪽 그림은 기존 컴퓨터 정보 처리 방식인 0과 1(ON or OFF)의 비트 단위를 나타낸다.

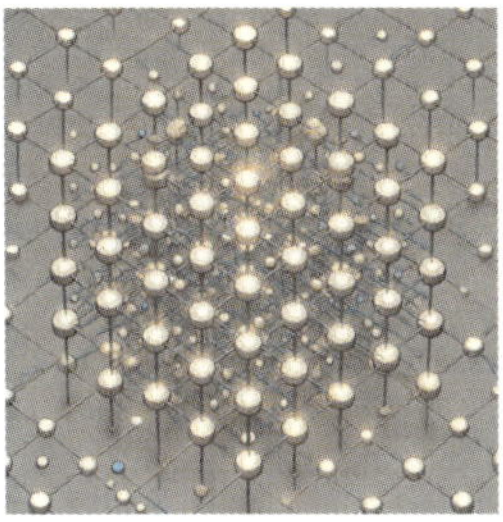

최초 양자컴퓨터의 무질서한 큐비트 배열을 시각적으로 표시한 것이다. 속도는 엄청 빠르지만, 오류가 너무 많아 상용화할 수 없다. 흩어져 있고 조직화되지 않은 노드는 구조화된 격자 패턴에 비해 오류를 감지하고 수정하는 데 있어 비효율적이다.

양자컴퓨터의 장단점

양자컴퓨터가 암호화폐를 넘어설까. 구글이 양자칩 윌로우를 발표하자 '비트코인, 이더리움' 등 암호화폐가 요동치고 있다.

꿈의 컴퓨터로 기대를 모으는 양자컴퓨터가 암호화폐 지갑의 암호를 풀 수 있다는 우려 때문이다. 양자컴퓨터의 주요 능력 중에 암호해독 능력이 있다. 그러나, 결론부터 말하자면 아직 시기상조라고 할 수 있다. 적어도 향후 5년 간 암호화폐를 넘볼 수 없다. 그 이유를 설명하겠다.

현재 많은 암호화폐는 키 암호화 기술을 사용하여 보안을 유지한다. 이는 현존하는 슈퍼컴퓨터도 풀기 어려운 복잡한 계산으로 이뤄져 있다. 향후 고난도 양자컴퓨터 단계에 이르면 이러한 복잡한 수학을 매우 빠르게 해결할 수도 있다. 그러나, 지금의 양자컴퓨터 기술로는 불가능하다. 양자컴퓨터는 계산 능력(소인수분해)에는 탁월하지만 암호화폐를 채굴하는 계산 능력인 '해시함수'를 푸는 데는 빠르지 않다. 현존 양자컴퓨터 기술에서는 해시함수를 효과적으로 역산하는 알고리즘이 개발되지 않았다. 이를 좀더 쉽게 풀어본다.

양자컴퓨터는 매우 똑똑한 수학 마법사와 같다. 그들은 일반 컴퓨터로는 풀기 어려운 특정 유형의 수학 문제를 해결하는 데 매우 능숙하다. 예를 들어, 큰 숫자를 작은 숫자로 나누는(소인수 분해) 작업을 효과적으로 매우 빠르게 수행한다(쇼어 알고리즘). 두 숫자를 곱하면 91이 되는 두 수를 알아내야 한다면, 양자컴퓨터는 그 숫자가 천문학적이라도(암호화폐에 사용되는 숫자처럼) 그것을 매우 빠르게 알아낼 수 있다(이를 테면 7과 13).

그러나, 아직 양자컴퓨터는 지금의 암호화폐 해시함수를 풀기는 어렵다. 해시함수는 마법 상자와 같다. 양자컴퓨터는 역산, 즉 해시함수 푸는 데에는 능숙하지 않다. 양자컴퓨터는 직선 도로 위의 경주용 자동차와 같다(소인수 분해). 그러나 미로(해시함수)에 던져 넣으면, 여전히 모든 굴곡진 길을 통과해야 하므로 일반 자동차보다 그리 빠르지 않다.

해시함수를 다시 풀어 설명한다. 해시함수는 혼합 기계와 같다. 일정 정보(숫자나 단어 등)를 입력하면, 기계가 완전히 뒤섞인 결과, 즉 해시를 뱉어낸다. 그러나, 뒤섞인 결과물로 원래의 입력값이 무엇인지 알아내는 것, 즉 역추적은 매우 어렵다. 예를 들면 이렇다.

입력: "Hello" → 해시: "2cf24dba..."
입력: "World" → 해시: "486ea462..."

암호화폐 채굴도 이와 비슷하다. 해시함수는 역추적하기 어렵도록 설계되어 있다. 마이닝은 반복적인 작업이다. 양자컴퓨터는 특정 유형의 문제(인수분해)를 해결하는 데 최적화되어 있지만, 마이닝 같은 반복적이고 무차별적인 작업을 수행하는 데는 적합하지 않다.

양자 내성 암호 개발

현존 양자컴퓨팅 기술로는 해시 기반 퍼즐을 빠르게 풀 수 없다. 이 때문에 당장 암호화폐 보안에 위협이 되지 않는다. 그러나, 양자 기술 발전으로 암호화(지갑을 보호하는 수학 계산)에 잠재적인 위협이 될 수 있기 때문에 새로운 유형의 보안을 찾아야 한다. 즉 향후 5~10년간 안전하지만, 암호화폐가 보호되는 방식(암호화)은 향후 업그레이드가 필요하다.

이에 양자컴퓨터에도 견딜 수 있는 '양자내성암호(quantum-resistant cryptography)의 개발이 필수적이다. 암호화폐에 가해질 양자컴퓨팅의 위협을 해소하는데 3가지 기술이 있다.

양자 저항 프로토콜의 전환 : 암호화폐는 격자 기반 암호화 등 QRC 체계를 채택하여 지갑과 거래를 보호할 수 있다.
소프트 포크 또는 하드 포크 : 블록체인 네트워크는 취약한 암호화 알고리즘을 대체하기 위해 소프트 포크 또는 하드 포크를 통해 업데이트를 구현할 수 있다.

전환 기간 : 기존 알고리즘과 양자 저항 알고리즘을 점진적으로 통합할 필요가 있다.

암호는 암호화폐를 안전하게 보관하는 지갑의 자물쇠와 같다. 이 자물쇠는 매우 어려운 수학적 논리에 기반한다. 양자컴퓨터는 쇼어의 알고리즘 등의 특수 도구를 사용하는 매우 영리한 자물쇠 수리공이다. 일반 컴퓨터보다 훨씬 빠르게 열쇠(암호)를 알아내어 자물쇠를 열고 암호화폐를 훔칠 수 있다. 따라서 양자 저항 암호화는 가장 영리한 양자 자물쇠 수리공도 뚫을 수 없는 더 강력한 자물쇠를 만드는 것이다.

양자 저항 프로토콜로의 전환

문에 달린 모든 자물쇠를 첨단 자물쇠로 업그레이드 하는 식이다. 암호화폐의 경우, 암호화 방식(RSA나 ECC 등)을 양자 저항 암호화 방식(격자 기반 암호화 등)으로 바꾸는 것이다. 격자는 공간에 있는 점들의 격자 또는 3D 프레임워크와 같다. 벌집이나 어망처럼 패턴으로 배열된 점들로 생각하면 쉽다.

격자 문제는 다차원 격자 모양의 구조이다. '미로'에서 암호화 문제를 푸는 것은 양자컴퓨터를 사용해도 풀기 어렵다. 격자는 고차원 공간, 즉 수백 또는 수천 차원의 미로와 같다. 격자 문제는 미로와 같은 구조에서 가장 짧은 벡터를 찾는 격이며, 단서가 없는 뒤죽박죽 퍼즐을 푸는 격이다. 양자컴퓨터가 의존하는 패턴이나 지름길이 없으며 아직 격자 문제에 대한 해결책이 없다. 그 이유는 이렇다.

격자 구조는 쇼어 알고리즘과 같은 양자컴퓨터 알고리즘에 강하지만, 쇼어의 알고리즘이 설계된 수학 문제와는 완전히 다르다. 소인수

분해하거나 로그를 찾는 대신, 격자 문제는 다차원 격자(미로와 같은)를 탐색하고 특정 지점(최단 경로 또는 가장 가까운 지점)을 찾는 것과 같다. 현 단계에서 격자 기반 암호화를 해독할 수 있는 양자 트릭(쇼어의 알고리즘 같은)은 아직 개발되지 않았다.

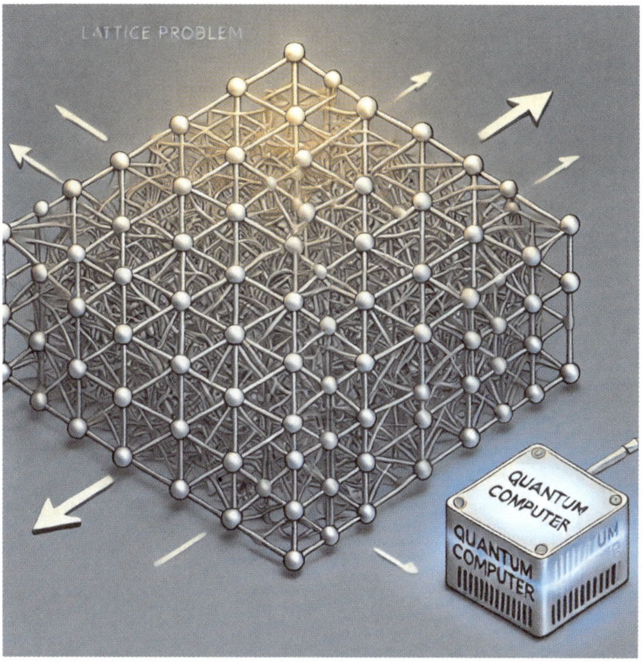

다차원 격자문제(왼쪽)와 양자컴퓨터(오른쪽 하단)의 관계를 그림으로 표시한 것이다

소프트 포크 또는 하드 포크

소프트 포크와 하드 포크에 대한 설명이다.

블록체인을 모두가 같은 규칙을 따르는 게임이라고 생각해보자. 보안을 강화하거나 새로운 기능을 추가하기 위해 이러한 규칙을 업데이트해야 할 필요가 있을 때, 소프트 포크와 하드 포크라는 두 가지 방법이 있다. 소프트 포크는 모두가 동의하는 작은 규칙의 변경이며, 하위 호환성의 블록체인 일부 로직을 변경하는 경우에 해당한다.

양자 저항 체계를 위해 블록체인에 약간의 업데이트가 이루어진다. 바로 소프트 포크 방식이다. 네트워크의 모든 사용자는 이러한 업데이트를 따르는 데 동의한다.

이에 비해 하드 포크는 플레이어가 동의할 수 없는 새로운 게임의 버전이다. 플레이어는 기존 버전과 새 버전을 따를지 선택해야 한다. 암호화폐에서 하드 포크는 블록체인을 두 개의 개별 체인으로 나눈다. 사용자와 채굴자는 어떤 버전의 블록체인을 따를지 선택한다.

이는 새로운 암호화폐를 만드는 경우이다. 이를 테면 비트코인과 비교해 새로운 버전인 비트코인 캐시를 출시하는 경우이다.

하드 포크 접근 방식은 양자 저항 프로토콜을 사용하여 완전히 새로운 블록체인을 만드는 경우이다. 소프트 포크는 최소한의 중단으로 점진적인 업데이트가 가능하고, 하드 포크는 더 강력한 시스템으로 깔끔한 전환을 가능하게 한다. 이 두 가지 접근 방식은 양자컴퓨터가 발전함에 따라 암호화폐의 보안도 점진적으로 강력하도록 해준다.

정리하면, 현재로서는 암호화폐가 안전하다. 양자컴퓨터가 지금의 임호화폐 보안 시스템을 뚫을 수 없기 때문이다. 그러나, 양자컴퓨터도 진화를 거듭할 것이다. 따라서 지갑과 거래를 보호하는 방식은 향후 5-10년 내에 양자 저항 암호화로 지속 업그레이드해야 한다. 암호화폐는 더 강력한 암호화 방법을 채택하고 새로운 시스템으로 점진적으로 전환, 미래의 양자컴퓨팅 해커의 위협에 대비해야 한다.

양자컴퓨터는 오류 수정 기술에 달렸다

양자 컴퓨팅은 10년 안에 폭발적인 성장 잠재력을 보여, 이후 수십년간 양자컴퓨터 시대가 이어질 것이다. 학문적 영역에 머물러 있었으나 마침내 양자 컴퓨팅의 진정한 가치를 발견하기 시작했다. 미국의 리게티는 양자 컴퓨팅의 선두 기업 중 하나이다. 초전도 양자 컴퓨팅이 그것이다. 특히 향후 2~3년 안에 양자 컴퓨팅의 실질적인 가치를 입증할 수 있도록 기술을 개선, 즉 상용화 하는 단계에 이를 것이다. 지금 GPU는 많은 에너지를 소비하지만, 양자 컴퓨팅은 에너지 절약형이다.

양자 컴퓨팅의 첫 변곡점은 2~3년 후에 이를 것인데, 이를 좁은 양자 우위라고 부른다. 양자 컴퓨팅이 기존 컴퓨팅을 압도하는 시점이다. 이어 4~6년 후에는 훨씬 더 많은 응용 프로그램이 시장에 출시될 것이다.

그렇지만, 보다 중요한 것은 양자 컴퓨터의 오류율을 얼마나 줄이느냐에 따라 상용화 시기가 결정될 것이다. 첫 변곡점이다.

예를 들어 설명해 보겠다. 양자 컴퓨터가 "100 큐비트로 작동한다"고 할 때, 그것은 보통 의미 있는 계산을 위해 약 100 큐비트를 안정적으로 사용할 수 있다는 의미다. 그러나, IBM가 개발한 콘도르 Condor의 양자 프로세서가 1,121 큐비트로 작동한다고 해서 유용한 것이 아니다. 큐비트 가운데 상당수는 오류가 있거나 양자 상태(기억의 일종)를 너무 빨리 잃어버려 유용하지 않을 수 있다.

유용한 큐비트(실제로 정확한 계산에 기여하는 큐비트의 수)가 더 많은 큐비트를 갖는 것보다 더 중요하다는 의미다.

따라서 양자 컴퓨팅의 최대 과제는 오류를 줄이고 큐비트 안정성을 향상시키는 것이다. IBM의 최신 버전인 콘도르는 중요한 단계이지만, 실용적인 양자 컴퓨팅이란 큐비트 용량을 늘리는 것보다 정확도(충실도)를 향상시키고 오류를 줄이는 것에 달려 있다.

큐비트는 매우 민감하고 메모리 상실과 노이즈(환경의 간섭)로 인해 오류가 발생하기 쉽다. 정확도(양자 연산의 정확성)를 향상시키고 오류(노이즈와 비결정성)를 줄이는 것이 핵심이다.

양자컴퓨터에서 오류가 발생하는 방식은 우선 '중첩' 특성 때문이다. 양자컴퓨터는 중첩이라고 불리는 취약한 양자 상태에 존재하고 얽힘을 통해 상호 작용하는 큐비트에 의존한다. 오류는 주로 다음 네 가지의 이유로 발생한다.

먼저 비결정성Decoherence이다. 큐비트는 주변 환경(열, 전자기파, 진동 등 미세 환경)과의 상호 작용으로 인해 양자 상태를 빠르게 잃어버린다(정보 소실). 이어 게이트 오류Gate Errors이다. 연산을 수행할 때, 작은 부정확성이 누적되어 신뢰성이 감소한다. 측정 오류Measurement Errors도 있다. 큐비트 상태를 읽을 때 노이즈가 발생하여 때로는 결과가 뒤바뀌거나 왜곡될 수 있으며, 특히 큐비트가 의도치 않게 서로 간섭하여 계산 오류가 발생할 수 있다(크로스 토크Cross-Talk).

양자컴퓨터의 오류를 줄이는 노력의 일환으로 IBM 퀀텀Quantum의 '큐비트의 흔들림'을 줄이는 연구를 소개한다.

큐비트는 마치 비누방울과도 같다. 너무 빨리 터지면(오류가 발생하면) 전체 양자 컴퓨터가 제대로 작동하지 않는다. 양자 컴퓨터가 실제로 유용하게 사용될 수 있도록 터지지 않는 거품을 만드는 방법을 연구하고 있다. IBM은 초전도 큐비트를 만들고 있다. 큐비트가 너무 빨리 망가지지 않도록(정보가 손실되지) 덜 흔들리게 하는 방법

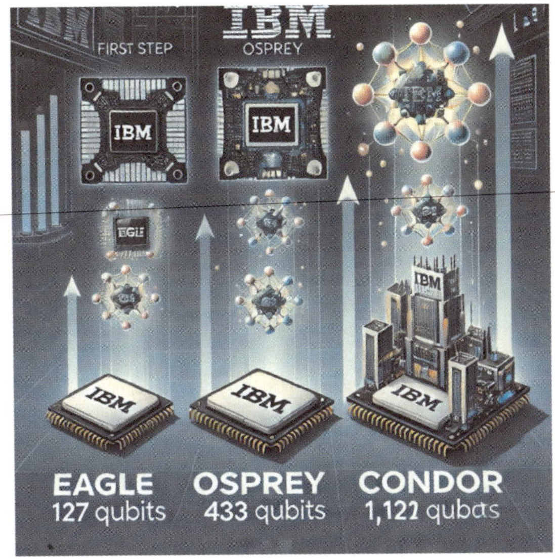

이다. 이글Eagle(127 큐비트), 오스프리Osprey(433 큐비트), 콘도르Condor(1,121 큐비트) 등의 개발은 이런 연장선에 있다.

초전도 큐비트란 이를 테면 이런 종류이다. 큐비트에 사용되는 재료의 개선을 통해 외부 교란에 덜 민감하게 만드는 것인데, 냉각 시스템을 통해 큐비트를 매우 낮은 온도(-273.15°C 근처)로 유지함으로써 안정성을 유지하는 방법이다. 아울러 AI를 사용하여 실수를 포착하는 방법을 연구중이다. 즉 계산이 망가지기 전에 오류를 찾아 수정하는 식이다. IBM은 양자 오류 수정 방법도 개발하고 있다. 일부 큐비트가 오류를 일으키더라도 양자 컴퓨터는 여전히 제대로 작동할 수 있도록 하는 것이다.

그러나, IBM의 접근 방식은 현재 오류 수정 연구에서 가장 앞서 있지만, 오류 수정을 위해 많은 양의 큐비트가 필요하다. 마이크로소프트의 접근 방식은 아직 개발 중이지만 성공한다면 훨씬 더 효율적인 양자 컴퓨터를 만들 수도 있을 것이다.

마이크로소프트는 토폴로지 큐비트를 개발 중이다. 기본 컨셉은

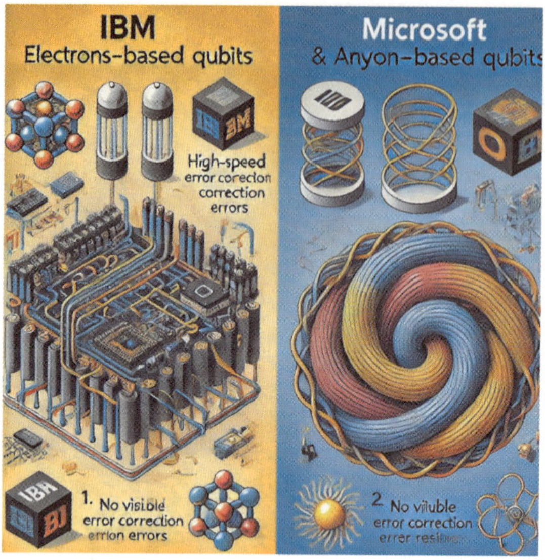

전자와 애니언의 정보 저장 방식을 그림으로 표현했다

오류가 발생하기 전에 예방하기인데, 이 큐비트는 양자 공간에 있는 특별한 매듭을 사용하여 정보를 안전하게 저장하는 식이다. 오류가 발생한 후에 수정하는 대신, 매우 안정적인 특수 양자 구조를 사용하여 오류가 발생하지 않도록 하는 것이다. 이를 테면 화이트보드 메시지를 계속해서 다시 쓰는 대신(IBM처럼), 지워지지 않거나 지워지지

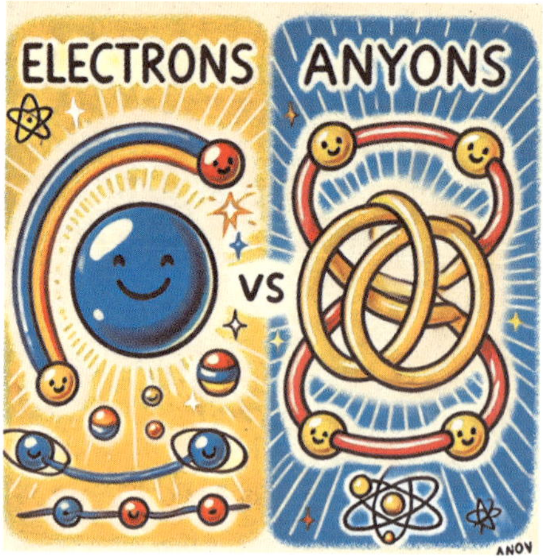

않는 특수 잉크로 작성하면, 수정할 필요가 전혀 없는 원리와 같다.

마이크로소프트의 큐비트는 2차원 양자 시스템에만 존재하는 특별한 유형의 준입자인 애니언에 의존한다. 애니언은 전자나 광자와 같은 일반적인 입자와는 다르게 작동

한다. 일반 큐비트는 쉽게 끊어지지만 애니언은 저항성이 더 강하다. 애니언은 2차원 시스템에서만 존재하는 입자이다. 전자와는 달리, 애니언은 특별한 성질을 가지고 있다.[36]

IBM과 마이크로소프트의 오류 해소 방식에 대해 좀 더 쉽게 설명한다. IBM의 접근 방식은 경주용 자동차와 같다. 빠르지만 깨지기 쉽고, 계속 작동하기 위해서는 지속적인 유지보수(오류 수정)가 필요하다. 마이크로소프트의 접근 방식은 잘 구축된 철도와 같다. 느리지만 안정적이어서 애초에 오류가 발생하지 않도록 한다. 마이크로소프트의 위상 큐비트가 성공한다면, 복잡한 오류 수정이 필요 없게 되어 양자 컴퓨팅의 효율성을 높일 수 있을 것이다. 그러나, IBM의 전자 기반 큐비트가 이미 작동하고 있기 때문에, 현재로서는 IBM의 접근 방식이 선도적인 접근 방식이다.

그러면, 왜 마이크로소프트의 접근 방식이 오류 저항에 강한가. 위 그림에서 나온 것처럼 애니언은 정보를 단일 큐비트에 저장하는 대신, 함께 엮어서 양자 공간에 안정적인 "매듭"을 형성한다. 이렇게 하면 방해 요소가 전체 매듭을 깨뜨리지 않고 작동한다. 전체 시스템이 양자 정보를 보유하기 때문에 작은 장애가 즉시 오류로 이어지지 않을 것이다. MS의 토폴로지 큐비트는 전자 기반 큐비트보다 훨씬 더 안정적이다.

---

36 IBM이 전자를, 마이크로소프트가 애니온을 사용하는 이유는 두 입자의 근본적인 특성에서 비롯된다.
IBM의 초전도 큐비트는 회로에서 움직이는 전자를 사용하기 때문에 지속적인 오류 수정이 필요하다. 반면, 마이크로소프트의 위상 큐비트는 애니언이 매듭으로 엮는 방식에 의존하고 있으며, 이 방식은 오류가 발생하기 전에 방지한다. 전자는 빠르게 움직이지만 오류가 발생하기 쉽기 때문에 IBM의 접근 방식은 강력하지만 복잡하다. 애니언은 자연적으로 안정적이기 때문에 MS의 접근 방식은 오류에 더 강하지만 개발하기가 어렵다.

이어 앞에서 언급한 또다른 선도 기업 '리게티 컴퓨팅'의 접근 방식을 소개한다.

리게티도 IBM과 마찬가지로 초전도 큐비트를 사용하지만, 오류 감소에 중점을 두고 있다. 노이즈를 줄이고 안정성을 높이기 위해 최적화된 칩 디자인과 새로운 큐비트 아키텍처를 개발 중이다. 리게티의 접근법은 이렇다.

손가락에 연필을 올려놓고 균형을 잡으려고 한다고 치자. 계속해서 미세 조정하지 않으면 연필은 떨어진다. 바로 불안정한 양자 상태(큐비트)이다. IBM의 접근 방식은 연필의 균형을 맞추지만, 지속적인 미세 교정(오류 수정)이 필요하다. MS의 접근 방식은 연필을 끈에 묶어(토폴로지 매듭) 아예 떨어지지 않게 유지하는 것을 목표로 한다.

리게티는 그 중간에 해당한다. 연필의 모양과 잡는 방법을 재설계하는 접근법이다.

우선 큐비트 디자인의 최적화를 들 수 있다. 리게티는 초전도 큐비트의 물리적 레이아웃을 개선하여 노이즈에 덜 민감하게 만든다. 오류 감소 기법이다. 더 나은 오류 완화 전략을 만들어 큐비트가 더 오랫동안 일관성을 유지(양자 상태 유지)할 수 있도록 한다. 리게티는 기존 컴퓨터와 양자 컴퓨터를 결합하여 오류를 동적으로 수정하는 데 중점을 두고 있다. 일종의 하이드브리드 방식을 선택한 리게티의 접근 방식이 단기적인 응용 분야에서 더 실용적이라는 평가다. 그러나, 리게티는 여전히 확장 및 냉각 문제에 직면해 있다.

마지막으로 구글의 접근 방식을 소개한다.

구글 역시 IBM과 리게티와 마찬가지로 초전도 큐비트를 사용하지만, 양자 우월성 및 오류 수정에서 독특한 길을 택했다. 2019년 구글은 양자 우월성, 즉 종래 컴퓨팅보다 훨씬 빠르다는 것을 입증해 보여 기념비적 실적을 보였다. 53-큐비트를 탑재한 시카모어 프로세서를 개발, 종래 수퍼컴퓨터를 압도했다. 세계에서 가장 빠른 슈퍼컴퓨터가 수천 년 동안 수행해야 하는 계산을 200초 만에 수행했다. 그러나, 이것은 일반적인 용도의 계산이 아니라 특정 실험에 불과하다. 상용화 단계가 아니라는 의미다.

현재 구글은 큐비트 수를 늘리는 대신, 보다 안정적이고 오류에 강한 시스템을 형성하기 위해 많은 물리적 큐비트가 함께 작동하는 논리적 큐비트에 초점을 맞추고 있다. IBM과 리게티와 마찬가지로 구글의 큐비트도 초전도 물질로 만들어져, 초저온에서 전자가 저항 없이 움직일 수 있도록 했다. 아울러, 큐비트 수를 늘리는 방식보다는 여러 큐비트를 함께 묶어 양자 정보가 오류로부터 보호되도록 하는 방식이다.

IBM이나 리게티와 마찬가지로 구글도 초전도체를 사용하여 큐비트를 만든다. 이 물질은 극도로 차가울 때(우주 공간보다 더 차갑다) 전류가 막히지 않고 흐를 수 있다는 점에 착안했다. 실수를 방지하기 위해 구글은 여러 큐비트를 그룹 포옹처럼 묶어 준다. 한 큐비트가 혼란스러워 실수를 하면, 다른 큐비트가 이를 바로잡을 수 있다. 마치 학생들이 함께 시험 문제를 풀면서 답을 틀리면 다른 학생들이 정답을 고쳐 주는 것과 같다.

지금까지 설명한 내용을 종합 정리해 본다.

먼저 구글의 접근 방식은 초전도 큐비트를 이용한 논리적 큐비트 구성에 집중하고 있다. 여러 개의 물리적 큐비트를 함께 묶어 하나의 논리적 큐비트를 형성함으로써 자체 오류를 수정할 수 있도록 하는 방식이다. 그러나, 논리 큐비트 하나를 만들기 위해서는 물리적 큐비트가 많이 필요하기 때문에 하드웨어의 복잡성이 증가한다.

IBM과 리게티Rigetti도 초전도 큐비트를 사용하지만 지향점은 약간 다르다. IBM은 실수를 줄이기 위해 오류 수정 코드를 개선하는 작업을 하고 있다. 리게티는 상업적 용도로 사용할 수 있도록 대량 생산이 용이한 초전도 큐비트를 만드는 데 주력하고 있다. 더 저렴하고 사용하기 쉽게 하려고 노력한다. 그러나, 두 회사 모두 큐비트 안정성에 어려움을 겪고 있으며, 매우 낮은 온도를 필요로 한다는 기술적 문제가 있다.

MS는 구글, IBM의 초전도 큐비트와는 매우 다른 방식을 연구하고 있다. 마이크로소프트의 큐비트는 본질적으로 더 안정적이기 때문에 오류 수정이 많이 필요하지 않을 것이다. 물리적 큐비트가 더 적게 필요하므로, 더 작고 효율적인 양자 컴퓨터를 제작할 수 있다. 그러나, MS의 토폴로지 큐비트는 아직 개발 중이며, 아직 대규모로 검증되지 않았다.

양자 오류 정정(QEC)의 발전은 실용적인 대형 양자컴퓨터로 가는 핵심 열쇠이다.

최근 오류를 1억분의 1 수준으로 줄이는 기술이 나왔다. 지금까지 양자컴퓨터는 미래 핵심 기술이지만, 오류 발생이 많아 실용화에 어려움을 겪고 있다. 최근 이온트랩 방식의 양자 컴퓨터에서 큐비트 이동을 최소화하는 기술이 나왔다. 양자컴퓨터의 비누방울 같은 섬세한 큐비트(이온)가 이동하면서 오류를 일으킨다. 이온 트랩 양자컴퓨터에서 큐비트는 전기장에 떠다니는 매우 섬세한 이온이다. 따라서 단일 큐비트 연산(버블 하나를 다루는 것)이 더 간단하고, 안전하며, 제어하기 쉽다. 2큐비트 작업(두 개의 거품을 상호작용하게 만드는 것)은 더 많은 오류를 유발한다. 즉 큐비트가 존재하는 방을 명확하게 분리하고 이온 이동을 줄이면서, 양자컴퓨터는 더 안정적이고 실용적일 수 있다.

두 가지 방법이 있는데, 하나는 단일 큐비트 게이트 영역(트랜스버전 게이트 영역)이다. 하나의 이온이 개별적으로 제어되는 방식이다.

다른 하나는 2큐비트 게이트 영역(비트란스버전 게이트 영역)이다. 두 개의 이온이 상호 작용하여 함께 계산을 수행하는 방이다. 이 두 영역을 명확하게 분리하면, 이온의 이동 빈도가 감소한다. 이동 횟수가 적다는 것은 실수가 발생할 가능성이 적다는 것을 의미한다.

IBM, 구글의 초전도 방식과 MS의 토폴로지 방식을 단순 비교한 그림이다.

양자컴퓨터 개발 선도 기업 비교

Category	Google	IBM	Microsoft	USTC (중국과기대 쭈충즈 3)
Raw Quantum Speed (난수회로속도)	빠르지만 속도에만 집중하지 않음	속도가 아닌 오류수정 집중	속도가 아닌 토폴로지 개발에 집중	가장 빠르지만 검증 안됨
Error Correction (오류 수정)	논리큐비트에 집중	오류수정에 선두	현재 개발중	오류 수정 기능 없음
Scalability (확장성)	논리큐비트당 큐비트가 많이 필요	확장가능 디자인에 집중	아직 실험단계	아직 실험실 상태
Commercialization (상용화)	실제 응용 프로그램개방중	테스트 진행중	현재 개발중	실험단계

중국과학기술대학(USTC) 연구팀이 세계에서 가장 빠른 슈퍼컴퓨터보다 1천조 배 더 빠른 양자컴퓨터 개발에 성공했다는 지난 3월 5일 중국 관영 신화사 보도에 세계 업계가 주목하고 있다. '105 큐비트'를 탑재한 초전도 양자컴퓨터 시제품인 '쭈충즈(祖沖之) 3호'라고 한다. 초전도 양자컴퓨터의 첨단 성능"이라고 평가한다. 물론 2019년 구글이 발표한 시카모어보다 앞서 있다. 그러나, 실험실 제품을 공개했을 뿐이며, 실용화 수준은 아니다. 위 표에서도 알 수 있듯이, 양자컴퓨터의 미래 향방은 속도보다는 오류 수정을 잘하는 방식이 결정지을 것이다.

광자 상호연결 기술

양자컴퓨터를 실용화 하는데 또 하나 기술적 어려움은 광자 상호연결Photon interconnection 기술이다. 최근 미국 나스닥에 상장된 양자컴퓨팅 기업 '아이온큐IonQ'의 주가 하락으로 투자자들이 큰 손해를 보았다는 소식이 있는데, 이는 성급한 투자에서 비롯된 실수다. 앞 챕터에서 양자컴퓨터 실용화는 오류 수정에 달렸다고 지적했는데, 또 하나 양자컴퓨팅 핵심 기술인 '광자 인터커넥트' 기술 개발이 아직 초기 단계에 있어 실용화 까지는 좀더 시간이 필요하다.

광자 상호연결은 여러 양자컴퓨터를 구동하는 핵심적 기술이다. 광자(빛의 입자)는 개별 양자 모듈 간의 양자 정보 전달 매체이다. 현재 컴퓨터 등 모든 전자 기기는 전기 신호로 데이터를 전송하지만, 양자컴퓨터는 전혀 다른 방식이다. 전기 신호 대신, 얽힌 광자를 사용하여 큐비트를 연결한다. 광자, 즉 빛의 작은 입자가 큐비트 간 정보를 전달하는 식이다. 큐비트는 정보 전달의 메신저이다. 현재 초고속 인터넷이 가능한 것은 광섬유 케이블을 개발했기 때문인데, 일명 광케이블이 전류 와이어 대신, 빛의 섬광을 사용한 광섬유가 초고속 데이터 전송을 가능케 한다.

즉 양자컴퓨터는 광자라고 불리는 빛의 작은 입자를 통해 상호 연결한다. 빛 입자들은 양자 데이터를 망가뜨리는 지저분한 전기적 잡음을 피함으로써 정확성을 유지한다. 빛의 속도로 정보를 더 빠르고 정확하게 전송한다.

양자 컴퓨터는 양자 비트(큐비트), 즉 큐비트는 한 번에 여러 상태에 있을 수 있기 때문에 매우 민감하고 섬세하다. 손가락에 연필을 똑바로 세워 놓는다고 상상해 보자. 미세한 움직임에도 연필이 넘어지는 것처럼 큐비트는 매우 민감하다. 초미세 전기적 잡음도 양자컴퓨터가 처리해야 하는 섬세한 정보를 쉽게 망가뜨릴 수 있다.

광자는 투명한 광섬유 케이블이나 심지어는 빈 공간을 통해 이동한다. 공간에서 조용히 메시지를 전달하는 투명한 레이저 빔으로 콘트롤 한다. 전기와 달리, 광자는 전기적 잡음에 쉽게 영향을 받지 않는다. 어두운 방에서 손전등 광선을 사용하는 것처럼, 광자는 기타 잡음과 섞이지 않고 목적지로 직접 깨끗한 신호를 보낸다. 즉 양자컴퓨터가 방해 없이 양자 정보를 정확하게 유지할 수 있게 해 계산이 정확하고 신뢰할 수 있게 한다.

현재 IonQ의 야심 찬 성장 계획(몇 년 안에 큐비트 수를 수만 개로 늘리는 것)은 여러 개의 양자 처리 모듈을 연결하는 데 달려 있다. 2025년 초 현재 개발 현황을 보면 아직 프로토타입 수준이다. 현재 확장 가능한 상업용 기술로 도약하는 것은 시간이 더 걸린다. 최근 실험실에서 광자를 사용하여 두 개의 큐비트 사이 정보를 방해없이 전송하는 기본 양자 상호연결을 성공적으로 시연했다. 그러나, 소규모 그룹(보통 10큐비트 미만)의 이온만 연결한 상태로서, 상용화에 필요한 수백 또는 수천 개와는 거리가 멀다. 현재의 광자 시스템은 지나치게 비싸고 지나치게 민감하다. 단순화하고 표준화하기 위해서는 상당한 기술적 돌파구가 필요하다. 그럼에도 IonQ의 타임라인(현재 약 80-100개의 물리적 큐비트를 2026년까지 4,000개 이상, 2028년까지 32,000개로 늘리는 것)은 낙관적이다. 그만큼 광자 상호연결 기술은 중요한 병목 현상으로 간주된다. 단기적으로 2028년 이전에는 대규모 광자 상호연결 시스템이 실질적으로 상용화될 것으로 평가된다.

광자를 이용한 양자컴퓨터의 정보 전송을 시각적으로 형상화한 그림이다

옥스퍼드 대학 연구팀의 양자 순간 이동 기술

옥스퍼드 대학 연구팀은 '양자 순간 이동'이 가능한 양자컴퓨터를

개발하는 데 성공했다. 양자 순간 이동은 큐비트 자체를 이동시키지 않고 양자 상태를 다른 위치로 전송하는 기술이다. 이는 강력한 실용적 양자컴퓨터를 만들기 위한 스케일링 업 문제를 해결하는 데 도움되는 중요한 돌파구로 평가 받는다.

양자컴퓨터의 스케일링 업, 즉 상용화가 어려운 이유 중 하나는 불안정성이다. 양자컴퓨터의 정보 전달 요소인 큐비트는 불안정하며, 환경의 간섭으로 인해 정보를 쉽게 잃어버린다. 또한 잦은 오류와 불안정성으로 인해 여러 개의 양자 프로세서를 하나의 큰 기계처럼 함께 작동하도록 연결하는 것도 어렵다.

이에 고심하던 옥스퍼드대 연구팀은 양자 텔레포테이션이라는 기술을 사용하여 양자 프로세서를 연결하는 방법을 개발했다. 양자 순간 이동은 정보, 특히 큐비트의 상태를 물리적으로 움직이지 않고 한 곳에서 다른 곳으로 전송하는 방법이다. 이는 입자가 멀리 떨어져 있어도 연결된 상태를 유지해주는 얽힘과[37] 같은 특별한 양자 속성 때문이다.

왜 이것이 중요한가 하면 서로 다른 양자 프로세서에 위치한 큐비

37 얽힘은 두 입자(큐비트와 같은) 사이의 특별한 양자 연결이다. 아무리 멀리 떨어져 있어도 상태가 연결된다. 즉, 한 입자를 측정하면 다른 입자가 그에 따라 즉시 상태를 조정한다는 의미다. 고전 물리학에 따르면, 한 입자가 다른 입자에 즉시 영향을 미치면, 그들 사이에 어떤 종류의 신호가 전달되어야 한다. 그러나, 양자역학에서는 얽힌 큐비트 사이에 어떤 신호도 전달되지 않는다. 대신, 그 상태는 얽히게 된 순간부터 이미 연결되어 있다. 이 현상은 양자역학에서 수학적 규칙인 파동 함수로 설명할 수 있다. 두 큐비트가 얽히면, 그들의 파동 함수는 하나의 시스템으로 합쳐진다. 서로 멀리 떨어져 있어도, 그들은 여전히 같은 파동 함수의 일부이다. 따라서 하나가 측정되면, 전체 시스템이 붕괴되고, 다른 큐비트의 상태가 즉시 결정된다. 즉 양자 얽힘의 '즉각적인 효과'는 두 큐비트가 동일한 파동 함수로 설명되기 때문에 발생한다. 하나의 큐비트가 측정되면 전체 시스템이 한 번에 영향을 받는다.

트들 사이에서 논리 게이트(데이터를 처리하는 연산)를 순간 이동시키는 데 성공했기 때문이다. 이는 서로 다른 양자컴퓨터가 마치 하나의 강력한 슈퍼컴퓨터인 것처럼 함께 작동한다는 것을 의미한다.

연구팀을 이끄는 더글라스 메인 교수는 "이것은 단순히 데이터를 전송하는 것이 아니라 먼 거리에 있는 큐비트들이 효과적으로 상호작용하고 함께 작동하도록 만드는 것이기 때문에 과거의 실험과는 다르다"고 했다.

연구팀이 주목한 것은 양자 특성을 규정짓는 파동 함수였다. 두 입자가 밀접하게 상호작용할 때, 그들은 하나의 공유 파동 함수를 형성하여 얽히게 된다. 공유 파동 함수는 비국소성이다. 즉, 물리적인 연결 없이도 입자들이 아무리 멀리 떨어져 있어도 즉시 연결된다는 의미다. 파동 함수는 마치 비누 방울에 비유할 수 있다. 두 개의 작은 입자가 얽히게 되면, 마치 두 개의 거품이 서로 닿아 더 큰 하나의 거품으로 합쳐지는 것과 같다. 우리가 존재하는 거대한 물리적 세계는 거품처럼 연결되어 있지 않다. 그러나, 아주 작은 양자 세계에서는 입자들이 자연스럽게 이런 방식으로 행동한다. 양자 상태의 입자들은 부드럽고 상호 연결된 거품처럼 존재한다.

정리하면, 파동 함수란 입자가 있을 수 있는 모든 가능성을 보여주는 거품이다. 공유 파동 함수는 두 입자가 하나의 큰 거품을 공유함으로써 서로 연결된다. 비국소성이란 거품은 멀리까지 뻗어 나가면서 입자를 즉시 연결한다. 거품을 터뜨리면 거품 안에 연결된 다른 입자에 즉시 영향을 미친다. 양자 세계라는 아주 작은 우주가 작동하는 방식이다. 마치 모든 것을 연결하는 부드러운 가능성의 거품과 같다.

이런 원리를 이용해 옥스퍼드대학 연구팀은 양자 순간 이동, 즉 텔레포테이션을 고안해 냈다. 서로 멀리 떨어져 있는 다른 방에서 두 명의 음악가가 함께 완벽하게 음악을 연주하는 것과 같은 원리다. 두

옥스포드 대학 AI 연구팀이 양자 슈퍼컴퓨터로 순간이동에 성공한 장면을 그림으로 시각화했다.

음악가는 전선이나 스피커가 필요하지 않다. 둘은 완벽한 곡을 연주하기 위해 함께 작동하는 방법을 알고 있다. 종전 컴퓨터는 숫자나 글자와 같은 기본 정보만 순간 이동할 수 있다. 그러나, 이제 옥스퍼드 팀이 발견한 원리에 따르면 텔레포테이션을 사용하여 양자 컴퓨터를 하나의 강력한 슈퍼컴퓨터처럼 함께 작동하도록 한다. 마치 작고 섬세한 레고 타워를 물리적으로 서로 접촉하지 않고 하나의 거대하고 튼튼한 건물로 바꾸는 것과 같다.

양자컴퓨터와 AI의 시너지 효과

양자컴퓨터와 AI의 시너지 효과는 여러 산업 분야를 혁신할 것이다.

양자 강화 기계 학습 알고리즘은 종래 AI로는 해결할 수 없는 최적화 문제를 해결할 수 있다. 다시 말해 AI의 학습 능력과 양자컴퓨팅의 초고속 계산 능력의 결합은 상상할 수 없는 혁신의 문을 열어 줄 것이다.

어떤 분야에서 혁신을 가져오는지에 대한 구체적인 예를 들어 본다.

앞에서도 설명했지만, 요약해보면 첫째, 의료 및 신약 개발에 가장 먼저 효과를 보일 것이다. 우선 개인 맞춤형 의학 분야를 꼽을 수 있다. 양자 AI는 복잡한 유전 데이터를 더 빨리 분석할 수 있기 때문에 의사가 개인의 고유한 유전적 구성에 맞는 치료를 설계할 수 있다.

이어 신약 개발이다. 양자 알고리즘은 원자 수준에서 아주 복잡한 분자 상호 작용을 시뮬레이션할 수 있다. 신약 발견 과정을 획기적으로 단축하여 수년에서 몇 일 내지 수 개월로 단축 가능하다.

두 번째 응용 분야는 금융이다. 리스크 분석에서 Quantum AI는 방대한 양의 금융 데이터를 처리하여 시장 동향을 더 정확하게 예측, 투자 위험을 사전 회피할 수 있다. 이어 포트폴리오 최적화이다. 다양한 자산 조합을 신속하게 분석하여 투자자가 수익을 극대화하고 위험을 최소화할 수 있도록 지원한다.

수십억 달러의 자산을 관리하는 대규모 투자 회사를 상상해 보자. 전통적으로 포트폴리오 관리자들은 과거 데이터, 시장 동향, 위험 요인을 분석하기 위해 고전적인 알고리즘에 의존한다. 그러나, 이러한 알고리즘은 매우 큰 데이터 세트, 복잡한 변수, 실시간 변화를 처리할 때 한계가 있다. 금융 시장은 매우 비선형적이고 복잡하기 때문에, 종래 AI로는 심층적이고 다변수적인 시장을 분석하는데 한계가 있다.

그러면 양자 AI는 금융시장에서 어떻게 판도를 바꾸는가? 먼저 방대한 금융 데이터 분석이다. 퀀텀 AI는 퀀텀 병렬처리를 사용하여 방대한 양의 금융 데이터를 동시에 처리한다. 개별 주식의 성과를 하나씩 분석하는 대신, 전 세계 시장에서 수천 개의 자산을 동시에 평가할 수 있다. 분석 시간이 몇 시간에서 몇 초로 단축되어 변동성이 큰 시장에서 실시간 의사 결정이 가능해진다.

분석이 끝나면 이어 포트폴리오 최적화이다. 여기서 가장 강력한 도구 중 하나는 양자 근사 최적화 알고리즘(QAOA)이다.[38] 100개가 넘는 자산으로 포트폴리오를 최적화하려면 수백만 가지의 조합을 확인하여 위험과 수익 간의 최상의 균형을 찾아야 한다. 전통적 AI나 컴퓨터로는 쉽지 않다. QAOA는 이 문제를 순식간 처리, 최적의 자산 조합을 거의 즉시 식별한다.

이어 실시간 리스크 관리다. 퀀텀 AI는 포트폴리오를 최적화하는 것뿐만 아니라 시장 붕괴 또는 리스크 급증을 발생하기 전에 예측이 가능하다. 글로벌 금융 지표, 사회적 정서 데이터, 지정학적 사건의 패턴을 초단위로 인식함으로써 투자자 전략을 사전 조정하도록 경고할 수 있다.

미래의 잠재력은 어떤가? 먼저 2030년까지 대형 헤지 펀드, 투자 은행, 심지어 국가 금융 기관까지 거래와 위험 분석에 퀀텀 AI를 채용할 것이다. 퀀텀 AI 예측에 따라 실시간으로 자동으로 조정되는 포트폴리오로, 사람의 개입 없이 수익을 창출할 수 있다. 개인 맞춤형 투자도 가능하다. 개인 투자자들은 AI 기반의 재정 고문을 채용해 허용 범위에 맞게 투자를 최적화할 수 있다. 이 시기 금융 분야에서 퀀

38 투자자는 마코위츠 현대 포트폴리오 이론(MPT)과 같은 모델을 사용하여 위험과 수익의 균형을 맞춘다. 그러나, 이러한 모델은 실제 상황을 단순화하고, 고차원적이고 빠르게 변화하는 시장에서는 맞지않다.

텀 AI의 초기 버전은 고전적 AI와 공존할 것이다.

2030년 이후에는 글로벌 금융 시뮬레이션에 응용할 것이다. 양자 AI는 전체 경제를 시뮬레이션하여 글로벌 금융 위기가 발생하기 전에 예측할 것이다. 시장 비효율성 제거, 즉 가격 조작과 차익 거래 기회가 거의 없는 효율적인 시장을 조성할 수 있다.

실제로 골드만 삭스나 JP모건 체이스는 이미 퀀텀 AI 연구에 막대한 투자를 하고 있다. JP모건은 포트폴리오 최적화를 위한 양자 알고리즘 개발을 위해 IBM과 파트너십을 맺고, 위험 분석 효율성 측면에서 유망한 초기 결과를 생산했다. 폭스바겐은 양자 컴퓨팅을 사용하여 물류 및 공급망에 유사한 원칙을 적용하여 교통 흐름을 최적화하고 있다.

퀀텀 AI는 몇 시간 또는 며칠이 걸리는 작업이 몇 초 안에 완료되어 상상을 초월하는 재정적 가능성을 열어줄 것이다. QAOA를 통해 JP 모건의 퀀텀 시스템은 수백만 개의 가능한 투자 조합을 한 번에 분석하여 포트폴리오를 즉시 최적화한다. JP 모건의 양자 시스템은 수천 개의 경제 지표(인플레이션, 기업 수익, 지정학적 위험)를 동시에 분석하여 조기 경고 신호를 감지한다. 2040년 이후에는 금융 시스템이 완전히 양자 최적화되어 모든 투자, 대출, 시장 결정이 거의 완벽한 정확도로 이루어질 것이다.

양자 근사 최적화 알고리즘(QAOA)이란 어떻게 작동하는지 예를 들어본다. 포트폴리오 최적화를 위해 주식, 채권, 기타 자산의 최상의 조합을 선택한다. 위험을 낮게 유지하면서 최고의 수익을 얻을 수 있는 조합을 찾아야 한다. 이는 요리에서 가장 적합한 재료를 고르는 것과 같다. 전통적인 컴퓨터는 재료의 각 가능한 조합을 하나씩 테스트하여 최고의 레시피를 찾는데, 특히 수천 가지 옵션이 있는 경우 시간이 많이 걸릴 것이다.

QAOA의 작동 방식은 우선 양자 중첩 원리다. 양자 시스템은 한 번에 하나의 조합을 확인하는 대신, 중첩이라는 개념을 사용하여 많은 조합을 한 번에 테스트한다. 동전을 던져서 앞면, 뒷면, 또는 둘 다를 동시에 얻을 수 있는 것과 같은 원리다. 이는 양자컴퓨터의 중첩 원리를 응용한 것이다.

이어 양자 얽힘 원리다. 한 비트가 변하면 다른 비트에 즉시 영향을 미친다. 마치 요리사 팀이 함께 일하는 것과 비슷하다. 한 요리사가 재료를 선택하면 다른 요리사에게 즉시 영향을 미친다. 이로써 개별 가능성을 각각 테스트할 필요 없이 모든 것을 한 번에 최적화할 수 있다. QAOA는 양자 중첩을 사용하여 모든 레시피를 동시에 시도하는 스마트 셰프와 같다. 그런 다음 최적의 레시피의 맛(수익률과 위험)에 따라 재료(금융 자산)를 조정하여 최상의 조합을 미세 조정한다.

세 번째 응용분야는 물류와 공급망이다. Quantum 알고리즘은 수많은 배송 경로를 실시간 평가하여 상품 배송에 가장 효율적인 경로를 찾아 비용과 연료 소비를 줄일 수 있다.

특히 재고 관리: 양자 컴퓨팅으로 강화된 AI 모델은 수요 변동을 더 정확하게 예측하여 재고 수준을 최적화할 수 있다. 아직 초기 단계에 있지만, 아마존, 페덱스, DHL 등은 이미 양자 기반 모델을 실험하고 있다. 2030년 전후 곧 양자클라우드 서비스와 하이브리드 모델이 대세일 것이다. AI는 일반적인 최적화 작업을 처리하고, 양자 컴퓨팅은 복잡하고 중요한 의사 결정에 사용될 것이다. 기업들은 양자 하드웨어가 필요하지 않다. 대신, IBM, 구글, 마이크로소프트 등이 제공하는 클라우드 플랫폼을 통해 양자 파워에 접근할 것이다. 완전 자율 물류는 AI, 양자 컴퓨팅, IoT를 결합하여, 사람이 개입하지 않는 최적화 물류 방식이다.

네 번째로는 에너지 분야이다. 재생 에너지 최적화가 우선될 것이다. Quantum AI는 태양열 및 풍력 에너지에 대한 일기 예보를 개선하여 에너지 그리드를 제대로 관리하도록 도와줄 것이다. 양자 수준에서 화학 물질을 시뮬레이션하여 더 나은 배터리 또는 더 효율적인 태양 전지판이 등장할 것이다. 이밖에 정밀 농업, 강력한 암호화에 기반한 사이버 보안에 퀀텀 AI는 큰 역할을 할 것이다.

양자 시대 사이버 보안

올해 '세계 양자과학기술의 해(IYQ)'를 맞아 최근 찰스 베넷 IBM 연구소 연구원 등 주요 연구자들이 서울을 방문했다. 찰스 베넷은 양자암호통신의 핵심 원리인 'BB84 프로토콜'을 개발한 인물이다. 양자 기술은 기존 기술의 한계를 넘어선 초고속연산·초신뢰보안·초정밀계측 등을 가능케 할 것이다. 이번 서울 컨퍼런스에서 해킹·정보 탈취를 원천 차단하는 양자 사이버 보안이 가장 인기를 끌었다.

이런 비유로 설명할 수 있다. 상대방에게 보내고 싶은 비밀 메시지(암호)가 있다. 메시지를 엿듣으려는 해커가 있다. 오늘날 메시지를 안전하게 지키기 위해 수학으로 만든 비밀 코드(암호화)를 사용한다. 그러나, 초강력 양자컴퓨터가 비밀 코드를 뚫을 수 있다. 그래서 양자 사이버 보안이 개발되고 있는 것이다. 양자 사이버 보안은 마법 같은 물리학 트릭을 사용하여 안전하게 지킬 수 있다. 미래 보안의 핵심 양자 사이버 보안 기술은 다음과 같다.

먼저 양자 키 분산(QKD)이다. 수학을 사용하는 대신, 양자 규칙을 따르는 빛의 작은 입자(광자)를 사용한다.

대표적으로 IBM연구소 연구위원 찰스 베넷Charles Bennett 이 만든 BB84 프로토콜이다. 해커가 엿듣기 위해 접근하면, 양자 입자가 변하고, 누군가 엿듣고 있다는 것을 알 수 있다. 이 양자 입자는 작은 비누 방울과 같다. 해커가 비누 방울을 만지면, 비누 방울은 터지고, 누군가 침투했음을 알 수 있다. 여러 가지 색깔을 내는 반딧불이(광자)와도 유사하다. 누군가(해커)가 반딧불이를 엿보려고 하면, 색깔이 변하거나 날아가 버리므로, 누군가 엿보고 있다는 사실을 즉시 알 수 있다. 이것이 바로 QKD가 안전한 이유이다.

둘째로 양자컴퓨터도 뚫지 못하는 양자 암호화를 개발 중이다. 향후 양자컴퓨터가 매우 강력해질 것이기에, 양자컴퓨터도 풀 수 없는 새로운 수학 퍼즐이 개발되고 있다. 이 새로운 수학 퍼즐은 너무 어려워서 고성능 양자컴퓨터도 수백만 년이 지나도 풀 수 없을 것이다.

셋째, 양자 난수 생성기QRNG의 개발이다. QRNG는 양자 물리학을 토대로 해서 완전히 예측할 수 없는 숫자를 만든다. 동전을 던지는 상황을 상상해 보자. 때로는 동전이 떨어지기 전에 사라졌다가 무작위로 다시 나타난다. 이것이 양자 물리학이다. 아주 작은 입자가

엔비디아 스케일업scale up 전략

완전히 예측할 수 없는 방식으로 행동하기에 비밀번호와 보안 코드를 절대로 추측할 수 없다. 실제로 일반 컴퓨터에서 '난수'는 무작위가 아니라 패턴을 따른다. 그러나, 양자 역학을 사용하면 진정한 무작위성을 만들 수 있다. 즉 입자가 예측할 수 없는 방식으로 행동하는 법칙을 사용하여 완전히 예측할 수 없는 숫자를 생성한다. 마치 같은 숫자가 두 번 나오지 않는 마법의 주사위를 굴리는 것과 같다.

넷째, 양자 네트워크의 구축이다. 종래 광섬유 케이블을 사용하는 대신, 양자 인터넷은 얽힌 입자를 사용하여 정보를 전송한다. 이는 두 입자가 아무리 멀리 떨어져 있어도 즉시 공유할 수 있는 양자 특성에 따른 것이다.

엔비디아 CEO는 지난 3월 18일 미국 실리콘밸리 새너제이에서 열린 전략 설명회에서 AI 반도체칩 전략을 소개했다. 2026년에는 루빈, 2028년부터 파인만이라는 이름의 차세대 그래픽처리장치(GPU)를 잇따라 양산하겠다는 로드맵을 제시했다.(도표 참조)

NVIDIA는 수직 확장(scale up) 전략을 채택했다. 시스템의 총 수를 늘리기 보다 개별 장치의 성능을 극대화해 컴퓨팅 파워를 극대화하는 방식이다. 우선 스케일업과 스케일 아웃scale out 전략을 비교해본다.

첫째, 스케일업(수직 확장)이다. 기존 기계를 업그레이드하여 더 빠르고 더 잘 작동하게 만든다. 즉 GPU 개체 수를 를 추가하는 대신, 개별 GPU의 성능을 고사양으로 향상시킨다. 이를 테면 레스토랑에서 몰려드는 손님을 소화하기 위해 음식을 몇 배 더 빨리 조리할 수 있는 첨단 오븐을 구입하는 방식에 비유할 수 있다. 스케일 아웃 전략은 오븐 숫자를 늘려 음식을 만들어 내는 방식이다.

둘째, 스케일 아웃(수평 확장) 방식이다. 더 많은 기계 또는 작업자를 추가하여 작업량을 분산하는 식이다. 클라우드 컴퓨팅 기업들이 컴퓨터 숫자를 늘려 더 많은 AI 작업을 처리하는 것과 같다.

그러나, 스케일아웃 방식에는 단점이 존재한다. GPU는 전력 과소비 제품이다. 1기가와트 AI 데이터 센터는 75만~100만 가구에 해당하는 전력을 소비한다. 따라서 하나의 고성능 GPU가 더 적은 비용으로 더 많은 작업을 수행하는 방식이 비용 측면에서 효과적이다.

그런데, 스케일아웃이 필요한 시점도 있다. 어느 시점에서는 AI 작업량이 너무 많아져 수평 확장, 즉 스케일아웃을 적용할 적절한 시기가 도래할 것이다.

엔비디아가 발표한 스펙트럼-X는 혁신적이다. AI 데이터 센터는 수천 개의 GPU를 통해 엄청난 양의 정보를 처리한다. 일반적으로 GPU는 전자를 사용하여 데이터를 계산하지만, 이 데이터를 장거리 광섬유케이블로 전송하는 과정에서 전자를 광자(빛)으로 변환한다. 이 과정에서 전력이 낭비되고 엄청난 열이 발생하는데, 스펙트럼-X가 이 문제를 해결하는 방법이다. 신호를 앞 뒤로 변환하는 데 에너지를 낭비하는 대신, 신호 전달 방식을 최적화하여 AI 작업을 더 효과적으로 수행하도록 한다. 이는 미래 수백만 개의 GPU를 갖춘 AI 팩토리를 운영하기 위해 매우 중요한 요소이다.

전략	장점	단점
스케일업 (수직 확장)	☑ 전력 사용 효율성 향상 ☑ 냉각 요구 사항 감소 ☑ 점차 하드웨어 비용 감소 ☑ 단위당 성능 향상	✕ 하드웨어 개선에 의해 제한됨 ✕ 어느 시점에서 스케일아웃으로 변환해야
스케일아웃 (수평 확장)	☑ 확장 제한 없음 ☑ 여러 시스템에 AI 작업 분산 가능 ☑ 초대형 AI 모델에 적합	✕ 비용이 많이 든다—많은 GPU가 필요 ✕ 더 많은 전력 및 냉각이 필요 ✕ 많은 GPU 간 통신으로 효율성 저하

엔비디아는 "H100 호퍼 GPU 대비 블랙웰은 68배 좋아졌고, 루빈은 900배 좋아질 것"이라며 "같은 성능으로 두고 봤을땐 호퍼 대비 블랙웰의 비용은 13%, 루빈은 3%에 불과하다"고 했다. 엔비디아는 '스케일 업' 전략을 소개하면서 이같이 밝혔다. 그러면, 스케일 아웃과 어떻게 다른가.(도표 참조)

엔비디아는 연결기술도 선보였다.

엔비디아는 '스펙트럼-X' 네트워킹 칩도 올 하반기에 선보인다. 기존 반도체는 실리콘 내부 미세 회로에 전자가 이동하며 작동하는데, 이 신호를 컴퓨터 간 연결하기 위해선 광자(photon)으로 전환하는 과정이 필요하고 전력이 소모된다. 엔비디아가 내놓은 '스펙트럼-X'는 기존 전자를 광자로 전환하는 과정을 대폭 줄이며 전력 소모·

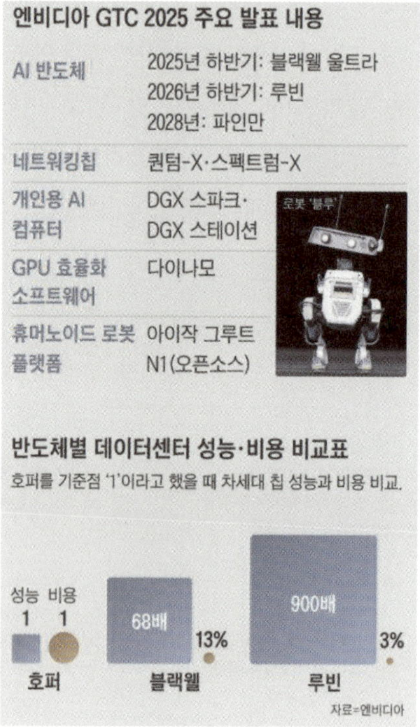

조선일보 캡처

발열 문제를 잡는 기술이다. 스펙트럼-X는 향후 수백만 개의 GPU가 탑재된 AI 공장을 운용할 수 있게 하는 가능성을 연 것이다.

뇌세포 사이 연결에서 마음이 형성된다?

인간 뇌를 모방해 발전하는 인공지능을 연구하기 위해서는 먼저 뇌 구조를 먼저 인식해야 한다.

우선 뇌를 형태에서 보자. 성인 두개골 가운데 1.4~1.6kg 정도의 뇌 조직이 뇌수에 담겨있는 형태이다. 두개골과 뇌척수막에 쌓여있으며 뇌의 아래는 척수와 연결되어 있고 그 안은 뇌척수액이 흐르고 있다. 뇌는 형태와 기능에 따라 대뇌, 소뇌, 뇌줄기(뇌간)으로 나뉘며, 뇌줄기를 좀 더 세분화하면 중간뇌, 다리뇌(교뇌), 숨뇌(연수)로 분류한다.

뇌, 즉 대뇌 피질의 표면적은 크기는 신문지 1쪽 가량(약 200cm^2)로, 표면 두께는 2~3mm인데, 이것이 두개골 속에 들어가야 해서 뇌에는 주름살이 있다.

대뇌 피질에는 정보 처리를 담당하는 신경세포(뉴런)이 100억개 정도 존재한다.

가늠하기 쉽지 않기에 밀도를 보면, 1mm3(1입방미리) 속에 직경 10마이크로미 크기의 뉴런이 9만개 정도 담겨있다. 이처럼 꽉꽉 채워진 신경 세포들은 서로 전기 신호를 보내고 받으면서 정보를 처리한다. 뇌는 하루 20와트 정도에 해당하는 에너지를 쓴다.

사람의 정체성은 유전자에 있지 않다. 뇌세포 사이의 연결 속에 있다."

'마음의 탄생'이라는 책을 쓴 MIT 신경과학자 세바스찬이 한 말이다. 그에 이론에 따르면 유기체의 다양성은 유전자 코드 값의 다양한 결합에 의해 만들어 진다. 마찬가지로 다양한 생각은 대뇌 신피질 시냅스의 다양한 연결과 시냅스 연결의 다양한 패턴값으로 만들어진다. 시냅스의 연결과 세기에 따라 인간의 신피질에서 지식과 기술을 재현하고 새로운 지식을 창조한다. 뇌는 복잡하다. 하지만 패턴을 인식하고, 기억하고, 예측하는 정교한 메커니즘이 대뇌 신피질에서 수억 번 반복하면서 우리 생각의 엄청난 다양성을 만들어 낸다.

그렇다면 인공지능 또한 이런 마음의 형태라도 만들어 낼 수 있을까? 그 답은 리버스 엔지니어링이다. 리버스 엔지니어링이란 이미 완성되어있는 하드웨어나 소프트웨어를 분해하여 시스템의 기술적인 원리를 밝혀내는 기술이다. 뇌의 동작을 분석해 구현하면 마음을 갖는 인공지능을 만들 수 있다는 것이다. 대뇌 신피질이 우리가 생각을 할 수 있는 기반을 만들었고, 결국 지금 문명을 이루어냈다고 가정한다면, 신피질을 모델링하고 이를 시뮬레이션해 인공지능을 만들어 낼 수 있다. 그러면 새로운 문명도 창조해 낼 수 있다는 가설을 세울 수 있다.

그러나, 하버드 대학의 신경과학자 데이비드 콕스David Cox 교수는 "확실히 거의 완벽한 얼굴 인식에서 운전자가 없는 자동차 및 바둑 세계 챔피언에 이르기까지 AI의 업적은 놀랍다. 또한 일부 AI 응용 프로그램은 경험을 통해 학습하고 프로그래밍이 필요하지 않은 아키텍처를 채용한다"면서 “그러나, 지금의 AI는 여전히 어색하고 옹색하다”고 했다.

그는 이어 “AI로 개 탐지기를 만들려면 수천 개의 개 이미지와 수천 개의 다른 이미지를 보여줘야한다”고 했다. 현재의 AI는 수많은 데이터로 작동한다는 지식은 이상하게도 깨지기 쉽다. 인간이 눈치

채지 못하는 소음과 같은 영리한 장애물을 이미지에 추가하면 AI는 개를 쓰레기통으로 착각 할 수도 있다. 이러한 한계를 극복하기 위해 콕스와 다른 신경 과학자 및 기계 학습 전문가들은 최근 1억달러 프로젝트에 착수했다. 이는 신경과학의 '아폴로 프로그램'에 비견될 수 있다. MICrONS 구상이 그것이다. MICrONS의 연구자들은 쥐의 대뇌 피질의 작은 영역에서 모든 세부 기능과 구조를 도표화하는데 주력하고 있다.

MICrONS의 궁극적인 목표는 수많은 데이터에서 신경계의 비밀을 찾는 것이다. 기본적으로 뇌의 뉴런을 모방하는 것이다. 서로 밀접하게 연결된 수천 개의 컴퓨터 노드에 정보를 배포하는 식이다.

대부분 뉴로모픽 컴퓨터 신호는 항상 한 노드 계층에서 다음 노드로 흐른다. 오로지 한 방향으로만 진행된다. 그러나, 뇌는 피드백으로 가득 차 있으며, 한 부분에서 다음 부분으로 신호를 전달하는 각 신경 섬유에 대해 반대 방향으로 흐르는 동일한 양 이상의 신경 섬유로 가득 차 있다. 뇌의 엄청난 힘은 피드백이 흐르는 신경에 비밀이 있다.

뇌는 학습, 적응력, 효율적인 처리 과정에 필수적인 피드백 루프를 통해 작동한다. 신호를 한 방향으로만 보내는 신경 모방 컴퓨터(뉴로모픽 컴퓨터)와 달리, 뇌는 앞으로 보내는 신호보다 더 많은 피드백 연결을 가지고 있다. 이는 (한 뇌 영역에서 다른 뇌 영역으로) 앞으로 이동하는 모든 신호에 대해 적어도 그와 동등하거나 더 많은 수의 신호가 뒤로 이동한다는 것을 의미한다. 뇌는 왜 피드백을 사용하는가? 먼저 예측과 오류 수정 때문이다.

뇌는 예상되는 일과 실제로 일어나는 일을 끊임없이 비교한다. 이를 테면 컵을 잡으려고 할 때, 뇌는 손이 어디에 있어야 하는지 예측한다. 컵이 예상한 위치에서 약간 벗어난 경우, 피드백 신호가 실시간으로 손을 조정해준다. 이런 오류 수정 루프는 걷기부터 악기 연주까지, 우리가 기술을 연마하는 데 필수적이다. 뇌는 지속적으로 감각을 예측하고 실제 입력과 비교하여 오류를 수정한다.

이어 효과적인 정보 처리 때문이다. 뇌는 모든 것을 처음부터 처리하는 대신, 중요한 신호를 증폭하고 중요하지 않은 신호를 무시하기 위해 피드백을 보낸다. 읽을 때, 모든 글자를 분석하지 않고 피드백을 사용하여 문맥에 따라 단어를 예측한다. 주의와 집중력 때문도 있다. 시끄러운 방에서, 뇌는 관련 없는 소음을 제거하고 대화에 집중할 수 있다.

특히 기억과 학습 능력에서 피드백 루프는 중요하다. 피드백 루프는 뉴런 간의 연결을 강화하여 기억과 습관을 강화한다. 어떤 기술을 연습할 때, 두뇌는 과거의 실수를 바탕으로 움직임을 조정하여 시간이 지남에 따라 향상된다. 안정성과 통제력도 피드백 루프의 존재 이유가 된다. 피드백이 없다면, 신호는 맹목적으로 흐르면서 불안정성이나 오해로 이어질 것이다. 이를 테면 얼음 위를 걸을 때, 발의 피드백은 두뇌에 균형을 즉시 조정하라고 알려준다.

요약하면, 피드백은 인간 지능의 마법과도 같다. 지속적인 조정, 학습, 효율성을 가능하게 해줌으로써 인간의 사고와 지각을 더욱 강력하게 만들어 준다.

인공지능은 결코 인간의 일을 빼앗지않는다

바야흐로 안공지능 시대가 열리고 있다. 기술적으로 이런 변환기야말로 발상을 전환해야 한다. 기존 전략에서는 코스트 퍼포먼스(투입

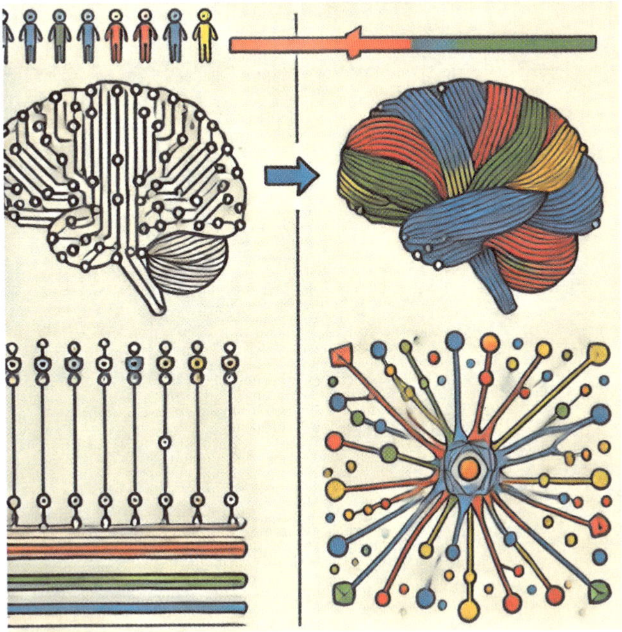

왼쪽은 뉴로모픽 컴퓨터(신경 모방 컴퓨터)의 단방향 신호 흐름을 보여주고, 오른쪽은 여러 방향으로 흐르는 신호를 가진 뇌의 복잡한 피드백 루프를 보여준다.

된 비용이나 노력에 대한 성과의 비율. 비용 대비 효과)를 기대할 수 없기 때문이다. 지금까지와는 다른 것을 시도해야 한다.

그러기 위해서는 기존의 하나의 평가기준에 매달리기보다는 새로운 평가 기준과 가치관을 여러개 만드는 것이 좋다고 생각한다.

어떤 평가 기준을 어떤 비율로 도출할지는 생활과 환경에 맞게 각자가 도파민을 최대로 생성하는 쪽으로 해야할 것이다. 모두 일률적 기준을 규정할 필요는 없다. 목표 지향 사회의 다양성은 인종이나 성별의 상생뿐 아니라 다양한 평가 기준과 가치관의 공존이 필요하다. 어떻게 새로운 평가 기준을 만들거나, 또 어떻게 평가 기준을 선택하느냐에 확실한 논리가 있을 수 없다.

앞에서 설명했지만, 인공지능은 룰이 불필요하다는 점이다. 따라서 당연하지만 평가 기준과 가치관은 스스로 결정하지 않으면 안된다. 무수한 가능성 속에서 자신만의 세계를 만드는 것이다. 이는 바로 의식 시스템을 가리킨다.

예컨대 국가적으로 과학기술 정책을 평가해 본다. 대학에는 응용 연구를 추진하는 연구실도 기초 연구를 추진하는 연구실도 있다. 어느 연구가 좋은지, 우열을 가리는 일률적 기준은 불필요하다. 이같은 다양성이 대학의 강점이다.

다양성이 상실되는 사회는 인공지능 사회로 변질된다. 요즘 인공지능이 사람의 일을 빼앗을 것이란 위기감이 회자되고 있다. 이는 절대적인 평가 기준이 있는 경우에 한한다. 사람이 스스로 평가기준을 결정한다면, 인공지능이 사람을 석권할 수는 없을 것이다. 인간 뇌의 의식 시스템 활용을 버리고, 일률적인 평가 기준을 외부에서 도입한다면, 즉 철학적 좀비처럼 정한다면 생명 지능, 즉 사람 뇌는 일할 자리가 없다.

사람이 인공지능에 느끼는 위협은 좀비처럼 죽이고 사는 공포감인지도 모른다. 다시 말해 인공지능이 가능한 것은 인공지능에 맡기고 사람이 할 일을 찾으면 낭비를 덜면 효과적이라는 것이다. 이것이 인공 지능과 생명 지능의 공존의 바람직한 모습이다. 예컨대 종교는 과학 기술과는 전혀 다른 방법으로 잘 사는 방법을 탐구해왔다.

- 의식의 세계를 만들기 때문에 처리 시간이 필요하다. 그러므로 필연적으로 시간 지연이 생긴다. 이런 대응책으로서 인간 뇌는 타임스탬프 방식을 채용했다.
- 내 의사와는 상관 없이 생각과 행동 프로그램은 이미 기동하고 있다.
- 인간 뇌는 병렬 정보 처리를 발달시켰다. 그러나 뇌에서 실시간

처리할 수 없는 정보도 유입된다. 이 대응책으로 일련의 연속적 정보 처리의 의식 세계를 만들었다. 뇌 의식 세계에서 정보를 취사 선택하는 대신, 시간 축을 분명히 함으로써 인과성을 찾도록 했다.

- 인공 지능에 느끼는 위협은 좀비와 같다.

자유의지와 뇌 활동

캘리포니아대학의 벤저민 리벳Benjamin Libet 교수는 전설적인 신경과학자로 평가 받는다. 그의 명성은 인간 자유의지에 도전하는 것이기에 논란을 일으키면서 얻어졌다. 그는 자유의지란 없다는 것을 뇌 과학을 통해 밝히려 했다. 그는 의식 메커니즘을 연구하기 위해 간질병 대상자를 상대로 감각 실험을 했다.

오른손 감각은 뇌에 전기 자극을 주어 느끼게 했고, 왼손 감각은 손에 직접 전기자극을 주어 어느 쪽이 빨리 반응하는지를 측정하는 것이었다. 뇌에 전기 자극으로 생기는 반응은 손을 통해 느끼는 반응보다 500밀리초(0.5초) 늦었다. 그것도 뇌에 전기 자극을 주는 것은 한 번이 아니라 여러번 시행했다. 즉 뇌에 전기 자극을 주어 의식적인 자각을 일으키는데 500밀리초 정도의 반복 자극이 필요했다. 아마도 일정한 뇌 의식을 만들어내는데 500밀리초 정도의 지속적인 뇌 속 활동이 필요했을 것이다. 이는 단순한 신경신호의 전달 지연(0.2초) 외에 500밀리초 정도의 더 큰 지연이 뇌 속 의식 세계에서 생긴다는 의미다. 그렇다. 우리는 의식의 세계에서 살고 있다. 이 순간 우리 눈 앞에 펼쳐진 시각적 광경은 결코 긴 시간이 아니지만, 500밀리초 정도 과거의 세계가 펼쳐진 것이다. 하지만, 실생활에서 우리는

500밀리초의 지연을 느끼지 못한다.

리벳 교수의 실험은 단순했다. 뇌파를 측정하면서 피실험자에게 원할 때 손가락을 움직여 달라고 했다. 손가락을 움직이면 근전위가 측정되는데 그것보다 500밀리초(0.5초) 정도 전부터 뇌파는 흔들리기 시작했다. 이는 운동 준비 전위(RP)로 설명할 수 있다.

일반적으로 사람들은 실험 결과를 다음과 같이 예상할 것이다. 일단 피험자가 손가락을 움직이겠다고 마음먹고(②), 그에 따라 손가락 운동과 연관된 뇌파가 발생하고(③), 그 결과 손가락이 움직인다(①). 즉 ②-③-①의 순서 말이다.

하지만, 실제 실험 결과는 달랐다. ③-②-①의 순서, 그러니까 일단 손가락 운동과 연관된 뇌파가 먼저 발생한 후(③), 피험자가 손가락을 움직이겠다고 마음을 먹고(②), 손가락이 움직였다(①). 결론적으로 내가 마음도 먹기 전에 뇌파가 먼저 뜬다. 그렇다면, 누군가 나의 뇌파를 정확하게 읽어낼 수 있다면 내가 손가락을 들겠다고 마음먹기도 전에, "당신은 잠시 후에 손가락을 들어 올리겠다고 마음을 먹을 것이야"라고 예언할 수 있다는 얘기다.

리벳은 뇌가 움직이기 시작하는 순간과 실제 손가락이 움직이는 순간을 기록할 수 있었다. 그 결과, 아마도 뇌에 의한 행동 프로그램은 이미 무의식적인 실행이 선행된 결과이다. 그렇다면 자신의 의지와 상관없이 뇌속 행동 프로그램은 마음대로 부팅하고 있는 것이다. 이러한 이유로 리벳은 자유의지가 없다고 표현했다.

이 수수께끼의 연구를 위해 리벳 교수는 다른 실험을 계속한다. 리벳의 다음 실험은 뇌 시상에 전기자극을 가하는 것이다. 뇌 시상은 대뇌피질의 바로 앞부분이다. 뇌 시상의 전기 자극에서도 역시 한 번의 자극으로는 의식하지 못한다. 500밀리초 이상 지속적인 전류 펄스를 보냈다. 그런데 이상하게도, 시상에 대한 전기 자극의 경우 500

밀리초의 시간 지연이 발생하지 않았다. 이 결과를 바탕으로 리벳 교수는 당시로선 상당히 충격적인 결론에 이르렀다. 뇌에서는 의식 내용과 그때의 지각이 따로따로 다뤄지고 결국은 의식 세계에서 통합된다는 것이다.

그리고 일정한 의식이 생기기 위해서는 500밀리초 정도의 처리 시간이 필요하다는 점이다.

이를 다른 말로 준비전위RP(유발 전위)라고 한다.

인간의 의식 세계에서 시간의 흐름은 아주 엉성하다. 즐거울 때는 눈 깜짝할 사이의 시간이 흐른다. 하지만, 지루할 때는 길게 느낀다. 이것도 의식 세계에서 만들어지고 경험하는 시간의 지각이라고 생각한다. 사느냐 죽느냐라는 긴급 상황이 되면 뇌는 풀 회전하여 의식의 세계를 만들기 위한 시각 영상을 평소보다 많이 만든다.

우리에게 자유의지가 없다면 법률의 근거도 재고할 필요가 있다. 치한도 흉악한 살인범도 자신의 의지와 상관없이 마음대로 부팅한 행동 프로그램에 따라했다고 한다면, 범죄자를 처벌할 수 있을까?

그렇다면 우리가 '자유의지'라고 느끼는 이 내적 감각의 정체는 무엇인가?

리벳은 다음과 같이 해석했다. 사람이 손가락을 들겠다고 생각하기에 앞서 '무의식'을 담당하는 뇌 영역에서 손가락을 드는 행위와 연관된 뇌세포의 신진대사가 발생하는데, 그것이 해당 실험에서 뇌파의 형태로 관측된다. 그 무의식 영역의 작용이 뇌세포의 연결구조를 통해 의식을 담당하는 뇌 영역으로 전해지면, 해당 영역의 뇌세포가 활성화되면서 그제야 뒤늦게 손가락을 들어야겠다는 '자유의지'가 생성된다는 말이다. 그러니 순수한 자유의지로 손가락을 들었다는 느낌은 일종의 착시현상(착각)이며, 무의식 영역에서 이미 결정된 사항이 의식 영역에서 뒤늦게 '자유의지'라는 형태로 떠오른 것뿐이라는 의미다.

그러나, 인간 정신은 '의식'으로만 구성되지 않는다. 의식 너머에 무언가 존재한다. 잠을 자는 동안 꾸는 꿈을 생각해보자. 마치 가상 현실세계와 같다. 꿈 속에서 우리는 마치 영화처럼 관람한다. 만약 꿈이 '의식'의 작용이라면 직접 쓴 소설처럼 내용을 이미 다 알것이다. 그러나, 꿈은 무의식의 작용이다. 이 때문에 의식의 입장에서는 앞으로 무슨 일이 전개될지 알 수가 없다. 무의식이 제작한 영화를 의식이 관람하는 것이 바로 꿈이라고 알려져 있다. 의식은 인간 정신 활동 중 극히 일부에 지나지 않는다.

인간에게 자유의지가 없음을 암시하는 벤저민 리벳 교수의 실험 결과에 불편함을 느끼는 사람들이 많을 것이다. 사람은 고결한 '자유의지'를 통해 삶을 개척해왔다고 생각했다. 리벳 교수에 따르면 이는 단지 단백질로 이루어진 뇌 세포 신진대사의 결과물이며 착시현상이라는 말이다. 고귀한 인간이 단백질 덩어리로 전락하는 불쾌한 상황에 거부감을 느끼는 것이다.

리벳의 견해에 따른다면 물질이 세상의 근원이라는 유물론적 관점을 수용한다면, 일련의 정신 활동이 있기 전에 그 정신 활동의 원인이 되는 물질(뇌 세포)의 활동이 앞서 존재하는 것은 분명하다.

자유의지에 대한 리벳 교수의 실험이 주는 사회적 의미는 가볍지 않다.

예컨대 보통 살인자는 그의 자유의지로 사람을 죽였으니 마땅히 처벌을 받아야 한다는 게 법 기본 논리이다. 만약 자유의지가 존재하지 않는다면 이 논리가 무너진다. 살인자가 특정한 순간에 사람을 죽이게 된 것은 살인자의 뇌세포 활성화 상태와 전류 흐름 때문이지 '자유의지'로 죽인 게 아닌 것이다. 살인자는 법정에서 뇌가 그렇게 작동해서 그 순간 살해했을 뿐이고, 뇌가 그렇게 작동하면 다른 선택의 여지가 없다고 변명할 수 있다. 인간 정신은 외부 환경과의 상호 작용 속에서 끊임없이 변화하고 발전하는 뇌 세포의 연결 그 자체일 뿐이라는 결론이다.

그러나, 이 결론에는 많은 논란이 따른다. 상대에게 화가 났을 때, "이놈아, 후려갈겨라"고 생각하는 것과 정말 후려치는 것은 천양지차다. 인간 뇌는 자율적으로 무의식적으로 움직이고 있고, 그 움직임을 우리는 나중에 깨닫게 된다. 전철에서 치한을 붙잡았다. 그런데 '왜 못된 짓을 했어?'라고 따지는 건 옳지 않다. 과학적으로 무의식적인 행동 프로그램이 기동했을 뿐이라고 주장할 수 있다.

리벳 교수는 이렇게 주장한다. 인간은 자유의지는 없지만 거부할 자유가 남아 있다는 것이다. 그는 구약성경의 '모세의 십계명'을 인생 매뉴얼 본연의 모습으로 극찬한다. 그는 자신의 주장을 다시 주어담으려는 생각인 것 같다.

불현듯 나는 생각을 도저히 억제할 수 없는 증상은 정신질환으로 간주된다. 예를 들어 반사회적 행동을 반복하는 정신질환의 경우 전두엽에 이상이나 손상이 있을 수 있다. 실행중인 행동 프로그램에 급브레이크를 거는 존재는 전두엽일지도 모른다. 특히 최근에는 행동 프로그램을 긴급 정지하기 위해 전두엽에서 대뇌 기저핵으로 통하는 신경회로가 주목받고 있다.

젊은이들은 때로는 충동적으로 반사회적 행동을 취할 수 있지만, 이것도 전두엽이 미성숙한 원인일지도 모른다. 너무 걱정해서 아이를 가둬두고 자물쇠를 채우는 맞벌이 부부도 있을 것이다. 특정 행동을 멈출 수 없는 강박장애라는 질환도 있다.

이 원인도 전두엽이나 대뇌 기저핵에 문제가 있기 때문이라고 생각할 수 있다. 게다가 말하면 우울증에 걸리면 부정적인 사고를 끊을 수 없게 된다. 이처럼 사고나 행동 프로그램의 긴급 정지는 부팅만큼

이나 중요하다. 인공지능 시대에 자유의지 논란이 재발할 수 있어서 소개해 보았다.

의식으로 발현되는 정보는 1만분의 1도 안된다

우리 뇌에서는 무수한 생각이나 행동 프로그램이 마음대로 부팅하고 있다. 그 중 극히 일부가 의식을 차리고 그것을 깨닫는 것이다. 지금도 의식 세계의 특징으로, 모든 입력 정보가 의식으로 발현되는 것은 아니라는 점이다. 가장 인상적인 실험은 '고릴라의 착시'다.

피실험자에게 백팀이 몇 번 패스했는지 세어달라고 지시하고, 백팀과 흑팀이 농구 연습을 하는 동영상을 보여준다. 피실험자는 백팀의 움직임에 집중해 패스 수를 세는데 동영상 중반 갑자기 고릴라 인형이 나타나 화면 중앙에서 가슴을 두드리며 어필한다. 동영상이 끝나고 나서 피실험자에게 패스 수를 물었고, 이후 고릴라의 등장을 깨달았는지 물었다. 놀랍게도 패스 수를 정확하게 답했지만, 피실험자의 약 절반은 고릴라가 나온 장면을 분명히 기억하지 못했다. 백팀의 움직임에 집중한 나머지 고릴라는 피실험자의 의식 세계에 나타나지 않았다. 시야가 밝은 도로에서 교통사고를 일으키면 운전자는 전방 부주의나 졸음 운전 등으로 의심된다. '고릴라의 착시'에서 시사되는 것처럼 운전자의 의식 세계에는 보행자가 없었을 수 있다. 의식 세계에 나오지 않은 물체를 피하라는 것은 터무니없는 것이다.

그러면 뇌에는 어느 정도의 정보가 들어오고 그 중 어느 정도가 의식으로 발현되는가?

우선 뇌속으로 유입되는 정보량을 생각해보자. 사람의 시각 계통은 한쪽 눈으로 100만 개의 시신경이 눈에서 뇌로 정보를 운반한다.

각 신경은 O 또는 1의 디지털 정보를 운반한다. O 또는 1의 정보량은 1비트이다. 대체로 각 신경은 100밀리초(0.1초)마다 O 또는 1의 정보를 운반한다고 볼때, 1초마다 10비트의 정보가 운반된다. 한 쪽 눈의 시신경이 1만 개라면 초당 10만 비트의 정보가 뇌에 전달된다. 청각계의 경우 한쪽 귀로 1만 5000개의 청신경이 귀에서 뇌로 정보를 운반하는 것으로 알려져 있다. 각 청신경은 10밀리초(0.01초)마다 1비트의 정보를 운반한다. 초당 100비트를 운반하기 때문에 청신경 1만 5000개가 초당 150만 비트의 정보를 뇌로 전달한다.[39] 뇌는 한쪽 눈에서 초당 1000만 비트, 한쪽 귀에서 초당 150만 비트의 정보를 받는다. 그러면 어느 정도의 정보를 실제 의식 발현이 가능한가?

책을 읽거나 뉴스를 들으면 그 원고를 통해 의식으로 발현된 정보량을 가늠할 수 있을 것이다. 영어 알파벳은 문자이기 때문에 4비트(16문자)에서 5비트(32문자)에 해당한다. 1분 동안 의식적으로 처리할 수 있었던 글자 수를 통해 그 정보량을 추정해보면, 눈으로는 초당 40비트, 귀로는 초당 30비트이다. 1분간으로 환산하면 눈으로는 500문자, 귀로는 400문자 미만이다. 이것으로 뇌에 유입되는 정보량과 의식으로 발현되는 정보량을 가늠할 수 있다.

한쪽 눈을 통해 우리 뇌는 초당 1000만 비트의 정보를 받고, 그 중 의식으로 처리, 발현하는 정보량은 초당 40비트의 정도라면, 눈으로 받는 정보량의 0.0004%(1만분의 4) 수준이다. 귀를 통해 초당 150만 비트의 청각 정보를 받아 그 중 0·002%(2/1000)에 해당하는 초당 30비트의 정보를 의식으로 발현시킨다.[40] 즉 뇌에 입력된 정보 가운데, 의식으로 발현되는 정보는 아주 미미하다는 얘기다.

---

39 高橋 宏知, 生命知能と人工知能—A I 時代の脳の使い方・育て方, 2022.1, 도쿄 pp.252~254

40 위의 책 pp.255~256

다만, 이러한 정보량의 추정에는 아직 찬반 양론이 있다. 여기서 추정한 것은 언어적으로 표현 가능한 정보량 뿐이지, 이것만 받아들이는게 아니다. 이것을 '액세스 의식'(=컴퓨터가 연산할 때 목적하는 데이터를 찾는 컴퓨터 안에서의 동작)이라고 한다.

의식 세계에서는 말로 표현할 수 없는, 즉 언어화할 수 없는 정보도 많다. 신경과학에서 이것을 '원의식'이라고 한다. 또한 풍부한 의식 세계에서의 '느낌'을, 퀄리아라든가 감각질 등으로 칭한다.[41] 퀄리아는 기호(언어)로서 객관적으로 표현할 수도, 수치로서 정량화할 수도 없다. 따라서, 이러한 정보량은 현재의 과학적 방법으로는 아직 추정할 수 없다.[42]

의식 발현 시스템이 순차 계산을 채용한 이유

뇌는 방대한 '팬인-팬아웃' 구조로 병렬계산을 채택한다. 컴퓨터 계산기는 순차(Serial) 계산으로 연산의 고속화를 진행한다. 그런데 앞에서 설명했듯이 뇌는 의식 세계에서 타임스탬프(파일 등에 기록된 데이터의 입력 날짜와 시간) 방식을 채택한다. 의식 시스템에 한해 인간 뇌가 순차 계산을 채택한 이유는 인과관계 때문으로 보인다.

의식으로 가는 정보 파이프라인은 매우 좁다. 문제는 실시간으로 처리할 수 있는 정보량을 초과한다는 점이다. 이 문제에 대처하기 위해 뇌는 소중한 정보를 선별하고 타임스탬프를 붙인 후 독자적인 의

41 감각질(感覺質) 또는 퀄리아(qualia)는 감각을 통해 느껴지는 것, 느낀다는 것 그 자체를 말한다. 인지과학과 인식론의 주제이다. 감각질은 객관적 개념이 아니라 주관적으로 결정되는 것이다. 객관적 개념은 감각-자료(sense-data)라 한다.

42 위의 책 pp.254

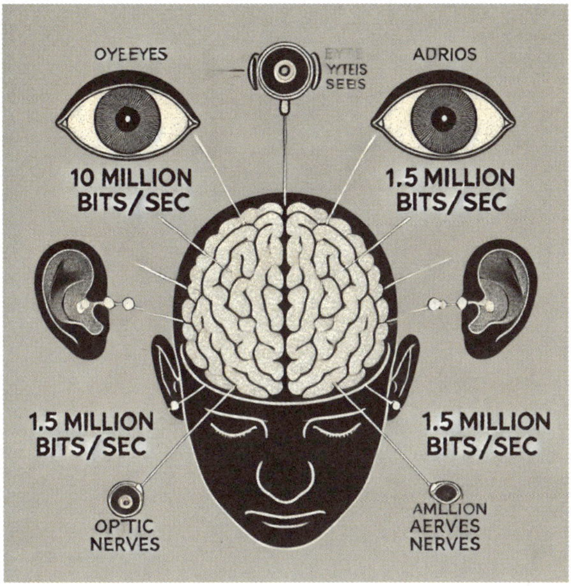

식 세계에서 현실 세계를 재구축한다. 의식 세계에서는 타임스탬프에 따라 순차적인 정보 처리가 이뤄지며, 명확한 시간 축이 정해진다.

각 정보의 상대적인 시간 관계를 알면 인과성을 추론할 수 있다. 먼저 일어난 일이 원인, 뒤에 일어난 일이 결과이다. 왜 사람들이 기뻐하는지 혹은 화가 났는지 추론하려면 시간 축을 거슬러 올라가면서 무슨 일이 있었는지 파악하는 능력이 필요하다. 인과성 추론 능력으로 인해 사람의 미래 예측 능력은 비약적으로 높아진다. 호모 사피엔스의 특징은 높은 사회성의 발달에 있다. 그 이유는 의식 세계의 시간 축 길이와 정확도에 있을 것이다.

컴퓨터와 뇌의 정보처리 방식은 전혀 다르다. 컴퓨터는 주어진 프로그램에 따라서 한번에 하나의 명령으로 정보를 변환하고, 또 이 정보에 기초하여 다음에 무엇을 할 것인지를 결정한다. 한 번에 하나의 명령어가 처리되기 때문에 이를 직렬 정보처리라고 한다. 모든 정보는 0, 1의 숫자에 의해 기호로 표현되고 프로그램에 의해 처리, 변환된다. 이 때문에 컴퓨터에 의한 정보 처리의 기본은 기호조작이다.

반면, 뇌에서는 다수의 뉴런이 복잡하게 연결된 네트워크를 이루고 있다. 입력정보가 들어오면 그것을 수용한 뉴런이 흥분하여, 이 흥분이 다른 뉴런에 전달된다. 뉴런 간의 결합에는 흥분성과 억제성의 두 종류가 있다. 이러한 상호작용이 뇌 전체에 퍼져, 동시에 병렬적으로 흥분상태의 다이나믹스가 이뤄진다. 이것이 인간 뇌의 정보처리 과정이다. 다수의 기본 요소(뉴런이건 아니건)의 결합에 의한 상호작용으로 정보처리가 진행된다.

정보처리 방식에는 직렬과 병렬의 두 가지 기본 원리가 존재했다. 컴퓨터는 직렬을 선택하여 기호조작의 가능성을 발전시켰다. 생물은 진화의 과정에서 병렬을 선택했다. 인간은 언어에 의한 기호조작을 필요로 하여, 직렬원리도 포함시켜 이것을 병렬 하드웨어 상에서 실현시켰다. 의식의 개념도 이런 과정에서 생겨났다.

직렬 병렬 정보처리의 원리

수학자 튜링은 인간의 정보처리 방식인 사고 과정을 규명하려 하였다. 그는 튜링머신을 개발했다. 프로그램과 데이타를 입력하면 어떤 알고리즘도 실행가능하도록 했다. 튜링머신이 바로 오늘날 인공지능의 기원이다. 1940년대 전자 기술을 사용하여 기술적으로 실현되었다. 그러나 정보 처리의 원리는 이전에 명확히 정립되어 있었다. 직렬 정보처리의 기초이론 위에 알고리즘 이론, 언어이론, 데이터베이스의 이론 등을 포함하는 컴퓨터 과학이 탄생했고, 그 위에 추가된 것이 인공지능이다.

이에 반해, 병렬처리의 기본 원리는 인간 뇌이다. 인간 뇌는 고도의 지적 정보를 처리하고 있다. 이 원리를 규명하기 위해 뉴로네트워

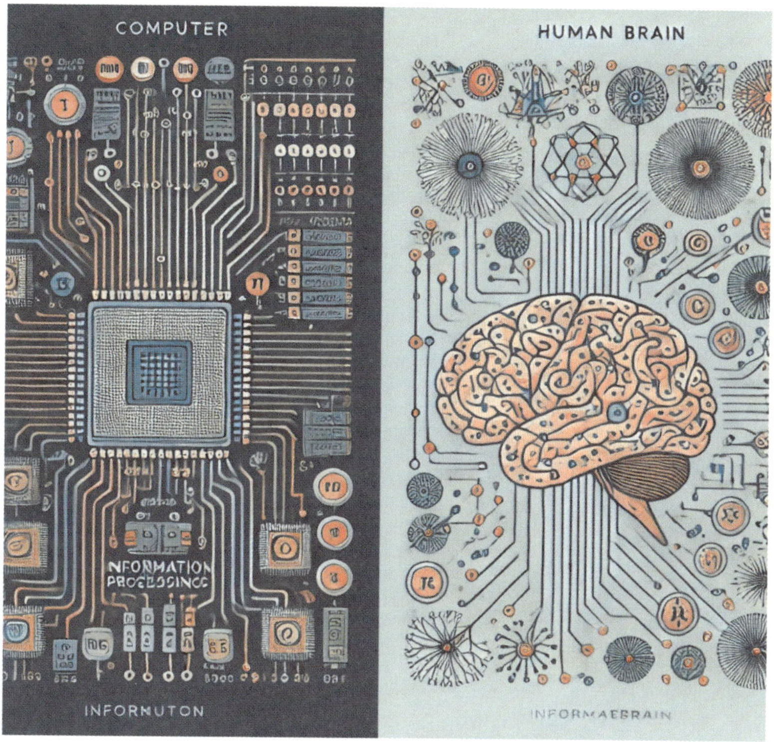

왼쪽은 컴퓨터의 이진 코드(0,1)와 구조화된 흐름을 이용한 직렬 처리를, 오른쪽은 뉴런의 복잡한 네트워크를 통한 뇌의 병렬 처리를 보여준다.

크, 즉 신경회로망이라는 수리모델이 만들어졌다. 이것은 확실히 뇌에 비하면 단순하고 일면적이다. 컴퓨터의 보급과 함께 정보과학도 1940년대에 탄생했다고 말할 수 있다. 아울러 인공두뇌가 아닌 인공지능Artificial Intelligence 연구도 시작되었다. 인공지능에 관한 한 1956년의 다트머스Dartmouth회의가 출발점이다. 당시 인간의 지적 능력을 인공적으로 재현하기 위해 두 가지 방안이 제안되었다.

하나는 인간 뇌를 흉내 내어, 뇌와 같은 방식으로 정보처리를 실현하는 병렬 정보처리 방식이다. 또 하나는 논리와 알고리즘을 기초로, 그 당시 발전하던 컴퓨터를 이용하여 기호 조작을 구사하는 직렬 정보처리 방식이다.

병렬계산의 장점과 단점 = 병렬계산부터 순차계산으로

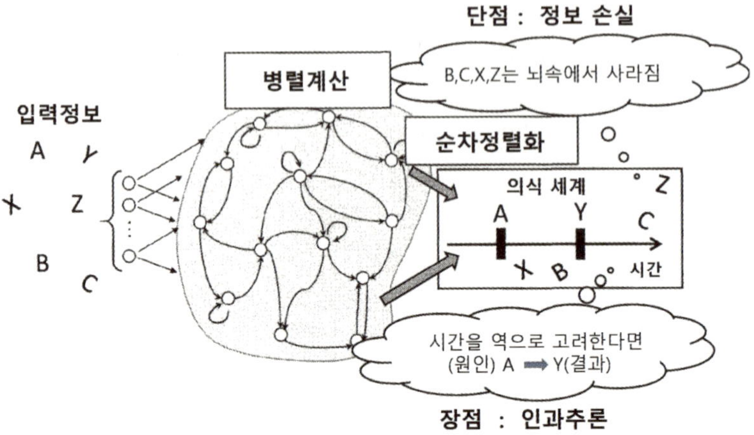

출처='生命知能と人工知能—A I 時代の脳の使い方・育て方' (高橋 宏知, 2022.01., 도쿄 p254
그림 설명= 인간 뇌의 인과성 추론은 의식 세계 속에서 벌어지는 뇌의 작용이다. 하지만, 고도의 사고라기보다 반자동적인 작용으로 연구자들은 추정한다. 의식의 세계에서의 시간축상의 전후관계가 인과성 추론에 결정적인 영향을 주고 있다. 뇌는 시간 관계에 기초하여 반자동적으로 인과성을 찾아내는 것 같다. 인과 추론에도 범인이면 누구나 찾아내는 인과성과, 일부 천재만 찾을 수 있는 인과성이 있다. 천재들의 추론 과정은 곧 공유되고, 범인도 이용할 수 있도록 과학과 기술로 체계화되고 지식화될 것이다.

이 회의에서는 주저없이 두 번째 방법을 선택하게 된다. 당시로선 뇌 연구가 초보적이었고, 그 본질을 규명하려는 노력도 없었기 때문이다. 따라서 인공지능 연구에 당장 사용할 수 있는 수단은 컴퓨터였고, 그 원리도 직렬 알고리즘이다. 인간의 의식적인 추론, 설명 가능한 행동 결정 등은 모두 직렬로 해명해야 했다. 인간 의식은 타임스탬프처럼 시간 흐름과 함께 직렬로 흘러간다.

따라서 컴퓨터 안에서 기호조작의 알고리즘을 사용하여 인간 마음 움직임의 모델을 구축하고, 그 특성을 규명한다면, 실제 인간 마음에 다다를 수 있을까. 모델 구축 분야는 인공지능과 일치한다. 이러한 컴퓨터 모델을 간략히 AI(Artificial Intelligence)라고 불렀다.

이어 인공지능과 인지과학은 논리, 알고리즘, 기호조작을 축으로 1970년대부터 대약진을 시작했다. 당시 인지과학에도 반성이 일어났다. 인간이 의식적으로 하는 결정이란 것도, 실은 다수 뉴런의 의식하에 상호작용으로 유지된다. 말하자면 빙산의 일각으로 떠있는 의식의 흐름을 추적하여 그 법칙을 조사하는 식이다. 그러나, 사람의 인지 구조와 마음의 움직임을 정말로 재현할 수 있을까 의문이다. 아직 인간 뇌의 병렬처리 방식에 관한 연구를 체계적으로 구축하지 못했다. 그러나, 조만간 AI에 의한 지적 기능의 재현은 순차형과 병렬형 두 가지 기술의 협조 위에 구축될 것이다. 여기에 AI의 장래 방향이 있다고 생각된다.

인간 뇌는 예측하는 머신

보통 차멀미는 심리적 요인으로 간주된다. 운전은 매우 스트레스 받는 일이다. 차만 타면 멀미를 하는 사람은 운전은 도저히 감당할 수 없는 스트레스일 것 같지만 그렇지 않다. 본인이 운전을 하면 멀미하지 않는다. 왜 그럴까. 모든 상황이 예측대로 움직이기 때문이다. 산행과 차량운전을 비교해보자. 산행은 운전보다 훨씬 힘들고 피로하며 한 걸음 한 걸음마다 배가 출렁거린다. 그럼에도 산행하다 멀미하는 사람은 없다. 예측한대로 흐르기 때문이다. 만약 가마를 타고 산을 넘는다면 다리는 조금 편할지 몰라도 몸은 매우 불편할 것이다. 예측대로 움직이는 것은 알고 있다는 것이고 그 만큼 편안하다. 본인이 브레이크를 밟으면 속력이 줄고, 가속기를 밟으면 가속되면서 몸이 흔들리지만 이미 그런 상황이 올 것이라는 것을 알고 있다. 운전자는 예측대로 벌어지는 일에 전혀 멀미를 하지 않는다. 하지만, 그것을 모르는 승차자는 차가 감속과 가속 그리고 코너링을 할 때마다 예상하지 못했던 몸의 흔들림에 불편을 느낀다. 멀미는 심리적 요인이 아니다. 뇌의 예측력이 미치지 못하기 때문이다.

인간 뇌의 가장 뛰어난 능력 중 하나는 미래 예측력이다. 미래 벌어질 상황을 적절하게 예측할 수 있다면 생존 가능성 내지 성공 가능성도 높아진다. 이를 위해 뇌 속에서는 불완전한 입력 정보를 종합해 현실을 예측하는 생성 네트워크, 즉 생성 신경망이 있다.

이 생성 네트워크는 이른바 현실 세계의 예측 모델이다. 의식 세계는 예측 모델을 바탕으로 만들어져 있다. 하지만 어디까지나 예측이기 때문에 오차가 생길 수 밖에 없다. 오차발생 시 오차가 최소화되도록 예측모델이 수정된다. 수정을 거듭하여 적절한 예측 모델을 획득할 수 있다면, 인간 뇌는 강력한 예측 머신이 되는 것이다.

뇌가 적절한 예측 모델을 획득하기 위해서는 다양한 경험을 쌓아야 한다. 하지만, 아무리 경험을 쌓아도 올바른 예측 모델을 획득하지 못하는 경우가 종종 있다. 특히 의식 세계에서 시간상의 명확한 전후 관계는 인과성 추론에 큰 영향을 미친다.

대뇌기저핵 = 미래 예측 영역

뇌 깊숙한 곳에 위치한 대뇌기저핵(대뇌피질 시각영역)은 강화 학습에 핵심 역할을 하는 것으로 알려져 있다. 대뇌기저핵의 대부분을 차지하는 선조체는 striosomes와 matrices라고 불리는 두 영역으로 구성된다. 이는 30년 전에 발견되었다. 하지만, 이 영역이 수행하는 역할은 아직 분명하게 연구되어 있지 않다. 현재 선조체 가운데, striosome 뉴런의 활동이 강화 학습에서 역할을 한다고까지 밝혀냈

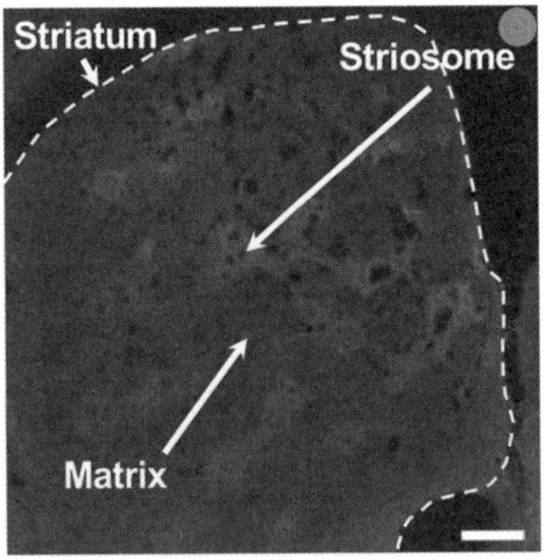

다. 이 연구는 eNeuro 저널에 발표되었다.

Striosome 뉴런은 현재 조건에서 미래 보상을 추정하는 보상 예측 기능에 관여하는 것으로 연구되었다. striosome 뉴런은 중뇌의 신경 세포에 직접 연결되어 도파민이라는 중요한 신경 전달 물질을 대뇌기저핵으로 보낸다. 도파민은 척추 동물의 뇌에서 보상 동기 행동을 조절한다. 보상 예측은 우리의 일상 생활에 중요하다. 예를 들어, 메뉴에서 좋아하는 요리를 발견하면 실제로 먹기 전에도 흥분하여 선택된다. Striosome 뉴런은 선조체의 15% 정도 차지한다.

Striosome 뉴런은 물을 마시거나 바람을 쐴 때도 활동을 보였다. 즉, 예상되는 보상에 대한 신호를 보내는 것 외에도 striosome 뉴런은 획득한 실제 보상에 대한 정보도 보낸다.

사람의 인식, 즉 지각 능력은 눈의 시작부터 뇌의 대뇌피질의 관련 영역까지 데이터가 유입되어 생성된다고 알려져 있다. 하지만 이는 잘못 되었다. 눈과 다른 감각 기관으로부터 정보를 받기 전에 뇌는 자신의 현실을 생성한다. 이를 내부 모델이라고 한다. 대부분의 감각 정보는 대뇌피질의 적절한 영역으로 가는 도중에 시상을 통과한다. 시각 정보는 시각 피질로 이동하기 때문에 시상에서 시각피질로 들어가는 많은 연결이 있다. 그러나, 여기에는 놀랍게도 반대 방향에 10배나 많은 연결이 있다. (데이비드 이글먼의 《뇌의 가장자리》에서)

다시 말해 새로운 정보가 눈에서 들어올 때, 이미 뇌는 예측 모델로서 자신의 현실을 만들고, 예측 모델은 시각 피질에서 시상으로 출력된다. 시상은 눈이 시각피질에 보고하는 것의 차이(누락되거나 잘못된 예측이 있었던 부분)만 보내고, 눈이 보고하는 것과 예측 모델 사이에 차이가 없다면 눈의 정보는 실제로 뇌로 거의 전송되지 않는다. 우리는 외부에서 들어오는 정보를 받는 동안 생각하고 행동하는 것처럼 보이지만, 실제로 우리 두뇌는 많은 시간 동안 자기 스스로의 세계에 살고 있다.

뇌는 미리 입력된 정보를 토대로 미리 예측모델을 만들어 놓는다. 이어 감각 신호와 비교하여 오차를 보정해 '앎 = 지각'을 생성하는 내부 모델을 만든다. 이를 인지신경과학 분야에서 '예측 코딩 이론'이라고 한다. 예측 오류, 즉 사고에 다리를 놓는 데는 에너지가 필요하기 때문에 뇌는 다양한 수준의 인식에서 검출된 예측 오류를 가능한 한 최소화하려고 노력한다.

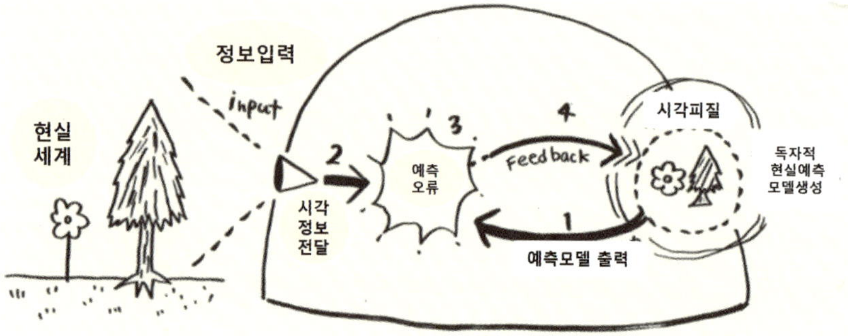

『情報環世界—身体とAIの間であそぶガイドブック』第3章より
Tokyo Graphic Recorder清水淳子さんによるイラスト

뇌의 리버스엔지니어링

통상 엔지니어는 일정한 혁신적인 기계를 형상화하려면 요구하는 기능 → 기능적 요소 → 기구→ 구조라고 하는 방향으로 검토한다. 이것이 엔지니어링의 기본형이다. 그러나, 경쟁사에서 이 기계의 복사판을 만들어내려면 그 반대 방향으로 역산한다. 즉 '구조 → 기구 → 기능적 요소 → 요구하는 기능' 이라는 방향으로 생각한다. 예를 들어 경쟁사가 혁신적 제품을 내놓는다면 그 제품을 구입해서 분해하고 구조를 이해하려고 한다. 구조를 이해하려고 한다면 구조 → 기구 → 기능 요소 → 요구하는 기능이라는 방향으로 연구하며 설계자의 생각을 추리한다. 이를 통해 어떤 사고 과정에서 그 구조(설계 솔루션)에 당도한 것인지, 또는 그것을 웃도는 설계의 힌트도 얻을 수 있다. 역방향으로 연구하기에 리버스엔지니어링이라고 한다. 보다 고난도의 인공지능을 연구하기 위해서는 뇌 구조를 먼저 알 필요가 있는 이치와 같다.

우선 뇌 형태에서 보자. 성인 두개골 가운데 1.4~1.6kg 정도의 뇌 조직이 뇌수에 담겨있는 형태이다. 두개골과 뇌척수막에 쌓여있으며 뇌의 아래는 척수와 연결되어 있고 척수에는 뇌척수액이 흐르고 있다. 뇌는 대뇌, 소뇌, 뇌간으로 나뉘며, 뇌간을 좀 더 세분화하면 중간뇌, 뇌교, 연수로 분류한다. 뇌, 즉 대뇌피질의 표면적은 신문지 1쪽 가량(약 200㎠)로, 표면 두께는 2~3mm인데, 이것이 두개골 속에 들어가야 해서 뇌에는 주름살이 있다.

대뇌피질에는 정보 처리를 담당하는 신경세포(뉴런)이 1000억개 정도 존재한다.

가늠하기 쉽지 않기에 밀도를 보면, 1mm^3(1입방미리) 당 직경 10 마이크로미(1마이크로미터 = 1/1000mm)의 뉴런이 9만개 정도 담겨있다. 이처럼 꽉꽉 채워진 신경 세포들은 서로 전기 신호를 보내고 받으면서 정보를 처리한다. 뇌는 하루 20와트 정도에 해당하는 에너지를 쓴다.

편집 후기

이 책은 레이 커즈와일이 2024년 6월 출간한 '특이점이 온다'를 보다 쉽게 풀이하고 해설했다. 커즈와일은 사람 하기에 따라 AI가 유용할 수도 재앙을 초래할 수 있다고 경고한다. 그러나, 편저자는 자유민주 질서가 세계를 지배하고 있는 상황에서 재앙을 초래할 것이란 추측에 동의하지 않는다. 대신 이 기계의 장단점을 풀이해 모두가 잘 사는 지구촌을 구축할 수 있다고 자신한다. 가장 변화가 빨리 오는 분야는 역시 금융 분야이다.

AI를 탑재한 양자컴퓨터, 즉 퀀텀 AI의 미래 잠재력은 대단할 것이다.

먼저 퀀텀 AI는 전체 경제를 시뮬레이션하여 글로벌 금융 위기가 발생하기 전에 예측할 것이다.

2030년까지 대형 헤지 펀드, 투자은행, 심지어 국가 금융기관까지 거래와 위험 분석에 퀀텀 AI를 채용할 것이다. 퀀텀 AI 예측에 따라 실시간으로 자동으로 조정되는 포트폴리오로, 사람의 개입 없이 수익을 창출할 수 있다. 개인 맞춤형 투자도 가능하다. 개인 투자자들은 AI 기반의 재정 고문을 채용해 허용 범위에 맞게 투자를 최적화할 수 있다. 이 시기 금융 분야에서 투자자는 마코위츠 현대 포트폴리오 이론(MPT)과 같은 모델을 사용하여 위험과 수익의 균형을 맞춘다. 그러나, 이러한 모델은 실제 상황을 단순화하고, 고차원적이고 빠르게 변화하는 시장에서는 맞지 않다.

2030년 이후에는 전체 글로벌 금융 시뮬레이션에 응용할 것이다. 시장 비효율성 제거, 즉 가격 조작과 차익 거래 기회가 거의 없는 효율적인 시장을 조성할 수 있다.

실제로 골드만 삭스나 JP모건 체이스는 이미 퀀텀 AI 연구에 막대한 투자를 실행하고 있다. JP모건은 포트폴리오 최적화를 위한 양자 알고리즘 개발을 위해 IBM과 파트너십을 맺고, 위험 분석 효율성 측면에서 유망한 초기 결과를 생산했다. 폭스바겐은 양자 컴퓨팅을 사용하여 물류 및 공급망에 유사한 원칙을 적용하여 교통 흐름을 최적화하고 있다.

퀀텀 AI는 몇 시간 또는 며칠이 걸리는 작업이 몇 초 안에 완료되어 상상을 초월하는 재정적 가능성을 열어줄 것이다. JP모건의 양자 시스템은 수백만 개의 가능한 투자 조합을 한 번에 분석하여 포트폴리오를 즉시 최적화하고 있다. JP 모건의 양자시스템은 수천 개의 경제 지표(인플레이션, 기업 수익, 지정학적 위험)를 동시에 분석하여 조기 경고 신호를 감지한다. 2040년 이후에는 금융 시스템이 완전히 양자 최적화되어 모든 투자, 대출, 시장 결정이 거의 완벽한 정확도로 이루어질 것이다.

앞으로 AI와 양자컴퓨터와 결과적으로 점점 소수 자본가에게 쏠리는 금융 혜택보다는 보다 공평한 분배를 위한 주요 수단이 될것이다.

AI·양자 특이점

초판 1쇄 인쇄 2025년 6월 10일
초판 1쇄 발행 2025년 6월 20일

지은이 **한정환·정승욱**
편집 번역 **정승욱**
펴낸곳 **쇼팽의 서재**
편집디자인 **송혜근**
표지디자인 **정예슬**

출판등록 **2011년 10월 12일 제2021- 000253호**
주소 **서울 강남구 역삼동 613- 14**
도서문의 및 jswook843100@naver.com
원고모집 j44776002@gmail.com
인쇄 제본 **예림인쇄**
배본 발송 **출판물류 비상**
ISBN **979-11-981869-9-7 03500**

정가 **22,000**원